地理信息系统原理和应用研究

郭玲　著

·长沙·

图书在版编目（CIP）数据

地理信息系统原理和应用研究 / 郭玲著 . — 长沙：中南大学出版社，2022.8

ISBN 978-7-5487-4973-8

Ⅰ . ①地… Ⅱ . ①郭… Ⅲ . ①地理信息系统 — 研究 Ⅳ . ① P208.2

中国版本图书馆 CIP 数据核字 (2022) 第 112631 号

地理信息系统原理和应用研究

DILI XINXI XITONG YUANLI HE YINGYONG YANJIU

郭玲　著

□出 版 人　吴湘华
□责任编辑　谢金伶
□封面设计　优盛文化
□责任印制　唐　曦
□出版发行　中南大学出版社
社址：长沙市麓山南路　　邮编：410083
发行科电话：0731-88876770　　传真：0731-88710482
□印　　装　石家庄汇展印刷有限公司

□开　　本　710 mm × 1000 mm　1/16　□印张 15.25　□字数 280 千字
□版　　次　2022 年 8 月第 1 版　□印次 2022 年 8 月第 1 次印刷
□书　　号　ISBN 978-7-5487-4973-8
□定　　价　88.00 元

图书出现印装问题，请与经销商调换

前言

当前，信息技术革命越来越迅速地改变着人类生活和社会的各个层面，作为全球信息化浪潮的一个重要组成部分，地理信息系统（GIS）日益受到各界的普遍关注，并在多个领域得到了广泛应用。GIS 是一门多学科结合的边缘学科，实践性很强。GIS 专业的人才不但要有深厚的理论基础，而且要掌握过硬的实践技术，需要具有不同层面的实际动手能力。地理信息系统技术是一门快速发展的高新技术，它以地理空间信息为对象，着重地理信息的空间分析，涉及大量的地理空间信息。空间数据库是现代地图制图学与地理信息系统的重要组成部分，是地理空间数据组织与管理的主流技术。作为一门融合地图学、地理信息系统、计算机科学、信息科学理论和计算机数据库技术的交叉学科，空间数据库的研究与发展涉及多个基础学科和应用技术领域，其理论性和实践性都非常强。因此，如何为初学者介绍系统、全面的空间数据库知识，使他们尽快理解和掌握空间数据库系统的基本理论、方法以及相关的关键技术，从而能够从事空间数据库管理和有关空间数据库的设计与建设，是本书的重点所在。另外，以地理信息系统技术为核心，越来越多的城市、部门要求规划以地理数据库形式提交成果，因此应用地理信息系统技术成为一种必然趋势。

本书从地理信息系统的基本概念入手，对空间数据结构、空间数据获取及质量控制、空间数据处理等展开详细论述，并在编写时突出以下特点。第一，内容丰富、详尽，时代性强。不仅涵盖地理信息系统基础知识，还对 GIS 技术在数字校园模型构建中的应用进行了分析。第二，理论与实践结合紧密，结构严谨，条理清晰，重点突出，具有较强的科学性、系统性和指导性。第三，结构编排新颖，表现形式多样。总之，本书是为从事地理信息系统原理和应用的工作者量身定做的教学与研究参考用书。

在本书的编写过程中，笔者参阅、借鉴和引用了国内外许多同行的观点和成果，他们的研究奠定了本书的学术基础，为地理信息系统原理和应用研究提供了理论基础，在此表示衷心感谢。另外，受水平和时间所限，书中难免有疏漏和不当之处，敬请读者批评指正。

郭　玲

2022 年 5 月

目录

第一章 地理信息系统的基本认知

第一节 地理信息系统的基本概念、组成和功能

一、地理信息系统的基本概念

（一）地理数据与地理信息

1. 数据

数据是一种未经加工的原始资料，是对客观对象的性质、状态以及相互关系等进行记载的物理符号或物理符号的组合，如数字、文字、符号、声音、图形、图像等。可见，数据有多种多样的来源、表现形式与记录方式。

在计算机科学中，数据是指所有能输入到计算机并被计算机处理的符号介质的总称，是具有一定意义的数字、字母、符号和模拟量等的通称。现在计算机存储和处理的对象十分广泛，表示这些对象的数据也随之变得越来越复杂。

2. 信息

数据本身没有意义，如 60 是一个数据，它可以是一个同学某门课程的成绩，也可以是某一个班级的人数。数据的表现形式还不能完全表达其内容，需要经过解释。数据和关于数据的解释是不可分的。数据的解释是指对数据含义的说明，数据的含义称为数据的语义，具有语义的数据就成为信息。

信息是用文字、数字、符号、语言、图像等介质来表示事件、事物、现象等内容、数量或特征，从而为人们（或系统）提供关于现实世界新的事实和知识，作为生产、建设、经营管理、分析和决策的依据。信息具有客观性、适

用性、可传输性和共享性等特征，信息来源于数据。

信息是一个含义很宽泛的概念，可以从多个角度和多个方面理解，没有统一的定义。在信息学界，信息被定义为“能够用来消除不确定性的东西”。在经济学界，信息被认为是经组织化而加以传递的数据。

在信息管理领域，信息是指任何传播内容或知识的表示，如以任何媒体或形式存在的事实、数据或见解，包括文本型、数字型、图片式、动画式、记叙性的、视频形式等。

信息与数据既有联系，又有区别。数据是信息的表现形式和载体，信息则是数据的内涵。信息加载于数据之上，对数据做具有含义的解释。数据和信息是不可分离的，信息依赖数据来表达，数据则具体地表达出信息。数据是符号，是物理性的；信息是对数据进行加工处理之后得到的并对决策产生影响的数据，是逻辑性和观念性的。信息是数据的内涵，信息和数据是形与质的关系。

3. 信息流

信息流是指在空间和时间上向同一方向运动过程中的一组信息，也是物质流、能量流、价值流的外化形式。人类调控生产、经营活动是通过掌握物质流、能量流、价值流发出的信息流来实现的。信息流的特点之一是以物质流和能量流为载体进行双向传递，既有输入到输出的信息传递，也有从输出向输入的信息反馈。人们可以按照这些反馈信息来改变输入的内容或数量，以便对控制对象产生新的影响。信息流的畅通是保证各种生产、经营和社会活动正常运行的必要条件。

4. 信息资源

信息资源是指在经济、政治、科技、教育、国防、社会生活等各个领域、各个层次产生和使用的信息内容。对信息资源有两种理解：一种是狭义的理解，即信息内容本身；另一种是广义的理解，即除信息内容本身之外，还包括与其紧密相连的信息设备、信息人员、信息系统、信息网络等。实际上，狭义的信息资源还包括信息载体，因为信息内容不能脱离信息载体独立存在。

信息资源可按运营机制和政策机制、信息增值状态、信息资源的所有权等来划分。

（1）按运营机制和政策机制，信息资源可以划分为如下几种：①政府信息资源，即在政府业务流程中产生的记录、数据和文件内容；②为政府收集和生产的信息资源，即为政府业务流程的需要从外部采集的信息内容；③商业、企业信息资源，包括商业、企业业务循环过程中产生或需要的信息资源；④地理信息资源，包括基础地理信息资源和行业应用地理信息资源；⑤社会信息资源，包括人口、社区、治安等社会信息资源；⑥公益性信息资源，包括教育、科研、文化、娱乐和生活等领域的信息资源。

（2）按信息增值状态，信息资源可以划分为如下几种：①基础性信息资源，即机构业务流程中产生的未经加工或加工程度较低，保证各行业和机构正常运作必不可少的信息资源；②增值性信息资源，即加工程度较高或经专业分析、处理后的信息资源。

（3）按信息资源的所有权，信息资源可以划分为如下几种：①公共信息资源。美国 1990 年制定的《公共信息准则》把联邦政府生产、编辑和维护的信息称为公共信息，认为公共信息属于公众的信息，为公众所依赖、政府所拥有，并在法律允许的范围内为公众所享用。显然，公共信息不等于公开信息。②私有信息资源。该信息资源属于某一个组织机构所专有，并且单独使用的信息。③受控信息资源。介于公共信息和私有信息之间还有一个灰色区域，既不是完全公有，又不是完全私有，它属于受控使用的信息，只限于合法使用的用户，如会员。

信息资源还可以按照记录介质、记录方式、记录状态、信息的产生和利用领域以及信息的编码抽象程度等进行划分。

5. 地理信息

地理信息是有关地理实体空间分布、性质、特征和运动状态的信息，它是对表达地理特征和地理现象之间关系的地理及环境数据的解释，是用文字、数字、符号、语言、图像等介质来表示事件、事物、现象等内容、数量或特征，从而为人们（或系统）提供关于现实世界新的事实和知识，作为生产、建设、经营管理、分析和决策的依据。地理信息是地理数据的内涵，是数据的内容和解释。例如：从实地或社会调查数据中可获取各种专门信息；从测量数据中可以抽取地面目标或物体的形状、大小和位置等信息；从遥感图像数据中可以提取各种地物的图形大小和专题信息。

地理信息除了具有一般信息的特性之外，还具有以下特性。

（1）空间分布性。地理信息具有空间定位的特点，一般总是先对其定位然后定性，并且在区域上表现出分布式特点，具有多层次的属性。

（2）数据量大（海量数据）。地理信息一般都包括空间、属性和时间及其变化的数据，且往往以图形、图像形式表示，因此其数据量很大。尤其是随着全球空间对地观测计划和技术的不断发展，我们每天都能获得上万亿兆关于地球资源、环境特征的数据，从而给数据处理与分析带来很大压力。

（3）信息载体的多样性。地理信息的第一载体是地理实体的物质和能量本身。此外，还有描述实体的文字、数字、地图和影像等符号信息载体，以及纸质、磁带、光盘等物理介质载体。各种图形图像和地图不仅是信息的载体，还是信息的传播媒介。

（二）信息系统与地理信息系统

1. 信息系统

为有效地对信息流进行控制、组织管理，实现双向传递，需要某种信息系统，它能对数据和信息进行采集、存储、加工和再现，并能回答用户的一系列问题。以提供信息服务为主要目的的数据密集型、人机交互的计算机应用系统称为信息系统。信息系统有四大基本功能：数据采集、管理、分析和表达。其在技术上有以下四个特点：

第一，涉及的数据量大。数据一般需存放在辅助存储器中，内存中只暂存当前要处理的一小部分数据。

第二，绝大部分数据是持久的，即不随程序运行的结束而消失，能长期保留在计算机系统中。

第三，这些持久数据为多个应用程序共享，甚至在一个单位或更大范围内共享。

第四，除具有数据采集、管理、分析和表达等基本功能外，还可为用户提供信息检索、统计报表、事务处理、规划、设计、指挥、控制、决策、报警、提示、咨询等信息服务。

信息系统是为产生决策信息而按照一定要求设计的一套有组织的应用程序系统，管理信息系统、地理信息系统、指挥信息系统、决策支持系统、办公信息系统等都属于这个范畴。

2. 地理信息系统

地理信息系统（GIS）是一种存储、分析和显示空间与非空间数据的信息技术。GIS 是采集、存储、管理、分析和显示有关地理现象信息的综合系统，是全方位分析和操作地理数据的数字系统。美国联邦数字地图协调委员会（FICCDC）的定义为“GIS 是由计算机硬件、软件和不同的方法组成的系统，该系统用来支持空间数据的采集、管理、处理、分析、建模和显示，以便解决复杂的规划和管理问题”。GIS 由计算机系统、地理数据和用户组成，通过对地理数据的集成、存储、检索、操作和分析，生成并输出各种地理信息，从而为土地利用、资源评价与管理、环境监测、交通运输、经济建设、城市规划以及政府部门行政管理提供新的知识，为工程设计和规划、管理决策服务。纵观这些定义，有的侧重于 GIS 的技术内涵，有的则是强调 GIS 的分析与应用功能。

综合上面关于信息系统和地理信息系统的论述，依据地理信息系统应用领域的不同，可分为土地信息系统、资源管理信息系统、地学信息系统等；依据其服务对象的不同，可分为区域信息系统和专题信息系统，如农林信息系统、矿山信息系统、地籍管理信息系统等。

GIS 特殊的空间数据模型决定了 GIS 特殊的空间数据结构和特殊的数据编码，也决定了 GIS 具有特色的空间数据管理方法和系统空间数据分析功能，成为地学研究和资源管理的重要工具。与一般的管理信息系统相比，GIS 具有以下特征：

第一，GIS 在分析处理问题中使用了空间位置数据与属性数据，并通过数据管理系统将两者联系在一起共同管理、分析和应用，从而提供了认识地理现象的一种新的思维方法；管理信息系统则只有属性数据库的管理，即使存储了图形，也往往以文件等机械形式存储，不能进行有关空间数据的操作，如空间查询、检索、相邻分析等，更无法进行复杂的空间分析。

第二，GIS 强调空间分析，通过空间解析式模型来分析空间数据，GIS 的成功应用依赖空间分析模型的研究与设计。

（三）地理信息科学

地理信息科学作为一门新兴学科的正式术语最早于 1992 年提出。地理信息科学是在地理信息系统的背景下重新定义地理概念及其应用的基础研究领域。地理信息科学还研究 GIS 对个人和社会的影响，以及社会对 GIS 的影响。地理信息科学重新审视了传统空间领域的一些根本问题，如地理学、地图学和大地测量学，同时结合了认知和信息科学的最新研究成果。它也与计算机科学、统计学、数学和心理学等更为专业化的研究领域相互重叠或采用这些领域的研究成果，并反过来为这些领域的研究做出贡献。它支持政治学和人类学研究，并在地理信息与社会研究中借鉴这些领域的成果。

地理信息科学与同类学科之间的界限尚有争议，不同的团体对地理信息科学可能有不同的定义和研究内容。信息科学是根据信息的性质和属性的科学原理进行的系统性研究。就地理信息而言，地理信息科学是信息科学的一个子集。

地理信息科学是研究地理信息的获取、表达、处理和分析的科学学科。它与 GIS 进行对比，GIS 强调的是软件工具，而地理信息科学的重点在于基础理论的研究。

地理信息科学是研究地理信息产生、运动和转化规律的一门交叉学科，是以广义 GIS 为研究对象的一门学科，是自然科学、技术科学、社会科学、思维科学之间的交叉学科。地理信息科学的主要研究内容包括以下几方面：①对地理信息产生、运动过程的研究；②对地理信息运动转化过程的研究；③对地理信息获取与处理技术的研究；④对地理信息技术集成理论与方法的研究；⑤对地理信息科学的应用研究。

可以看出，这些方面正是地理信息科学发展中需要重点开展的研究。此外，21 世纪 GIS 发展的一个重要特点就是地理信息科学有望形成较完整的理论框架体系。

地理信息科学的提出是 GIS 技术及应用发展到相当水平后的必然要求，它在注重地理信息技术发展的同时，关注与地理数据、地理信息有关的理论问题，如地理信息的认知、地理数据的不确定性、地理信息机理等。

二、地理信息系统的构成和功能

（一）地理信息系统的构成

完整的 GIS 主要由四个部分构成，即硬件系统、软件系统、地理数据和系统管理操作人员。地理数据反映了 GIS 的地理内容，系统管理操作人员则决定 GIS 的工作方式和信息表达方式。下面对前面两个部分的内容进行分析描述。

1. 硬件系统

计算机硬件是计算机系统中实际物理装置的总称，是 GIS 的物理外壳，可以是电子的、电的、磁的、机械的、光的元件或装置。GIS 的规模、精度、速度、功能、形式、使用方法甚至软件都与硬件有极大的关系，并受硬件指标的支持或制约。GIS 由于其任务的复杂性和特殊性，必须有计算机设备支持。GIS 硬件配置一般包括四部分：①计算机主机；②数据输入设备，包括数字化仪、图像扫描仪、手写笔、光笔、键盘、通信端口等；③数据存储设备，包括磁盘阵列、光盘刻录机、磁带机、光盘塔、活动硬盘、刻录阵列等；④数据输出设备，包括笔式绘图仪、喷墨绘图仪（打印机）、激光打印机等。

2. 软件系统

软件系统是指 GIS 运行所必需的各种程序，通常包括计算机系统软件、数据库软件、GIS 软件和其他支撑软件、应用分析程序等。

（1）计算机系统软件。计算机系统软件主要指计算机操作系统，如 DOS、UNIX/Linux、Windows 等。它们关系到 GIS 软件和开发语言使用的有效性，是 GIS 软硬件环境的重要组成部分。

（2）数据库软件。数据库软件除了在 GIS 专业软件中用于支持复杂地理数据的管理以外，还包括服务于以非空间属性数据为主的数据库系统，这类软件有 ORACLE、SYBASE、INFORMIX、DB2、SQL Server 和 Ingress 等。由于数据库软件具有快速检索、满足多用户并发和数据安全保障等功能，且能够在数据库中存储 GIS 的空间位置数据，如 SDE（spatial database engine）就是一种较好的解决方案，从而成为 GIS 软件的重要组成部分。

（3）GIS 软件和其他支撑软件。GIS 软件是系统的核心，用于执行 GIS 功能的各种操作，包括数据输入、处理、数据库管理、空间分析和图形用户界面（GUI）等，可作为构建地理信息应用系统的平台。其代表产品有 ArcGIS、MapGIS、SuperMap、GeoStar、GeoMedia 和 Mapinfo 等。它们一般包含以下主要核心模块：

①数据输入。它指将系统外部的原始数据（多种来源、多种形式的信息）传输给系统内部，并将这些数据从外部格式转换为便于系统处理的内部格式的过程。比如，将各种已存在的地图、遥感图像数字化，或者通过通信或读磁盘、磁带的方式输入遥感数据和其他系统已存在的数据，还包括以适当的方式输入各种统计数据、野外调查数据和仪器记录的数据。

②数据存储与管理。数据存储和管理涉及地理要素（表示地表物体的点、线、面）的位置、拓扑关系及属性数据如何构造和组织等。用于组织空间数据库的计算机系统称为空间数据库管理系统。空间数据库的操作包括数据格式的选择和转换，数据的连接、查询、提取等。

③数据分析与处理。它指对地理数据进行分析运算和指标量测。空间数据分析与处理可以理解为函数转换，即从一种空间数据集通过相应的空间转换函数转换为另一种空间数据集，转换后的空间数据集满足特定的数据分析与处理目的。空间函数可分为以下几种：基于点或像元的空间函数，如基于像元的算法运算、逻辑运算或聚类分析等；基于区域、图斑的空间函数，如叠加分析、区域形状量测等；基于邻域的空间函数，如像元连通性、扩散、最短路径搜索等。量测包括对面积、长度、体积、空间方位、空间变化等指标的计算。函数转换还包括错误改正、格式变换和预处理。

④数据输出与表示。数据的输出与表示是将 GIS 内的原始数据或经过系

统分析、转换、重新组织的数据以某种用户可以理解或所需的方式提交给用户，如以地图、表格、数字或曲线的形式表示于某种介质上，或采用显示器、胶片拷贝、打印机、绘图仪等输出，也可以将结果数据记录于磁存储介质设备或通过通信线路传输到用户的其他计算机系统中。

⑤用户接口。该部分软件用于接受用户指令、程序或数据，是用户和系统交互的工具，主要包括用户界面、程序接口与数据接口。系统通过菜单方式或解释命令方式接受用户的输入。由于 GIS 功能复杂，且用户往往为非计算机专业人员，所以用户界面是 GIS 应用的重要组成部分，图形用户界面是目前 GIS 主要的用户接口形式。

（4）应用分析程序。该程序是系统开发人员或用户根据地理专题或区域分析模型编写的用于某种特定应用任务的程序，是系统功能在具体应用中的扩充与延伸。在 GIS 开发资源和工具的支持下，应用程序的开发应是透明的和动态的，与系统的物理存储结构无关。

3. 地理数据和系统管理操作人员

人是地理信息系统中的重要构成因素，GIS 不同于一幅地图，而是一个动态的地理模型，仅有系统软件硬件和数据还构不成完整的地理信息系统，需要人进行系统组织、管理和维护以及数据更新、系统扩充完善、应用程序开发，并采用地理分析模型提取多种信息。

地理信息系统必须置于合理的组织联系中，如同生产复杂产品的企业一样，组织者要尽量使整个生产过程形成一个整体。要做到这些，不仅要在硬件和软件方面投资，还要在适当的组织机构中重新培训工作人员和管理人员方面投资，使他们能够应用新技术。近年来，硬件设备连年降价而性能则日趋完善与增强，但有技能的工作人员及优质廉价的软件仍然不足，只有在对 GIS 合理投资与综合配置的情况下，才能建立有效的地理信息系统。

（二）地理信息系统的主要功能

GIS 的用途为什么如此广泛？因为它具有强大的功能。其功能包括数据采集、存储、处理、分析、模拟和决策的全部过程，能够回答和解决以下五个方面的问题。①位置，某种现象发生在什么地方。位置可以用地理坐标、地名、邮政编码表示。②条件，实现某种目标需要满足某些条件。例如：修建一座大型高层建筑需要有足够的土地面积、适宜的工程地质等条件。种植棉花需要适宜的土壤条件等。③趋势，即在某个地方发生的某个事件及其随时间的变化过程。例如，某个地区的气候变化趋势、某个区域矿床储存及其产状的变化预测。④模式，即在某个地方存在的地理实体的分布模式问题。例如：根据某个地区居民职业及购买力的结构模式，规划设计购物中心和娱乐场所的类型、规模；根据遥感图像分析城市空间扩展模式。⑤模型和模拟，即对某个地方可能发生什么情况进行模拟，GIS 中的模拟一般是通过某种模型的分析。例如：根据某种数理模型进行南水北调选线的分析模拟；根据某矿山的地质采矿条件参数，利用某一数学模型进行开采沉陷预测模拟。

为了回答和解决以上五类问题，GIS 必须具备从数据采集输入、存储管理、分析处理到表达输出的一系列功能。专业级的 GIS 软件包具有如下功能。

1. 数据采集与输入

有多种多样的数据源可供 GIS 使用，如野外测量数据、运用现代定位技术（全球定位系统、惯性测量系统、实时动态差分测量、全站仪等）获得的数据、摄影测量与遥感影像数据、现有的图像数据、现有的图形资料、物联网数据、统计调查的文字和数字等。

不论地理数据、信息的形式如何多样化，它大体上可分为两类：一是基础地理数据，如地形、地物的位置，地面和井下测量点的位置，面积和体积数据等；二是专题属性数据或描述数据、表格数据，如对地形、地物、土地的分类，特征表述，生产统计数据，矿产资源状况数据，社会和生产环境数据等。GIS 的数据库不仅可以提供对各种空间数据和属性数据的编辑、处理、统计、分析和评价，还可以按一定的要求检索、建立报表、绘制图形。

2. 空间数据的分析与处理

（1）空间数据预处理。同一地区不同单位、不同时间的数据源难免在地图的比例尺、坐标系、投影方式等方面存在差别，因此一般需要对一些原始数据做预处理，如几何校正、坐标系统转换等。

（2）拓扑关系构建。空间概念能用几何关系和拓扑关系来度量。基本空间单元与其相关的特征是点、线（长度、弯曲、方向）、面积（范围、周长、凹凸、重叠）和体积。地理实体可定义为多个空间单元的组合，这种组合可以是相同类型实体的组合，也可以是不同类型实体的组合。

（3）缓冲区分析和多边形叠置。缓冲区分析是根据数据库中的点、线、面实体自动建立其周围一定宽度范围的缓冲区多边形，是 GIS 的基本空间分析功能。例如：建立一个电视塔，其有效范围有多大；在铁路线下进行煤炭开采，需要留设多宽的煤柱才能保证运输安全。

多边形叠置是将同一地区、同一比例尺的多边形要素数据文件进行叠置分析处理，从而产生许多新的多边形。例如，地质地形图就是同一地区、相同比例尺的地形地物数据与地质资料的数据叠加的结果。地学信息的叠置和分离是经常需要做的操作。

（4）数字地形分析。等高（值）线法适合表示不规则的连续变化的表面，但它不适用于数字地形分析。数字地形模型（DTM）或数字高程模型（DEM）是以数字方式表示空间起伏变化的连续表面。许多 GIS 都提供了构建 DTM 的软件包来进行地形分析、数字地形分析，主要内容有等高线的生成与分析、地形要素的计算与分析、断面图分析、三维立体显示和计算等。

3. 地图制图和数据输出

（1）地图制图与制图综合。地图制图功能是 GIS 的重要功能之一，包括制作基本比例尺地图和专题地图。地图制图功能模块或软件包通过图形编辑，可根据用户的需要对数字地图进行整饰，按照给定的符号、注记和颜色进行图形显示或绘图输出。但由于地理数据的数据组织、存储和表示与地图存在某些不一致，在 GIS 空间数据库中制作地图还需一些人机交互编辑工作。地图综合的内容很多，如曲线化简、多边形化简、聚合多边形、简化建筑物、生成中心线和注记自动配置等。具有空间目标综合功能的 GIS 可以最大限度地体现空间基础数据的价值，并满足多方面、多层次、多方位的 GIS 应用。地图制图与制图综合有密切关联，目前对空间数据的自动综合在实用化方面还存在诸多问题，须进一步研究。

（2）数据输出。经 GIS 软件数据处理的结果能够以多种形式表达，有的是用户可以阅读或理解的，有的则需要转换到计算机系统的其他设备中。前者有各种图素、相片，后者有计算机兼容（CCT）磁带、光盘等。

这里，有必要归纳出对 GIS 发展和认识存在的三个不完全相同但又相互关联的观点：一是地图学观点，强调 GIS 是一种地图数据处理与显示系统；二是数据库观点，强调数据库系统在 GIS 中的重要地位；三是分析工具观点，强调 GIS 的空间分析与模拟分析功能，认为 GIS 是一门空间信息科学。现在，第三种观点已被 GIS 学界普遍接受，并认为这是区分 GIS 与其他信息系统及地理数据自动处理的根本特征。当然，如前所述，这三个方面是相互渗透的。

第二节 地理信息系统的研究内容

GIS 是现代科学技术发展和社会需求的产物。人口、资源、环境、灾害是影响人类生存与发展的四大基本问题，为了解决这些问题，需要自然科学、工程技术、社会科学等多学科、多手段联合攻关。于是，许多不同的学科，包括地理科学、测量学、地图制图学、摄影测量与遥感学、计算机科学、数学、统计学以及一切与处理和分析空间数据有关的学科，都在寻求一种能采集、存储、检索、变换、处理和显示输出从自然界和人类社会获取的各种各样的数据、信息的强有力工具，这个工具就是 GIS。因此，GIS 明显具有多学科交叉的特征。它既要吸取诸多相关学科的精华和营养，逐步形成独立的边缘交叉学科，又要被多个相关学科所运用，并推动它们的发展。

GIS 广泛而深入的应用使其技术方法不断发展、完善，并促进其相关理论研究的发展和深入；理论研究的开展、技术方法的更新和进步又进一步指导开发出新一代高效 GIS，并推动和拓展其应用的广度和深度。目前，GIS 的主要研究内容有以下几个方面。

一、基本理论研究

基本理论研究包括研究 GIS 的概念、定义和内涵的发展，建立其理论体系，研究系统的构成、功能和任务；研究地理信息理论和地理空间认知理论，以指导系统的开发和建设；研究人脑认知地理环境的过程和方法以及人类地理认知功能的计算机模拟，发展空间数据模型和数据结构，为正确设计、研制和建立 GIS 提供科学的认识论和方法论；总结 GIS 的发展历史，探讨进一步发展中的理论和概念问题等。

美国国家地理信息分析中心（NCGIA）于 20 世纪 90 年代初在美国国家科学基金会的支持下，分 12 个原创性研究课题对 GIS 的基础理论进行了研究。这 12 个原创性研究课题如下：①空间数据库精度，主要研究内容是评定空间数据的统计模型、GIS 产品的数据不确定性和置信问题、空间分析和空间统计学等。②空间关系语言，主要研究内容和目标是以自然语言确定空间概念和空间关系的形式化认知或语义模型、基于拓扑学和几何学构造空间概念和空间关系的形式化数学或逻辑模型。③多重表达形式，主要研究内容是自相似性和尺度依赖性、地图要素的数字表现模型、与分辨率水平相关的自动特征要素简化和选择算法、相同对象多重表达的数据库组织方法。④ GIS 在决策支持中的应用和价值，主要研究内容是与决策支持相关的不确定性和风险问题、与土地利用相关的决策支持实验模型。⑤超大 GIS 数据库结构，主要研究内容是超大数据库需求分析、遥感数据特征和数据类型、超大 GIS 数据库和关联的 GIS 产品功能部件。⑥空间决策支持系统，主要研究内容是决策支持系统的 GIS 数据结构、GIS 框架内有效的结构化空间搜索算法。⑦空间信息质量的可视化，主要研究内容是研究实现多种不同的空间信息数据质量（可靠性、精度和确定性等）可视化的方法，并评价这些方法的有效性。⑧地图设计专家系统，主要研究内容是设计各种类型地图输出的专家系统。⑨空间信息共享。⑩ GIS 中的时态关系，主要研究内容是时间模型的理解（连续时间、离散时间和事件）、非单调系统中时态逻辑和演绎策略的推理方法、时态 GIS 的构建和查询实现。⑪ GIS 中的空间–时间统计模型，主要研究目标是社会、自然和应用科学中空间和时态尺度变化的基本过程，空间–时间统计模型分类及其选择合适的数据结构来表达 GIS 中特定的社会和自然过程的时态可变性；有效的数据刷新算法对应不同的时态变化尺度。⑫ GIS 和遥感，主要研究内容是数据获取和处理的方法、GIS 中遥感数据存储和集成的数据结构。

在基本完成以上研究目标后，20 世纪 90 年代中期，研究工作由美国大学 GIS 联盟组织分 10 个研究主题展开：①空间数据获取和集成；②分布式计算；③地理表现扩展（动态、多维和全球）；④地理信息认知；⑤地理信息的互操作性；⑥尺度；⑦ GIS 环境的空间分析；⑧未来的空间信息基础设施；⑨空间数据和基于 GIS 分析的不确定性；⑩ GIS 和社会。

二、技术系统研究

具有多学科交叉特征的 GIS，涉及的技术方法受到众多相关学科的影响和渗透，内容相当广泛，包括 GIS 的硬件配置，软件开发工具及语言，数据查询、检索、显示和表达，数据输入与图像识别，“3S”及物联网技术集成，三维可视化及多媒体动态显示，WebGIS 的研制等，发展也极其迅速。

三、应用方法研究

包括应用系统的设计和开发、各种应用分析模型的研发、不同来源和类型数据的采集和校验、应用效果、效益分析等。

四、地理信息系统的相关学科和技术

GIS 是 20 世纪 60 年代开始迅速发展起来的新兴学科，是传统科学与现代技术相结合的产物，它为各门涉及空间数据分析的学科提供了新的技术与方法。因此，诸多相关学科的技术发展都不同程度地为 GIS 提供了一些技术与方法，认识和理解 GIS 与这些相关学科的关系，对全面、准确地应用和发展 GIS 是十分必要和有益的。

（一）地理信息系统与地图学

地图作为记录地理信息的一种图形语言形式，最为古老，久负盛誉。从历史发展看，GIS 脱胎于地图，并成为地图信息的又一种新的载体。它具有存储、分析、显示和传输的功能，尤其是计算机制图为地图特征的数字表示、操作和显示提供了系统的技术方法，为 GIS 的图形输出设计提供了技术支持。另外，地图仍是目前 GIS 的重要数据来源之一。但两者有着一定的差别：地图强调的是数据分析、符号化与显示，GIS 则注重空间信息分析。地图学理论与方法对 GIS 的发展有着重要的影响，并成为 GIS 发展的根源之一。

GIS 以空间数据或空间数据库（主要来自地图）为基础，其最终产品之一也是地图，因此它与地图有着极其密切的关系，两者都是地理学和测绘学的信息载体，同样具有存储、分析和显示（表示）的功能。由地图学到地图学与 GIS 结合，这是科学发展的规律。可以说，GIS 是地图学在信息时代的发展。关于 GIS 与地图学的关系问题，存在不少专门的论述。一种观点认为，“GIS 脱胎于地图”“GIS 是地图学的继续”“GIS 是地图学的一部分”“GIS 是数字的或基于可视化地图的”等；另一种观点认为，“地图学是 GIS 的回归母体”“地图是模拟的 GIS”“地图是 GIS 的一部分”等。把地图学和 GIS 加以比较可以看出，GIS 是地图学理论、方法与功能的延伸，地图学与 GIS 是一脉相承的，它们都是空间信息处理的科学，只不过地图学强调图形信息传输，GIS 则强调空间数据处理与分析，地图学与 GIS 之间一个最有力的连接就是通过地图可视化工具来增加 GIS 的数据综合和分析能力。

GIS 与地图制图系统的关系存在两种看法：其一，计算机地图制图系统是 GIS 的一部分；其二，GIS 是计算机地图制图系统之上的超结构。从 GIS 的发展过程可以看出，GIS 的产生、发展与地图制图系统存在着密切的联系，两者的相通之处是基于空间数据或空间数据库的空间信息的表达、显示和处理。

GIS 最初从计算机地图制图起步，早期的 GIS 往往受到地图制图中内容表达、处理方面的习惯的影响。但是，建立在计算机技术和空间信息技术基础上的 GIS 空间数据库和空间分析方法并不受传统地图图纸平面的限制。GIS 不应当只是存取和绘制地图的工具，而应当是存取、处理、管理和分析地理实体的有效工具和手段，存取和绘制地图只是其功能之一。20 世纪六七十年代，空间数据应用的主要领域是资源调查、土地评价和规划等领域，各学科领域的科学家认识到地表各特征之间的相互联系、相互影响这一事实后，开始寻找一种综合的多学科、多目标的调查分析方法来评价地表特征，因而产生了面向特殊目的的专题图件。20 世纪 60 年代，计算机的出现打破了传统的地图制图方式，使地球资源的量化分析和评价产生了实质性的发展。地图要素被量化成简单的数字，可以用计算机很方便地给予定性、定量及定位分析，进而用颜色、符号和文字来完整地表达，因此产生了计算机地图制图技术。20 世纪 70 年代后期，由于计算机硬件持续发展，计算机地图制图的历程向前迈进了一大步。20世纪80年代，美国地质调查研究所制订了旨在实现地图制图现代化的计划，大规模地扩充和改进地图数字化设备，制订数据库信息交换标准，提高地图修编能力，改革传统的制图工艺，形成现代化数字制图流程。计算机地图制图技术的发展对 GIS 的产生起了有力的促进作用，GIS 的产生进一步为地图制图提供了现代化的先进技术手段，成为现代地图制图的主要手段。GIS 应用于地图制图可实现地图图形数字化，建立图形和属性两类数据相结合的数据库。但 GIS 不同于计算机地图制图，计算机地图制图主要考虑地形、地物和各种专题要素在图上的表示，并且以数字形式对它们进行存储、管理，最后通过绘图仪输出地图。计算机地图制图系统强调的是图形表示，通常只有图形数据，不太注重可视实体具有或不具有的属性信息，而这种属性信息是地理分析中非常有用的数据。GIS 既注重实体的空间分布又强调它们的显示方法和显示质量，强调的是信息及其操作，不仅有图形数据库，还有属性数据库，并且可综合两者的数据进行深层次的空间分析，提供对规划、管理和决策有用的信息。数字地图是 GIS 的数据源，也是 GIS 的表达形式，计算机地图制图是 GIS 的重要组成部分。

（二）地理信息系统与地理学及地学数据处理系统

地理学是一门研究人类赖以生存的空间的科学，以地域单元研究人类居住的地球及其部分区域，研究人类环境的结构、功能、演化以及人地关系。在地理学研究中，地理空间分析的理论方法具有悠久的历史，为 GIS 提供了有关空间分析的基本观点与方法，是 GIS 的基础理论依托。同时，GIS 的发展为地理问题的解决提供了全新的技术手段。

地学数据处理系统是以地学数据的收集、存储、加工、集成、再生成等数据处理为目标，为 GIS 提供符合一定标准和格式数据的信息系统。美国科学家兰菲尔说:“将 GIS 引入地学界，如同 Fortran 语言引入计算机科学界一样重要。”GIS 是以一种全新的思想和手段来解决复杂的规划、管理与地理相关的问题，如城市规划、商业选址、环境评估、资源管理、灾害监测、全球变化，甚至在现代企业中作为制订科学经营战略的一种重要手段，因为企业对外界的认知能力和信息处理能力提高了，就能创造空间上的竞争优势。解决这些复杂的空间规划和管理问题，是 GIS 应用的主要目标。

（三）地理信息系统与测绘学

随着空间技术的发展，各类对地观测卫星使人类有了对地球整体进行观察和测绘的工具，就像可以把地球摆在实验室进行观察研究一样方便。空间技术和其他相关技术（如由计算机、信息、通信、网络等技术发展起来的 3S 技术）在测绘学中的不断出现和应用，使测绘学从理论到手段都发生了根本性变化。测绘生产任务也由传统的纸上或类似介质的地图编制、生产和更新发展到地理数据的采集、处理和管理。GPS 的出现革新了传统的定位方式，传统的模拟摄影测量数据采集技术已被遥感卫星或数字摄影获得的影像代替，测绘人员可在室内借助高速高容量计算机和专用配套设备对遥感影像或信号记录数据进行地表（甚至地壳浅层）几何和物理信息的提取和变换，得出数字化地理信息产品，并由此制作各类可供社会使用的专用地图等测绘产品。

从测绘学的现代发展可以看出，现代测绘学是指地理空间数据的测量、分析、管理、存储和显示的综合研究，这是基于现代社会对空间信息有极大需求这一特点形成的一个更全面且综合的学科体系。它更准确地描述了测绘学科在现代信息社会中的作用。原来各个专门的测绘学科之间的界限已随着计算机与通信技术的发展逐渐变得模糊了。从现代信息论的观点看，测绘学本质上就是一门关于地球空间信息的学科，传统的测绘方式受地面测量技术、时空尺度和精度水平以及投入的限制，其产品主要是单一的地形图和在地形图基础上编绘的专用地图；它不能反映至少不能及时反映地球表面形态的变化，特别是大范围的变化；其产品制作周期长，已不能满足地区经济和全球经济高速发展的多种需要。信息技术加快了人类社会的运行速度。测绘学应该是提供人类生存空间、自然环境及其变化信息的学科，它的学科内涵发生了巨大的变化，因此如何界定测绘学的含义，已是世界各国测绘工作者所关注的问题。从 20 世纪

90 年代开始，国际上将测绘学（surveying and mapping）更改为一个新词——“geomatics”，以准确反映学科的实质。现在将它译成“地球空间信息学”，已基本得到认同。

测绘学和遥感技术不但为 GIS 提供了快速、可靠、多时相和廉价的多种信息源，而且其许多理论和算法可直接用于空间数据的变换、处理。

（四）地理信息系统与计算机科学

计算机科学的发展对 GIS 的发展有着深刻的影响。数据库管理系统（DBMS）主要用于存储、管理和查询属性数据，并具备一些基本的统计分析功能，是 GIS 的重要组成部分之一，是 GIS 有关数据操作的重要组成部分。建立在数据库技术基础上的空间数据库管理系统（SDBMS）更是 GIS 的核心。计算机辅助设计（CAD）为 GIS 提供了数据输入和图形显示与表达的软件与方法，计算机图形学理论是现代 GIS 的技术理论之一，人工智能技术的进步也为 GIS 的智能化发展带来了积极的影响，因特网的发展为 GIS 服务建立了良好的信息基础设施和环境，基于因特网的 GIS（WebGIS）应用越来越普及。数学的许多分支尤其是几何学、图论、拓扑学、统计学、决策优化方法等被广泛应用于 GIS 空间数据的分析。基于数据仓库管理、网络传输、虚拟现实等多学科融合、多技术集成的 GIS 已是其发展方向。

GIS 离不开数据库技术。数据库技术主要是通过属性来管理和检索，其优点是存储和管理有效，查询和检索方便，但数据表示不直观，不能描述图形拓扑关系，一般没有空间概念，即使存储了图形，也只是以文件形式管理，图形要素不能分解查询。GIS 则能处理空间数据，其工作过程主要是处理地理实体的位置、空间关系及地理实体的属性。例如，将电话查号台看作一个事务数据库系统，但它只能回答用户所询问的电话号码，而通信信息系统除了可查询电话号码外，还可提供电话用户的地理分布、空间密度等信息。

GIS 数据处理流程和数据共享机制需要一个长事务处理模型，以完成大量的修改和数据复制。在 GIS 中，一个编辑过程包含多次数据处理的过程，这些过程可以定义成一个事务。比如，一个土地利用层中的“多边形的切割”包括三个步骤：删除原有的多边形，添加两个新多边形，并且更新土地拥有者和税务的信息。在多用户数据库中，GIS 的事务处理必须基于 DBMS 的短事务处理。空间数据引擎 SDE 实现了将高级复杂的 GIS 事务处理映射到 DBMS 的事务处理上面。在很多场合下，长事务处理也是非常重要的。长事务处理可以通过多用户的 DBMS 和空间数据引擎 SDE 来实现。

（五）地理信息系统与计算机辅助设计

计算机辅助设计（CAD）主要用来代替或辅助工程师进行各种设计工作，它可绘制各种技术图形，大至飞机，小至微芯片等，也可与计算机辅助制造（CAM）共同用于产品加工中的实时控制。GIS 与 CAD 的共同特点是两者都有空间坐标，都能把目标和参考系统联系起来，都能描述图形数据的拓扑关系，也都能处理非图形属性数据。它们的主要区别如下：CAD 处理的多为规则几何图形及其组合，它的图形功能尤其是三维图形功能较强，属性库功能相对要弱，采用的一般是几何坐标系；而 GIS 处理的多为自然目标，有分维特征（海岸线、地形等高线等），因而图形处理的难度大；GIS 的属性库内容结构复杂，功能强大，图形属性的相互作用十分频繁，并多具有专业化特征；GIS 采用的多是大地坐标，必须有较强的多层次空间叠置分析功能；GIS 的数据量大，数据输入方式多样化，所用的数据分析方法具有专业化特征。因此，一个功能较全的 CAD 并不完全适合完成 GIS 任务。下面是两者的对比：① CAD 的几何形状主要由设计人员构造，GIS 的几何形状则通过扫描、数字化或测量获取。② CAD 几何形态包含水平和垂直线段，通常线段间的夹角是规则的。GIS 实际上不包含水平或垂直线段，除了直角，其他的规则夹角很少。另外，形状破碎的线段，如等高线和海岸线，则很平常。③在 CAD 中，圆弧和曲线是基本的；在 GIS 中，它们实际上不存在，它们通过线段的无限逼近来实现。④在 CAD 中，一个典型的多边形有四个顶点；在 GIS 中，一个多边形可能有上千个顶点。⑤在 CAD 中，诸如映射、旋转、比例、拷贝之类的操作频繁地出现，在 GIS 中则不常出现。⑥在 CAD 中，目标间的拓扑关系实际上不存在；在 GIS 中，拓扑是主要的考虑之一。⑦在 CAD 中，栅格很少用；但在 GIS 中，栅格数据的操作是非常重要的。

（六）地理信息系统与遥感技术

遥感是 20 世纪 60 年代以后发展起来的一门新兴技术，是利用传感器从远距离平台不直接接触物体而对目标进行感知和探测的技术。遥感影像数据有效弥补了常规野外测量获取数据在时间、空间连续性和光谱特征信息方面的不足和缺陷。遥感对地观测系统和图像处理技术领域取得的巨大成就使人们能够从宏观到微观快速而有效地获取和利用多时相、多波段的地球资源与环境影像信息，进而为改造自然、造福人类服务。

遥感是地理信息系统重要的信息源（包括基础信息采集和信息更新），基于遥感信息既可以提取 GIS 需要的空间信息（主要是通过具有立体像对的遥感信息源进行），又可以提供相应的专题要素和属性信息，遥感图像处理是实现遥感数据向地理信息转变的关键之一。近年来，随着具有立体量测能力的高分辨率卫星遥感影像的商业化应用，基于遥感影像采集和更新 GIS 信息（包括空间信息和属性信息）已成为重要的技术趋势。

GIS 可以为遥感图像处理和遥感信息解译提供地学参照数据、辅助信息和分析判据，如提取遥感影像几何校正需要的地面控制点坐标，提供影像分类的训练区选择，等等。

目前，遥感和 GIS 的集成得到了快速发展，如一些商业化的 GIS 软件都具有一定的图像处理功能，遥感影像也具有一定的矢量数据处理功能，并且都提供了数据转换的功能模块。

第三节　地理信息系统的应用与发展趋势

一、地理信息系统的发展概况

（一）地理信息系统发展的科学技术背景

20 世纪 60 年代，美国麻省理工学院首次提出计算机图形学这一术语，并论证了交互式计算机图形学是一个可行的、有用的研究领域，从而确定了这一科学分支的独立地位。20 世纪 60 年代初，计算机技术开始用于地图量算、存储、分类、分析和覆盖合并等，越来越多地显示出其优越性。随着计算机技术应用于自然资源和环境数据分析处理的迅速发展，空间数据自动采集、分析、处理和显示技术不断改进和协同发展，进而产生了地理信息系统技术。1963 年，加拿大测量学家罗杰 · F. 汤姆林森首次提出了地理信息系统这一术语，并建立了世界上第一个 GIS——加拿大地理信息系统（CGIS），当时主要用于自然资源的管理和规划。经过 50 余年的发展，地理信息系统的理论和技术体系日臻完善，应用更加普及和深入，并促进了地球空间信息学或地理信息科学的形成和发展。

进入 21 世纪，GIS 的研究与应用步入一个充满生机的崭新阶段。一方面，信息技术（IT）的高度发展及其与 GIS 的深入交叉渗透为 GIS 技术的实现和应用的全方位拓展奠定了坚实的软硬件基础；另一方面，遥感（RS）技术和全球定位系统（GPS）的广泛普及和应用使 GIS 中最重要的部分——空间数据的获取变得方便、实时，同时，数据的分辨率可满足多方面应用的需求，从而促进了地理信息系统的应用。

（二）地理信息系统的发展简史

1. 国际发展状况

纵观国际上 GIS 的发展，可将其分为以下几个阶段。

（1）地理信息系统的开拓期（20 世纪 60 年代）。这一时期 GIS 的发展与计算机技术的发展水平相关，空间数据的输入、存储、处理功能很弱，且着重地学空间数据处理。例如，美国人口调查局建立的 DIME 系统用于处理人口统计数据，加拿大统计局的 GRDSR 用于管理资源普查数据，等等。许多大学研制了一些基于栅格数据方式的软件包，如哈佛大学的 SYMAP、马里兰大学的 MANS 等。这一时期 GIS 发展的另一显著特点是许多相关组织机构纷纷创立。例如：1966 年美国成立了城市和区域信息系统协会（URISA），1969 年又建立了州信息系统全国协会（NASIS）；国际地理联合会（IGU）于 1968 年设立了地理数据收集和处理委员会（CGDSP）。它们对传播 GIS 知识、发展 GIS 技术起了重要作用。在这一时期，专家的兴趣和政府部门的推动对 GIS 的发展起着积极的引导作用，并且大多数 GIS 工作限于政府或大学的范畴，国际交流甚少。

（2）地理信息系统的巩固发展期（20 世纪 70 年代）。20 世纪 70 年代是 GIS 的巩固发展时期。在此期间，计算机发展到第三代，大容量随机存取设备——磁盘的使用为空间数据的录入、存储、检索和输出提供了强有力的手段。用户屏幕和图形、图像卡的发展增强了人机对话和高质量图形显示功能，促使 GIS 朝着实用化方向迅速发展。一些发达国家先后建立了许多专业性的土地信息系统和地理信息系统。例如，从 1970 年到 1976 年，美国地质调查局建成了 50 多个专业 GIS，为地理、地质和水资源等的空间信息管理服务。加拿大、瑞典、日本等国也相继发展了自己的专业 GIS。同时，一些商业公司开始活跃起来，软件在市场上受到欢迎。据统计，20 世纪 70 年代约有 300 多个系统投入使用。1980 年，美国地质调查局出版了《空间数据处理计算机软件》的报告，基本总结了 1979 年以前世界各国的 GIS 发展概况。此外，马布尔（Marble）等拟定了处理空间数据的计算机软件登录的标准格式，对全部软件做了系统分类，提出了 GIS 发展的重点是空间数据处理的算法、数据结构和数据管理系统这三个方面。由于西方国家环保浪潮的兴起，GIS 开始应用于自然资源开发、环境保护和土地利用规划等领域。同时，许多大学和研究机构开始重视 GIS 软件设计和应用研究。例如，美国纽约州立大学布法罗校区创建了 GIS 实验室，后来在 1988 年发展成为包括加利福尼亚大学和缅因大学在内的由美国国家科学基金会支持的国家地理信息和分析中心（NCGIA），说明 GIS 技术已经受到政府部门、商业公司和大学的普遍重视，成为一个引人注目的领域。但系统的数据分析能力仍然很弱，系统的开发和应用多限于某个机构，专家个人的影响削弱，政府的作用增强。

（3）地理信息系统技术大发展时期（20 世纪 80 年代）。20 世纪 80 年代是 GIS 在理论、方法和技术方面取得突破与趋于成熟的阶段。其间，越来越多的专业期刊创立，并发表 GIS 的应用、理论和方法方面的学术论文；一些计算机公司开始向用户介绍和展示 GIS 软件样板；对 GIS 有所了解和认识的人日渐增多。此外，计算机硬件技术大为发展、图形工作站的推出、微型 PC 机的性价比不断提高、软件开发工具的广泛应用和数据库技术的推广都对 GIS 的成熟起着推动作用。GIS 的数据处理能力，空间分析能力，人机交互对话，地图的输入、编辑和输出技术均有了较大发展，并且在许多领域中得到应用。20 世纪 80 年代后期，以工作站为平台的 GIS 软件日益发展。商品化的 GIS 软件除了具有上述功能之外，还能为用户提供良好的用户界面、多种数据格式转换接口、计算机网络通信，有的甚至提供一种“宏语言”作为二次开发之用。在实用方面，从解决基础设施的规划（如道路、输电线）转向更复杂的区域开发问题，如土地的多目标规划，城市发展战略研究及投资环境决策等，在这些研究中地理因素成为不可缺少的依据。同时，GIS 与卫星遥感技术相结合，开始用于解决全球性的难题，如全球沙漠化、全球可居住区的评价、厄尔尼诺现象及酸雨、核扩散及核废料，以及全球海平面变化与监测等。在此期间推出了不少商品化的 GIS 软件，代表性的有 ARC/INFO、TIGRIS、IGDS/MRS、Microstation、SYSTEM9 等，有的可在工作站和微机两种平台上运行。

（4）地理信息系统的用户时代（20 世纪 90 年代）。由于计算机的软硬件均得到飞速发展，网络已进入千家万户，地理信息系统已成为许多机构必备的工作系统，尤其是政府决策部门在一定程度上由于受地理信息系统影响而改变了原有机构的运行方式、设置与工作计划等。另外，社会对地理信息系统的认识普遍提高，需求大幅度增加，从而导致地理信息系统应用的扩大与深化。国家级乃至全球性的地理信息系统已成为公众关注的问题，地理信息系统已成为现代社会最基本的服务系统。

（5）地理信息的网络化时代（2000 年以后）。随着网络与通信技术、移动通信设备的快速发展，GIS 从单机应用向网络化应用发展，如 Google 地图、百度地图等，进一步推动了 GIS 的大众化。同时，云计算、时空大数据分析成为地理信息科学领域的研究重点。

2. 国内发展状况

我国 GIS 的研究起步较晚，但发展较快、势头良好，大体上可分为以下几个阶段。

（1）准备阶段。20 世纪 70 年代初期，我国开始在测量、制图和遥感领域应用计算机技术。随着遥感技术的发展，我国于 1974 年开始引进美国陆地卫星图像资料，开始了遥感图像处理和解译工作。1976 年召开了第一次遥感技术规划会议，形成了遥感技术实验和应用研究蓬勃发展的新局面。此后，开展了各种区域性航空遥感实验研究，获得了大量多层次、多时相、多应用目标的综合地学信息。遥感在地学各领域中的推广应用、地学实验技术和理论研究的需要以及地球科学、环境科学研究向宏观和微观的战略发展为地理信息系统的发展开辟了道路。1978 年，国家计划委员会（现为国家发展和改革委员会）在安徽黄山召开了全国第一届数据库学术讨论会；同年 10 月，在浙江杭州召开了第一届环境遥感学术讨论会。在会上我国著名地理学家、地图学家陈述彭院士发出了我国开展地理信息系统研究的倡议。从此，地理信息系统研究的舆论准备、组织建设和可行性实验在全国由点到面逐步开展起来。

（2）试验起步阶段。20 世纪 80 年代之后，我国在 GIS 的研究和应用方面取得了实质性进展；在理论探索、规范探讨、实验技术、软件技术、系统建立、人才培养和区域性、专题性试验等方面都积累了经验，取得了突破和进展。例如，在二滩、渡口地区建立了我国第一个信息系统模型，以及全国范围的空间数据库试验方案，建成了 1∶100 万国土基础信息系统和全国土地信息系统、1∶400 万全国资源和环境信息系统、1∶250 万水土保持信息系统。在专题性信息系统试验研究方面，建立了黄土高原信息系统、洪水灾情预报与分析系统、全国树木资源与环境信息系统、矿产资源数据库、煤种资源数据库、农业资源数据库等。用于辅助城市规划的各种小型信息系统在城市建设和规划部门中获得了认可。

学术交流和人才培养在此期间也得到较大发展，国内召开了多次关于 GIS 的国际学术讨论会。1980 年 1 月，中国科学院遥感应用研究所成立了第一个地理信息系统研究室。1985 年 2 月，在中国科学院和国家计划委员会（现为国家发展和改革委员会）的领导下建立了资源与环境信息系统国家重点实验室。1989 年初以武汉测绘科技大学国家重点学科摄影测量与遥感及大地测量专业的相关实验室为基础开始筹建，并在当年由国家计划委员会（现为国家发展和改革委员会）正式批准成立测绘遥感信息工程国家重点实验室。测绘遥感信息工程国家重点实验室是我国测绘学科第一个国家重点实验室。南京大学、北京大学等高校在计算机辅助制图和地理信息系统的教育、科研和人才培养方面先行一步，并取得了可喜的成绩。

同时，信息系统规范化、标准化的研究工作有计划地开展。1983 年 11 月，国家科学技术委员会（现为科学技术部）组建了资源与环境信息系统国家规范组，在充分调查分析国内外历史和现状的基础上，于 1984 年 9 月提供了《资源与环境信息系统国家规范研究报告》。

上述各个方面卓有成效的工作逐步形成了我国自己建立和发展 GIS 的技术路线、原则和政策，避免了一些盲目分散或过度集中的通病，使具有实际效能的区域性 GIS 和专业（题）性 GIS 得到并行发展。此外，还注意发展微机 GIS，以便于推广应用。

（3）发展阶段。从 1986 年到 1995 年前后，我国的 GIS 事业随着社会主义市场经济的发展走上全面迅速发展的阶段。在此期间，全国许多行业部门和部分省区积极发展各有特色的 GIS，从而在理论和应用研究、人才培养等方面取得了丰硕成果。由于沿海、沿江经济开发区的发展，土地的有偿使用和外资的引进，急需 GIS 为之服务，推动了 GIS 的发展。上海、北京、天津、深圳、海口、三亚、常州等大中城市相继建设了城市 GIS。北京农业大学等积极开展土地和农业信息系统的研究，建设了用于农作物估产和灾害监测的遥感 GIS。矿区是一种特殊的地理区域，其地理空间要素和社会经济要素的内容广泛、综合、复杂，而且变化迅速。矿山地理信息系统（MGIS）或称矿区资源与环境信息系统（MREIS）所面向的地理空间包括地面、地下以及大气层的多层次三维空间，甚至要求建立动态的时空一体化的四维 GIS。中国矿业大学、太原理工大学和西安煤田航测遥感局等在其理论、技术方法和应用研究以及人才培养方面做了许多工作，均取得了可喜的成果。

1992 年 10 月，联合国经济发展部（UNDESD）在北京召开了城市 GIS 学术讨论会，并建议筹建中国 GIS 协会。经过一年多的筹备工作，于 1994 年 4 月 25—27 日在北京召开了中国地理信息系统协会（CAGIS）成立大会暨技术报告会，以指导、协调和推动全国 GIS 事业的发展。

此外，1992 年 8 月在美国纽约州的布法罗市召开了首届 GIS 中国学者大会，共有 120 多名中国学者与会，共同研讨 GIS 的现状和未来的发展，彰显了中国学者对国际 GIS 学科的关心和在理论与应用研究中做出的贡献。

（4）持续发展、形成行业和走向产业化阶段。经过几十年的发展，中国

GIS已在研究和应用上逐步形成行业，开始走向产业化道路，成为国民经济建设和社会生活的一种共同需要和普遍使用的工具，并在城市建设、农业、能源等基础建设、环境保护、灾害防治和海洋开发等方面发挥着重大作用。但其中还有许多理论、技术方法和应用问题需要研究和解决。

应该说，经过几十年的发展，我国地理信息系统在基础理论、技术开发、软件研制、工程应用、人才培养等方面都取得了快速发展和长足进步，在从业人员、产业规模、用户数量等方面都成了GIS大国。数字城市、智慧城市建设以及地理国情监测，为GIS的发展与应用提供了广阔的空间。需要指出的是，目前我国在地理信息系统基础理论研究方面具有较大国际影响的原创性成果还比较少，国产GIS软件在国内外市场的份额也比较小（特别是国际市场）。虽然我国是一个GIS大国，但还不是一个GIS强国，我国要实现由GIS大国到GIS强国的转变，还需持续不断的努力。

二、地理信息系统的应用领域

GIS成了国家宏观决策和区域目标开发的重要技术工具，也成了与空间信息有关的各行各业的基本工具。下面简单介绍GIS的一些主要应用。

（一）测绘与地图制图

GIS技术源于机助地图制图。GIS与RS、GPS在测绘领域的广泛应用为测绘与地图制图带来了一场革命性的变化，集中体现在地图数据获取与成图的技术流程发生了根本改变，地图的成图周期大大缩短，地图成图精度大幅度提高，地图的品种大大丰富。数字地图、网络地图、电子地图等一批崭新的地图形式为广大用户带来了极大的应用便利，测绘与地图制图也进入了一个崭新的时代。

（二）资源管理

资源管理是GIS最基本的职能，这时系统的主要任务是将各种来源的数据汇集在一起，并通过系统的统计和叠置分析功能，按多种边界和属性条件提供区域多种条件组合形式的资源统计和进行原始数据的快速再现。以土地利用类型为例，可以输出不同土地利用类型的分布和面积，按不同高程带划分土地利用类型、不同坡度区内的土地利用现状，以及不同时期的土地利用变化等，为资源的合理利用、开发和科学管理提供了依据。另外，美国资源部和威斯康星州合作建立了以治理土壤侵蚀为主要目的的GIS。GIS通过收集耕地面积、湿地分布面积、季节洪水覆盖面积、土壤类型、专题图件信息、卫星遥感数据信息，建立了潜在的威斯康星地区的土壤侵蚀模型，据此，分析了土壤恶化的机理，提出了合理的土壤改良方案，达到了对土壤资源保护的目的。

（三）规划设计

城市与区域规划中要处理许多不同性质和不同特点的问题，它涉及资源、环境、人口、交通、经济、教育、文化和金融等多个地理变量和大量数据。GIS 的空间数据库有利于将这些数据整合到统一系统中，最后进行城市与区域多目标的开发和规划，包括城镇总体规划、城市建设用地适宜性评价、环境质量评价、道路交通规划、公共设施配置以及城市环境的动态监测等。这些规划功能的实现以 GIS 的空间搜索方法、多种信息的叠加处理和一系列分析软件（回归分析、投入产出计算、模糊加权评价、各种规划模型、系统动力学模型等）作为支撑。我国大城市数量居于世界前列，根据加快中心城市建设的规划与加强城市建设决策科学化的要求，利用 GIS 作为城市规划、管理和分析的工具具有十分重要的意义。例如，北京某测绘部门以北京市大比例尺地形图为基础图形数据，在此基础上综合叠加地下及地面的八大类管线（包括上水、污水、电力、通信、燃气等管线）以及测量控制网、规划道路等基础测绘信息，形成了一个基于测绘数据的城市地下管线信息系统，从而实现对地下管线信息的全面现代化管理，为城市规划设计与管理部门、市政工程设计与管理部门、城市交通部门与道路建设部门等提供地下管线及其他测绘数据的查询服务。

（四）灾害监测

利用 GIS，借助遥感遥测的数据，可以有效地进行森林火灾的预测预报、洪水灾情监测和洪水淹没损失的估算，为救灾抢险和防洪决策提供及时、准确的信息。例如，1994 年的美国洛杉矶大地震就是利用 ARC/INFO 进行灾后应急响应决策支持，是大城市利用 GIS 技术建立防震减灾系统的成功范例。又如，通过对横滨大地震的震后影像做出评估，建立各类数字地图库，如地质、断层、倒塌建筑等图库，对各类土层进行叠加分析得出对应急有价值的信息。该系统的建成使有关机构可以对大都市的大地震做出快速响应，最大限度地减少伤亡和损失。再如，根据对我国大兴安岭地区的研究，通过普查分析森林火灾实况，统计分析十几万个气象数据，从中筛选出气温、风速、降水、温度等气象要素和春秋两季植被生长情况以及积雪覆盖程度等 14 个因子，用模糊数学方法建立数学模型，建立多因子的综合指标森林火险预报方法，其预报火险的准确率可达 73% 以上。

（五）环境保护

利用 GIS 技术建立城市环境监测、分析及预报信息系统，为实现环境监测与管理的科学化、自动化提供最基本的条件。在区域环境质量现状评价过程中，利用 GIS 技术实现对整个区域的客观、全面的环境质量评价，以反映区域受污染的程度以及雨季空间分布状态。

（六）国防

现代战争的一个基本特点就是“3S”技术被广泛运用到从战略构思到战术安排的各个环节，它往往在一定程度上决定了战争的成败。比如，海湾战争期间，美国国防制图局为了战争的需要，在工作站建立了 GIS 与遥感（RS）的集成系统，它能用自动影像匹配和自动目标识别技术处理卫星和高空侦察机实时获得的战场数字影像，及时将反映战场现状的正射影像叠加到数字地图上，使数据直接传送到海湾前线指挥部和五角大楼，为军事决策提供 24 小时的实时服务。

（七）宏观决策支持

利用 GIS 的空间数据库，通过一系列决策模型的构建和比较分析，为国家宏观决策提供依据。例如，GIS 支持下的土地承载力的研究可以解决土地资源与人口容量的规划。我国在三峡地区的研究中，采用 GIS 和机助地图制图的方法建立环境监测系统，为三峡宏观决策提供了建库前后环境变化的数量、速度和演变趋势等可靠数据。又如，通过对矿区地理信息系统数据库中的地质、采矿工程、地形等数据的分析研究，利用图形叠置等功能和开采沉陷规律模型，可以进行沉陷区的预测，为保护地面建筑物和开采设计提供科技手段，可取得良好的效益。

GIS 越来越成为国民经济各相关领域必不可少的应用工具，它的不断成熟与完善将为社会的进步与发展做出更大的贡献。

总之，建立在系统论、信息论和控制论等现代科学理论以及计算机技术、空间技术、网络技术等基础上的 GIS 通过充分发挥自身在理论、技术与应用三方面的优势，已跻身于世界高新技术领域，并且随着 GIS 应用领域的扩大和深入，又必然推动 GIS 理论和技术方法的不断发展与完善，进而形成独立的科学——地理信息科学，以及新兴的产业——地理信息产业。目前，主要的问题不是要不要 GIS，而是如何应用它、发展它，使它发挥出最佳的效果，为人类造福。

GIS 既是一种有着广泛用途的科技手段，又是一门新兴的边缘性学科，它与测绘学、遥感、地理学、地图制图学、计算机科学技术等学科关系密切，它的进一步发展将与上述诸多学科及技术的发展紧密相关。GIS 的应用十分广泛，在土地管理、地理国情监测、城市规划、资源与环境、农林水利、防灾减灾以及社会与经济发展中发挥着重要的作用。

第二章　地理信息系统的应用基础

第一节　地理信息系统的科学基础

在人类认识自然、改造自然的过程中，人与自然的协调发展是人类社会可持续发展的基本条件。从历史发展的角度看，人类活动对地球生态有很大的影响，人口、资源、环境和灾害是当今人类社会可持续发展所面临的四大问题。人类活动产生的这种变化和问题日益成为人们关注的焦点。地球科学的研究为人类监测全球变化和区域可持续发展提供了科学依据和手段。地球系统科学、地球信息科学、地理信息科学、地球空间信息科学是地球科学体系的重要组成部分，它们是地理信息系统发展的科学基础、根源；地理信息系统是这些大学科的交叉学科、边缘学科，同时，又促进和影响了这些学科的发展。

一、地球系统科学

地球系统科学是研究地球系统的科学。地球系统是指由大气圈、水圈、土壤岩石圈和生物圈（包括人类自身）四大圈层组成的作为整体的地球。

地球系统包括自地心到地球外层空间十分广阔的范围，是一个复杂的非线性系统。它们之间存在着地球系统各组成部分之间的相互作用，物理、化学和生物三大基本过程之间的相互作用，以及人与地球系统之间的相互作用。地球系统科学作为一门新的综合性学科，将构成地球整体的四大圈层作为一个相互作用的系统，研究其构成、运动、变化、过程、规律等，并与人类生活和活动结合起来，借以了解现在和过去，预测未来。地球科学作为一个完整的、综合性的观点，它的产生和发展是人类解决所面临的全球性变化和可持续发展问题的需要，也是科学技术向深度和广度发展的必然结果。

就解决人类当前面临的人与自然的问题而言，如气候变暖、臭氧洞的形成和扩大、沙漠化、水资源短缺、植被破坏和物种大量消失等，已不再是局部或区域性问题。就学科内容而言，它已远远超出了单一学科的范畴，涉及大气、海洋、土壤、生物等各类环境因子，又与物理、化学和生物过程密切相关。因此，只有从地球系统的整体着手，才有可能弄清这些问题产生的原因，并寻找到解决这些问题的办法。从科学技术的发展来看，对地观测技术的发展，特别是由全球定位系统（GPS）、遥感（RS）、地理信息系统（GIS）组成的对地观测与分析系统，提供了对地球进行长期立体监测的能力，为收集、处理和分析地球系统变化的海量数据，建立复杂的地球系统的虚拟模型或数字模型提供了科学工具。

由于地球系统科学面对的是综合性问题，所以应该采用多种科学思维方法，这就是大科学思维方法，包括系统方法、分析与综合方法、模型方法。

（一）系统方法

系统方法是地球系统科学的主要科学思维方法，这是因为地球系统科学本身就是将地球作为整体系统来研究的。这一方法体现了在系统观点指导下的系统分析和在系统分析基础上的系统综合的科学认识的过程。

（二）分析与综合方法

分析与综合方法是从地球系统科学的概念和所要解决的问题来看的，是地球系统科学的主要科学思维方法之一。该方法包括从分析到综合的思维方法和从综合到分析的思维方法，其实质是系统方法的扩展和具体化。

（三）模型方法

模型方法是针对地球系统科学所要解决的问题及其特点，建立正确的数学模型或地球的虚拟模型、数字模型，是地球系统科学的主要科学思维方法之一。该方法对研究地球系统构成内容的描述、过程推演、变化预测等是至关重要的。

关于地球系统科学的研究内容，目前得到国际公认的主要包括气象和水系、生物化学过程、生态系统、地球系统的历史、人类活动、固体地球、太阳影响等。

综上所述，地球系统科学是研究组成地球系统的各个圈层之间的相互关系、相互作用机制、地球系统变化规律和控制变化的机理，从而为预测全球变化、解决人类面临的问题建立科学基础，并为地球系统科学管理提供依据。

二、地球信息科学

地球信息科学是地球系统科学的组成部分，是研究地球表层信息流的科学，或研究地球表层资源与环境、经济与社会的综合信息流的科学。就地球信息科学的技术特征而言，它是记录、测量、处理、分析和表达地球参考数据或地球空间数据学科领域的科学。

“信息流”这一概念是陈述彭院士在1992年针对地图学在信息时代面临的挑战而提出的。他认为，地图学的第一难关是解决地球信息源的问题。在16世纪以前，人类主要是通过艰苦的探险、组织庞大的队伍和采用当时最先进的技术装备来解决这个问题；到了16—19世纪，地图信息源主要来自大地测量及建立在三角测量基础上的地形测图；20世纪前半叶，地图信息源主要来自航空摄影和多学科综合考察；20世纪后半叶，地图信息源主要来自卫星遥感、航空遥感和全球定位系统。21世纪，地图信息源将主要来自由卫星群、高空航空遥感、低空航空遥感、地面遥感平台，并由多光谱、高光谱、微波以及激光扫描系统、定位定向系统（POS）、数字成像系统等共同组成的星、机、地一体化立体对地观测系统；可基于多平台、多谱段、全天候、多分辨率、多时相对全球进行观测和监测，极大地提高信息获取的手段和能力。但明显的事实是，无论信息源是什么，其信息流程都明显表示为信息获取→存储检索→分析加工→最终视觉产品。在信息化时代、网络化时代，信息不是静止的，而是动态的，表现为信息获取→存储检索→分析加工→最终视觉产品→信息服务的完整过程。

地球信息科学属于边缘学科、交叉学科或综合学科。它的基础理论是地球科学理论、信息科学理论、系统理论和非线性科学理论的综合，是以信息流作为研究的主题，即研究地球表层的资源、环境和社会经济等一切现象的信息流过程，或以信息作为纽带的物质流、能量流，包括人才流、物流、资金流等的过程。这些都被认为是由信息流所引起的。

国内外的许多著名专家都认为，地球信息科学的主要技术手段包括遥感（RS）、地理信息系统（GIS）和全球定位系统（GPS）等高新技术，即所谓的3S技术。或者说，地球信息科学的研究手段就是由RS、GIS和GPS构成的立体的对地观测系统。其运作特点是：在空间上是整体的，而不是局部的；在时间上是长期的，而不是短暂的；在时序上是连续的，而不是间断的；在时相上是同步的、协调的，而不是异相的、分属于不同历元的；在技术上不是孤立的，而是由RS、GIS和GPS三种技术集成的。这些特点共同组成了对地观测系统的核心技术。

在对地观测系统中，遥感技术为地球空间信息的快速获取、更新提供了先进的手段，并通过遥感图像处理软件、数字摄影测量软件等提供影像的解译信息和地学编码信息；地理信息系统则对这些信息加以存储、处理、分析和应用；而全球定位系统则在瞬间提供对应的三维定位信息，作为遥感数据处理和形成具有定位定向功能的数据采集系统、具有导航功能的地理信息系统的依据。

三、地理信息科学

地理信息科学是信息时代的地理学，是地理学信息革命和范式演变的结果。它是关于地理信息的本质特征与运动规律的一门科学，它研究的对象是地理信息，是地球信息科学的重要组成成分。

地理信息科学的提出和理论创建来自两个方面：一是技术与应用的驱动，这是一条从实践到认识、从感性到理论的思想路线；二是科学融合与地理综合思潮的逻辑扩展，这是一条理论演绎的思想路线。在地理信息科学的发展过程中，两者相互交织、相互促动，共同推进地理学思想发展、范式演变和地理科学的产生和发展。地理信息科学本质上是在两者的推动下地理学思想演变的结果，是新的技术平台、观察视点和认识模式下的地理学的新范式，是信息时代的地理学。人类认识地球表层系统，经历了从经典地理学、计量地理学到地理信息科学的漫长历史时期。不同的历史阶段，人们以不同的技术平台，从不同的科学视角出发，得到关于地球表层不同的认知模型。

地理信息科学主要研究在应用计算机技术对地理信息进行处理、存储、提取以及管理和分析的过程中所提出的一系列基本理论和技术问题，如数据的获取和集成、分布式计算、地理信息的认知和表达、空间分析、地理信息基础设施建设、地理数据的不确定性及其对地理信息系统操作的影响、地理信息系统的社会实践等，并在理论、技术和应用三个层次构成地理信息科学的内容体系。

四、地球空间信息科学

地球空间信息科学是以全球定位系统、地理信息系统、遥感为主要内容，并以计算机和通信技术为主要技术支撑，用于采集、量测、分析、存储、管理、显示、传播和应用与地球和空间分布有关数据的一门综合和集成的信息科学和技术。地球空间信息科学是地球科学的一个前沿领域，是地球信息科学的一个重要组成部分，是以 3S 技术为代表，包括通信技术、计算机技术的新兴学科。其理论与方法还处于初步发展阶段，完整的地球空间信息科学理论体系有待建立，一系列基于 3S 技术及其集成的地球空间信息采集、存储、处理、表示、传播的技术方法也有待发展。

地球空间信息科学作为一个现代的科学术语，是 20 世纪 80 年代末 90 年代初才出现的。地球空间信息科学作为一门新兴的交叉学科，由于人们对它的认识各不相同，因此出现了许多类似但又不完全一致的科学名词，如地球信息机理、图像测量学、图像信息学、地理信息科学、地球信息科学等。这些新的科学名词的出现无一不与现代信息技术（如遥感、数字通信、互联网络、地理信息系统）的发展密切相关。

地球空间信息科学与地理空间信息科学在学科定义和内涵上存在重叠，人们甚至认为是从不同角度对同一个学科内容给出的科学名词。从测绘的角度理解，地球空间信息科学是地球科学与测绘科学、信息科学的交叉学科。从地理科学的角度理解，地球空间信息科学是地理科学与信息科学的交叉学科，即被称为地理空间信息科学。但地球空间信息科学的概念要比地理信息科学要广，它不仅包含现代测绘科学的全部内容，还包含地理空间信息科学的主要内容，而且体现了多学科、技术和应用领域知识的交叉与渗透，如测绘学、地图学、地理学、管理科学、系统科学、图形图像学、互联网技术、通信技术、数据库技术、计算机技术、虚拟现实与仿真技术，以及规划、土地、资源、环境、军事等领域。其研究重点与地球信息科学接近，但它更侧重技术、技术集成与应用，更强调“空间”的概念。

第二节　地理信息系统的技术基础

地理信息系统是一项多种技术集成的技术系统，其中，数据采集技术（包括遥感技术、全球定位系统、三维激光扫描技术、数字测图技术等）、计算机网络技术、现代通信技术、软件工程技术、信息安全技术、网络空间信息传输技术、虚拟现实与仿真技术等是 GIS 技术体系的主要技术。

一、数据采集技术

地理空间信息的获取与更新是 GIS 的关键，也是瓶颈。以现代遥感技术、全球定位系统、三维激光扫描技术、数字测图技术等构成的空间数据采集技术体系构成了 GIS 数据采集技术体系的主要内容。

星、机、地一体化的遥感立体观测和应用体系集成了“高分辨率、多时相遥感影像的快速获取和处理技术”。这里的“高分辨率”可理解为高空间分辨率和高辐射分辨率（高光谱分辨率）。GPS 技术、三维激光扫描技术等多项技术构成了不同的采集平台和数据处理系统。

（一）卫星遥感

在卫星遥感平台，可以通过建立静止气象卫星数据地面接收系统（如 GMS）、极轨气象卫星数据地面接收系统等低分辨率系统，中分辨率卫星数据地面接收系统等接收宏观遥感信息。

通过高分辨率卫星数据订购系统购买 LANDSAT 影像数据、TM/ETM 数据、SPOT HRV/HRVIR 数据、IKONOS 数据、QuickBird 数据等。

（二）航空遥感

通过航空平台 (如机载光学航空相机系统、机载雷达系统、机载数字传感器系统) 获取重点地区的高空间分辨率的航空影像（0.01 ~ 1 m）和 SAR 影像以及 DEM，实现无地面控制点或少量地面控制点的遥感对地定位和信息获取。

机载光学航空相机系统由航空数字相机和 GPS 组成，提供 GPS 辅助的解析空中摄影测量服务。机载雷达系统由 GPS 和机载合成孔径侧视雷达传感器、实时成像器组成，提供雷达影像服务。

机载数字传感器系统包括机载激光扫描地形测图系统、机载激光遥感影像制图系统。前者由动态差分 GPS 接收机（用于确定扫描装置投影中心的空间位置）、姿态测量装置（一般采用惯性导航系统或多天线 GPS，用于测量扫描装置主光轴的姿态参数）、三维激光扫描仪（用于测量传感器到地面的距离）、一套成像装置（用于记录地面实况，实现对生成的 DEM 产品质量进行评价的目的）组成。后者的前两部分与机载激光扫描地形测图系统一致，与前者的最大区别是激光扫描仪与多光谱扫描成像仪器共用一套光学系统，通过硬件实现 DEM 和遥感影像的精确匹配（包括时间和空间），可直接生成地学编码影像（正射遥感影像）。

在 GIS 数据采集技术的最新发展方面，激光雷达（LiDAR）技术是最令人瞩目的成就。这种集三维激光扫描、全球定位系统（GPS）和惯性导航系统（INS）三种技术于一体的空间测量系统的应用已超出传统测量、遥感及近景所覆盖的范围，成为一种独特的数据获取方式。LiDAR 系统由 GPS 提供系统的定位数据，由 INS 提供姿态定向数据，由激光发射器、激光接收器、时间计数器和微型计算机构成可接收地面多次激光反射回波的数字激光传感器系统。它具有以下的特点：

第一，高密度，充分获取目标表面特征，能够提供密集的点阵（或点云）数据（点间距可以小于 1 m）。

第二，能够穿透植被的叶冠。

第三，实时、动态系统，主动发射测量信号，不需要外部光源。

第四，不需要或很少需要进入测量现场。

第五，可同时测量地面和非地面层。

第六，数据的绝对精度在 0.3 m 以内。

第七，24 小时全天候工作。

第八，具有迅速获取数据的能力。

LiDAR 系统获取的高密度点云数据可用来重建地面三维立体目标。

地面车载遥感数据采集系统是以数字电荷耦合器件（CCD）相机、GPS、INS 和 GIS 为基础的移动式地面遥感数据采集系统，用于地面微观特定信息的采集，如采集城市部件信息和三维街景数据等。

低空遥感是由低空系统完成的，主要包括飞行平台、成像系统和数据处理软件三个部分。低空飞行平台主要有固定翼无人机、旋转翼无人机（无人直升机）、长航时无人机、无人飞艇和低空有人驾驶飞机等最为常用。无人机的升空方式主要有滑行方式、手抛方式、弹射方式和火箭助推方式等。无人机遥感飞行是通过地面无线设备遥控进行的，其飞行的航迹是事先规划好的。

在成像系统方面，可以搭载的传感器包括可见光数码相机、多光谱相机、激光扫描仪、无线数码摄像机以及 POS 等。数码相机包括普通定焦型、普通单反型、可量测单反型、高分辨率工业相机，以及为了扩大视场角而研制的双拼、四拼组合相机等。

（三）数字测图技术

数字测图技术是常规的现代地形图测绘技术。数字测图系统主要由全站仪、三维激光扫描仪或其他联机测角仪器和数字测图记录、处理软件组成，用于提供地形的地面实测信息。

利用地面三维激光扫描仪获取局部地形信息可与 CCD 相机、GPS 等构成地面立体测图系统，如快速获取道路沿线的地形景观信息，快速获取城市街道立面图等，为数字城市建设服务。获取的地形信息还可用于滑坡监测等。

（四）GPS 技术采集 GIS 数据

GPS 技术除了与其他技术结合起到空间定位的作用，组成采集、监测系统外，本身也是一种快速的数据采集系统。美国 NAVSTAR GPS 由空间系统、控制系统和用户系统三部分组成。空间系统由绕地球飞行的 24 颗卫星组成，它们大约运行于距地面 2 万 m 的高度上，且 24 颗卫星分别在 6 个不同的轨道运行。每颗卫星发射一个唯一的编码信号（PRN），并被调制为 L1 和 L2 两个载波信号。控制系统受美国国防部的监督，提供标准定位服务（SPS）和精密定位服务（PPS）。用户系统由所使用的 GPS 地面接收机和观测计算系统组成。目前，GPS 接收机的类型分为基于码的和基于载波相位的两种类型。基于码的 GPS 接收机利用光速和信号从卫星到接收机的时间间隔来计算两者之间的距离（可提供亚米级精度）。虽然比基于载波相位的接收机精度低，但成本低廉、易携带，因而被广泛使用。基于载波相位的接收机是通过确定载波信号的整波长和半波长的数目来计算卫星与接收机的距离。这种双频接收机广泛用于控制测量和精密测绘，可提供亚厘米级的差分精度。1992 年 7 月，美国对 GPS 技术实施选择获取（SA）政策，对 GPS 的信号加入了干扰信号，使直接获取这些信号的定位精度大大降低。差分 GPS（DGPS）可以有限消除 SA 政策的影响。DGPS 需要将测量用的差分 GPS 接收机放在一个经度、纬度和高度已知的基站上，且基站上天线的位置必须精确确定。另外，基站 GPS 接收机应该具有存储测量数据或通过广播发送修正值的功能。

GPS 采集 GIS 数据可迅速获取一些关键点、线、变化区域的边界数据。用户只需持 GPS 接收机沿地面移动，就可快速获取所过之处的地理坐标。

二、计算机网络技术

计算机网络技术是 GIS 网络化的基础。现代网络技术的发展为构建企业内部网 GIS、因特网 GIS、移动 GIS 和无线 GIS 提供了多种网络互联方式。

企业内部网（intranet）是执行 TCP/IP 协议的现代局域网建网技术和标准，用于支持一个企业或机构内的网络互联需求。考虑到网络数据安全问题，数据共享和系统服务的需求，以及多数已存在的建设现状，在 GIS 网络工程的设计中，一般将现有的单网改造成内外隔离的双网（单布线结构的双网分离）。但在这种结构中，必须采用安全隔离集线器与安装了安全隔离卡的安全计算机配合使用。

在上述计算机网络结构，主干网络一般采用千兆以太网，并布线到各楼层。楼层中各子网可根据需要和任务特性按照星形结构或总线结构搭建。在一个企业或机构内部，为了对海量数据提供管理、共享服务，一般还可构建数据存储局域网。为了支持视频、多媒体以及虚拟现实与仿真综合决策会商需要，还可建立多媒体视讯会商中心局域网。为了适应移动通信，满足现场办公以及其他民用空间信息传输的要求，还可能需要建立无线或移动局域网，或无线通信网络。

企业内部网经过网络互联，构成支持 GIS 网络化的广域网，目前主要是因特网，如支持区域级的 GIS 因特网。

三、现代通信技术

通信技术是传递信息的技术。通信系统是传递信息所需的一切技术、设备的总称，泛指通过传输系统和交换系统将大量用户终端（如电话、传真、电传、电视机、计算机等）连接起来的数据传递网络。通信系统是建立网络 GIS 必不可少的信息基础设施，宽带高速的通信网络俗称“信息高速公路”。

在地理信息系统的建设工程中，通信网络有专用网络和公用网络。前者由企业或机构建设，并服务于专门目的的信息通信；后者一般由国家或地区建立，提供公共的数据传输服务。通信技术经历了模拟通信到数字通信，从早年架空明线的摇把电话到电缆纵横交换网、光纤程控交换网、卫星通信网、微波通信网、蜂窝移动电话网、数据分组交换网，直至综合业务网，为网络 GIS 的数据通信方式提供了多种选择。

（一）光纤通信

光纤通信以提供宽带高速通信为主要技术特点。光纤通信于 20 世纪 80 年代中期进入实用化，至 20 世纪 90 年代中期，每两根光纤可开通 2.5 Gibit/s，3 万多话路。尤其进入 20 世纪 90 年代后期，光纤通信的波分复用系统（WDM）进入实用化，两根光纤可开通 32、64 甚至 100 多个通道，每个通道可开通 2.5 Gibit/s 系统或 10 Gibit/s 系统，每两根光纤开通 32 × l0 Gibit/s 系统，甚至 64 × l0 Gibit/s 系统，并于 2000 年进入商业化。在实验室，其通信最高容量已经达到 82 × 40 Gibit/s，共 3.28 Tibit/s，传输 300 km。如果有了密集波分多路服务系统（DWDM）和光纤放大器（EDFA），一根光纤的最大传输容量可跃升至 1 Tibit/s，传输距离可以延伸至几百千米和 1000 km。

（二）卫星通信

卫星通信的特点是覆盖面积大（一颗卫星可覆盖全球 1/3 以上面积），其广播功能更是其他方式不可比拟的。卫星通信的一些新的特点如下。高速因特网在 VSAT 中应用，由于卫星通信不受地理自然环境的限制，对任何用户而言，用于接收因特网的信息费用是相同的。应用 VSAT 传输因特网信息，每个用户都通过卫星建立直达路由，避免了地面线路的多次转接，因此传输质量好，为因特网开辟了一条高速空中下载通道。IP 多点广播，虽然通信需求是点到多点的，但大多数仍在使用低效的点对点的 TCP/IP 协议。当许多人都有大量信息传输要求时，这将成为一个传输瓶颈。IP 多点广播就是解决该问题的良好方案。基于卫星的数据传输系统具有一种天然的广播功能，这使针对大量用户的宽带 IP 多点广播成为可能。

地理信息系统的通信网络与公网不同，它是按照空间信息采集和传输的要求建立的。空间信息采集的站点有时还可能分布在人口稀疏、远离城市、环境条件恶劣、传输困难、公网覆盖不到的地方，若用有线接入，可能是不现实的，这时无线接入系统可能是最合适的。

（三）数字微波通信

数字微波通信又称数字微波中继通信，是在数字通信和微波通信基础上发展的一种先进通信技术。它是利用微波作为载体，用中继方式传递数字信息的一种通信体制。其特点如下：由于微波射频带宽很宽，一个微波通道能够同时传输数百乃至数千路数字电话；可与数字程控交换机等设备直接接口，不需要模 / 数转换设备，即可组成传输与交换一体化的综合业务数字网（ISDN），有利于各种数字业务的传输；数字微波传输信息可以再生中继方式进行，可避免模拟微波中继系统中的噪声积累，抗干扰性强；与光纤、卫星通信系统相比，具有投资省、见效快、机动性好、抗自然灾害性强等优点。一般来讲，对于一个大型网络，需要利用多种通信方式建立 GIS 的通信网络，如数字流域通信网络。

四、软件工程技术

软件工程是一门指导计算机软件开发和维护的工程学科。采用工程的概念、原理、技术和方法来开发和维护软件，把经过时间考验、证明正确的管理技术和当前最好的开发技术结合起来，就是软件工程。把软件工程的概念、原理、技术和方法与GIS软件设计开发和维护的工程活动结合起来，便产生了GIS软件工程。与一般意义上的软件工程不同，GIS软件工程既是一项软件工程，又具有特别关乎数据组织与管理的信息工程双重工程活动交互的复杂特点。数据组织和管理方式与软件设计开发密切相关。软件工程可由希尔（Hill）提出的三维结构描述。

（一）软件开发的基本模型

软件工程提出了软件开发的基本模型，按照发展的历程，有瀑布模型、演化模型、螺旋模型、喷泉模型和组件对象模型。

（二）软件的开发方法

软件的开发方法有生命周期方法、快速原型方法、面向对象方法和组件对象方法。

1. 生命周期方法

生命周期方法是使用结构化分析、结构化设计和结构化编程的开发方法。该方法在软件工程的理论和方法以及提高软件开发效率方面成绩斐然，但也存在一些问题，主要是生产效率仍然不是很高，增长幅度低于软件需求增长，软件重用程度很低，软件仍然很难维护。从瀑布模型可以看出，维护是逆流而上、令人烦心的。软件往往不能真正满足用户需要，需求不清或不能适应需求变化。

2. 快速原型方法

快速原型方法是用交互的、快速建立起来的原型取得形式的、僵化的（不可更改的）大部头的规格说明，让用户通过试用原型系统来反馈意见，并修改原型，得到新的原型系统，直到用户满意为止，是一个迭代过程。要成功开发用户驱动的系统，就必须突破瀑布模型僵化的开发模式，进入一种快速、灵活、交互的软件开发模式。其特点如下：是目前流行的实用的开发模式，适合多种开发方法，特别是面向对象、组件等。对用户需求分析调查是成功的，快速原型方法适合生命周期方法的需求分析。

3. 面向对象方法

面向对象方法是以面向对象的分析、面向对象的设计、面向对象的编程为基础的，是将客观世界的实体抽象为问题域中的对象，因解决的问题不同，对象的含义也可能不同，对象之间的关系反映了现实世界实体的联系。对对象的定义、处理反映了对实际问题的定义和处理。面向对象的分析方法就是对这些对象进行定义的过程，面向对象的设计就是对这些对象的关系及其处理操作定义的过程，面向对象的程序设计就是对对象的实现过程。面向对象的方法是面向功能的分析设计方法，其核心是“对象”。在应用领域中，有意义的、与所要解决的问题有关系的任何事物都可作为对象。它可以是实体的抽象，也可以是人为的概念，或者是有明确边界和意义的东西。它具有以下特点：①数据（属性信息，不是数据库数据）和操作是统一的，不是分离的。操作与要处理的数据是相关的。②对象是主动的。对象的数据是处理的主体，为了完成某个操作，外界通过发送消息请求对象的操作方法处理它的私有数据。数据不是被动等待处理。③数据封装。数据和方法为本对象所专有，外界只能通过发送消息进行操作。④并行工作和独立性好。

4. 组件对象方法

组件对象方法是在面向对象方法基础上发展起来的一种新型软件开发方法。它对面向对象的方法进行了进一步约束，具有以下特点：增加组件对象模型标准的约束；支持多层系统结构的开发方法，特别是 C/S（client/server）体系结构和 B/S（browser/server）结构；以更具独立性的组件实现软件重用；当前 GIS 应用系统的主要开发方法；使用 VisualNET 和 J2EE 软件实现。

五、信息安全技术

人们在享受信息化带来的众多好处的同时，面临着日益突出的信息安全问题。信息安全产品和信息系统固有的敏感性和特殊性直接影响着国家的安全利益和经济利益。在大力推进我国国民经济和信息化建设的进程中，最不能忽视的就是信息安全技术。

地理信息是一种重要的和特殊的信息资源，在网络信息时代，地理信息的传输安全是 GIS 工程设计和建设中应当高度关注的问题。对地理信息的安全性要求，应当满足信息（数据）的保密性、信息（数据）的认证、信息（数据）的不可否认性以及信息（数据）的完整性。

当前，可利用的信息安全技术包括公钥基础设施（PKI）、防火墙技术、信息伪装技术等。

（一）公钥基础设施

公钥基础设施（PKI）技术采用证书管理公钥，通过第三方的可信任机构——认证中心（CA），把用户的公钥和用户的其他标识信息（如名称、E-mail、身份证号等）捆绑在一起，在 Internet 上验证用户的身份。目前，通用的办法是采用建立在 PKI 基础之上的数字证书将要传输的数字信息进行加密和签名，以保证信息传输的机密性、真实性、完整性和不可否认性，从而保证信息的安全传输。PKI 解决安全需求的思路如下：对信息的接收者的身份通过数字证书与数字签名进行鉴别；通过数据加密保证数据的保密性；对数据的完整性和不可否认性通过数字签名保证。

所有提供公钥加密和数字签名服务的系统都可叫 PKI 系统，PKI 的主要目的是通过自动管理密钥和证书为用户建立一个安全的网络运行环境，使用户可以在多种应用环境下方便地使用加密和数字签名技术，从而保证网上数据的机密性、完整性、有效性。数据的机密性是指数据在传输过程中不能被非授权者偷看；数据的完整性是指数据在传输过程中不能被非法篡改；数据的有效性是指数据不能被否认。一个有效的 PKI 系统必须是安全的和透明的，用户在获得加密和数字签名服务时不需要详细了解。

1. 单钥密码算法

单钥密码算法（加密）又称对称密码算法，是指加密密钥和解密密钥为同一密钥的密码算法。因此，信息的发送者和信息的接收者在进行信息的传输与处理时，必须共同持有该密码（称为对称密码）。在单密钥密码算法中，加密运算与解密运算使用同样的密钥。通常使用的加密算法比较简便高效，密钥简短，破译极其困难；由于系统的保密性主要取决于密钥的安全性，所以在公开的计算机网络上安全地传送和保管密钥是一个严峻的问题。

2.DES（数据加密标准）算法

DES 算法是一个分组加密算法，它以 64 bit（8 byte）为分组对数据加密，其中 8 bit 为奇偶校验，有效密钥长度为 56 bit。64bit 一组的明文从算法的一端输入，64bit 的密文从另一端输出。DES 是一个对称算法，加密和解密用的是同一算法。DES 的安全性依赖所用的密钥。在通过网络传输信息时，公钥密码算法体现出了单钥密码算法不可替代的优越性。

公钥密码算法中的密钥依性质可分为公钥和私钥两种。用户产生一对密钥，将其中的一个向外界公开，称为公钥；另一个自己保留，称为私钥。凡是获悉用户公钥的任何人若想传送信息，只需用用户的公钥对信息加密，将信息密文传送给用户即可。因为公钥与私钥之间存在依存关系，所以在用户安全保存私钥的前提下，只有用户本身才能解密该信息，任何未受用户授权的人（包括信息的发送者）都无法将此信息解密。RSA 公钥密码算法是一种公认的十分安全的公钥密码算法。

3. 数字签名算法

数字签名算法（DSA）是另一种公开密钥算法，它不能用于加密，只用于数字签名。DSA 使用公开密钥，为接受者验证数据的完整性和数据发送者的身份。它也可由第三方用来验证签名和所签数据的真实性。

（二）防火墙技术

防火墙技术是当前应用最广泛的信息安全技术，包括包过滤防火墙、状态 / 动态检测防火墙、应用程序代理防火墙、网络地址转换（NAT）、个人防火墙等。

1. 包过滤防火墙

包过滤防火墙是第一代防火墙和最基本形式防火墙，它通过检查每一个通过的网络包，或者丢弃，或者放行，取决于所建立的一套规则。它的优点如下：①防火墙对每条传入和传出网络的包实行低水平控制。②每个 IP 包的字段都被检查，例如源地址、目的地址、协议、端口等。防火墙将基于这些信息应用过滤规则。③防火墙可以识别和丢弃带欺骗性源 IP 地址的包。④包过滤防火墙是两个网络之间访问的唯一来源，因为所有的通信必须通过防火墙，绕过是困难的。⑤包过滤通常被包含在路由器数据包中，所以不必用额外的系统来处理这个特征。包过滤防火墙的缺点：①配置困难。因为包过滤防火墙很复杂，人们经常会忽略建立一些必要的规则，或者错误配置了已有的规则，在防火墙上留下漏洞。市场上，许多新版本的防火墙对这个缺点正在改进，如开发者实现了基于 GUI 的配置和更直接的规则定义。②为特定服务开放的端口存在着危险，可能会被用于其他传输。例如，web 服务器默认端口为 80，而计算机上又安装了 RealPlayer，那么它会搜寻可以允许连接到 RealAudio 服务器的端口，不管这个端口是否被其他协议所使用，这样，RealPlayer 就利用了 web 服务器的端口。③可能还有其他方法绕过防火墙进入网络，如拨入连接。但这个并不是防火墙自身的缺点，而是不应该在网络安全上单纯依赖防火墙的原因。

2. 应用程序代理防火墙

它实际上并不允许在它连接的网络之间直接通信；相反，它是先接收来自内部网络特定用户应用程序的通信，然后建立公共网络服务器单独的连接，网络内部的用户不直接与外部的服务器通信，所以服务器不能直接访问内部网络的任何一部分。另外，如果不为特定的应用程序安装代理程序代码，则这种服务是不会被支持的，不能建立任何连接。这种方式拒绝任何没有明确配置的连接，从而提供了额外的安全性和控制性。应用程序代理防火墙的优点如下：①指定对连接的控制，如允许或拒绝基于服务器 IP 地址的访问，或者是允许或拒绝基于用户所请求连接的 IP 地址的访问。②通过限制某些协议的传出请求来减少网络中不必要的服务。③大多数代理防火墙能够记录所有的连接，包括地址和持续时间，这些信息对追踪攻击和发生的未授权访问的事件是很有用的。应用程序代理防火墙的缺点如下：①必须在一定范围内定制用户的系统，这取决于所用的应用程序。②一些应用程序可能根本不支持代理连接。

3. 网络地址转换

网络地址转换（NAT）协议将内部网络的多个 IP 地址转换到一个公共地址发到 Internet 上。NAT 经常用于小型办公室、家庭等网络，多个用户分享单一的 IP 地址，并为 Internet 连接提供一些安全机制。NAT 的优点如下：①所有内部的 IP 地址对外面的人来说是隐蔽的。这使网络之外没有人可以通过指定 IP 地址的方式直接对网络内的任何一台特定的计算机发起攻击。②如果因为某种原因公共 1P 地址资源比较短缺，NAT 则可以使整个内部网络共享一个 IP 地址。③可以启用基本的包过滤防火墙安全机制，因为所有传入的包如果没有专门指定配置到 NAT，那么就会被丢弃，内部网络的计算机就不可能直接访问外部网络。NAT 的缺点和包过滤防火墙的缺点是一样的。虽然可以保障内部网络的安全，但它也有一些类似的局限，而且内网可以利用现在流传比较广泛的木马程序通过 NAT 做外部连接，就像它可以穿过包过滤防火墙一样容易。

4. 个人防火墙

现在网络上流传着很多个人防火墙软件，它们是应用程序级的。个人防火墙是一种能够保护个人计算机系统安全的软件，可以直接在用户的计算机上运行，使用与状态 / 动态检测防火墙相同的方式来保护一台计算机免受攻击。通常这些防火墙安装在计算机网络接口的较低级别上，可以监视传入传出网卡的所有网络通信。一旦安装上个人防火墙，就可以把它设置成“学习模式”，这样，在遇到的每一种新的网络通信时，个人防火墙都会提示用户一次，询问如何处理通信。然后，个人防火墙便记住响应方式，并应用于以后遇到的相同的网络通信。个人防火墙的优点如下：①增加了保护级别，不需要额外的硬件资源。②个人防火墙除了可以抵挡外来攻击外，还可以抵挡内部的攻击。③个人防火墙为公共网络中的单个系统提供了保护。

（三）信息伪装技术

信息伪装技术就是将需要保密的信息隐藏于一个非机密信息的内容之中，使它在外观形式上只是一个含有普通内容的信息。在我们所使用的媒体中可以用来隐藏信息的形式有很多，只要是数字化信息中的任何一种数字媒体都可以，如图像、音频、视频或一般文档等。

1.叠像技术

如果你需要通过互联网向朋友发一份文本，可以采用叠像技术把它隐藏在几张风景画中，这样就可以安全地进行传送了。之所以在信息的传递过程中采用叠像技术，是因为该项技术在恢复秘密图像时不需要任何复杂的密码学计算，解密过程要简单得多，人的视觉系统完全可以直接将秘密图像辨别出来。

2.数字水印

数字水印作为在开放的网络环境下保护版权之类的新型技术，可确立版权的所有者，识别购买者或提供关于数字内容的其他附加信息，并将这些信息用人眼不可见的形式嵌入数字图像、数字音频及视频序列中，用于确认所有权及跟踪行为。此外，数字水印在数据分级访问、证据篡改鉴定、数据跟踪和检测、商业与视频广播、互联网数字媒体服务付费以及电子商务中的认证鉴定等方面也有广阔的应用前景。与伪装技术相反，水印中的隐藏信息能抵抗各类攻击，即使水印算法公开，攻击者要毁掉水印仍然十分困难。

3.替声技术

替声技术与叠像技术类似，它是通过对声音信息的处理来使原来的对象和内容都发生改变，从而达到将真正的声音信息隐藏起来的目的。替声技术可以用于制作安全电话，使用这种电话可以对通信内容加以保密。随着网络通信的快速发展，IBM、NEC 等众多公司都在从事这方面的研究与开发，一些用于信息隐藏及分析的软件也已商品化。因此，我们相信在不远的将来，信息伪装技术会在更大范围内应用于民间与商业，其应用前景是不可估量的。

（四）信息安全传输的保护方式

1.认证传输方式

在认证传输方式中，发送端利用相应的加密算法及加密密钥将待传输信息的信息头和信息主体进行加密，然后将得到的密文附加在明文信息尾部传输给接收端。接收端收到信息后按发送相反的顺序对接收到的信息进行认证，认证通过则进行相应处理，否则回送相应错误信息。

2. 加密传输方式

加密传输方式就是将信息加密之后再进行传输。加密之后的信息具有保密性，但不具备检错、纠错等功能。

3. 混合传输方式

混合传输方式就是将认证传输方式和加密传输方式的优点结合起来，对待传输的信息既认证又加密。

六、网络空间信息传输技术

网络信息传输是数据异地访问的关键技术，特别是空间数据，因数据量大，传输的效率对 GIS 的性能表现至关重要。

（一）网络空间信息传输存在的问题

在网络 GIS 环境中，空间信息的传输模式主要是客户 / 服务器、浏览器 / 服务器和客户 / 浏览器 / 服务器模式。信息传输的模式有点对点、一点对多点、多点对一点和多点对多点等。

为了实现有效的网络数据传输，除了构造空间查询的语句流之外，还必须考虑网络应用的特殊性。网络空间信息传输存在的问题具体如下：①大量结果数据的触发，当数据库服务器收到用户提交的查询返回结果数据时，如果不加以限制，可能出现在网络上传输大量不必要数据的情况，尤其是当用户提交了非预想的查询请求而返回的数据又很多时，就会造成大量资源和时间的浪费；②大量用户的并发访问，当网络中有大量用户同时访问 WebGIS 服务器时，如何高效地提供服务也是影响系统性能的因素之一；③网络传输的带宽问题；④网络传输的流量问题；⑤网络传输的速率问题；⑥网络传输的接入问题；⑦网络传输的信息安全问题；等等。

（二）网络接入技术

（1）广域网连接。即提供因特网服务的大型主机和众多主机构成的网络，通过路由器和租用通信线路（帧中继、DDN 专线等）接入因特网。

（2）局域网连接。即众多个人计算机可以先连接成局域网，然后通过服务器与因特网连接。如果每个机器没有独立的 IP，则在服务器上安装代理系统（WinGate，WinProxy，AnalogX Proxy 等），通过代理系统接入因特网。

（3）拨号连接（PSTN）。其包括仿真终端方式和 SLIP/PPP 方式。

（4）宽带连接。其包括数字用户线方式（ADSL、VDSL、HDSL、SDSL

等）、HFC方式（以有线电视网为基础的接入方式）以及FTEx方式，使用光纤传输方式的接入方式。

（5）通过ISP的接入方式。ISP是为社会提供因特网访问服务的商业机构，用户可以向ISP提出入网要求，由ISP反馈授权信息，包括用户账号、用户所在网络的域名、域名服务器地址和用户邮箱等。

（三）网上信息处理技术

网上信息处理技术主要有数据编码压缩技术和客户端缓存技术。采用数据编码压缩技术的目的是降低数据量，提高传输速率。数据压缩的方法分为有损压缩和无损压缩。编码的方法有预测编码、交换编码、信息熵编码、混合编码、运动补偿预测等。客户端缓存技术的工作过程是服务器查询出记录集后，把记录集放系统缓存中，启动传输进程。同时，客户端接收数据，等缓存中有数据后，客户机程序开始处理数据，接收数据进程转到后台运行。所谓异步传输，是指传输数据和处理数据是异步进行的，数据先行传到客户端缓存，需要处理时，再从缓存中读取。

客户端处理完毕后，释放系统资源，因而客户端的系统消耗可以降低。数据的传输与处理异步同时进行，客户端无须等待。

七、虚拟现实与仿真技术

虚拟现实技术是近年来出现的高新技术，它综合集成了计算机图形学、人机交互、传感与测量、仿真、人工智能、微电子等科学技术。虚拟现实技术被认为是数字地球概念提出的依据和关键技术。虚拟现实技术通过系统生成虚拟环境，用户通过计算机进入虚拟的三维环境，可以运用视觉、听觉、嗅觉、触觉感官与人体的自然技能感受逼真的虚拟环境，身临其境地与虚拟世界进行交互，乃至操纵虚拟环境中的对象，完成用户需要的各种虚拟过程。虚拟现实技术可应用于“数字工程”中的工程设计、数据可视化、飞行模拟、模拟实验等多个方面，提供地理环境的各种信息做全视角、多层次的查询、分析、决策、发布。虚拟现实技术的发展必须有大容量的数据存储、快速的数据处理和宽带信息通道的技术支撑，只有具备上述条件，才能推动“数字地球”工程项目（如虚拟战争、虚拟旅游、虚拟灾害、虚拟海港、数字流域以及数字中国等）的实施。

20世纪60年代发展起来的基于计算机的空间信息系统开始形成时，就利用计算机图形软硬件技术把地理空间数据的图形显示与分析作为不可缺少的功能，地理信息系统的可视化要早于科学计算可视化的提出。地理信息系统的可视化早期受限于计算机二维图形软硬件显示技术的发展，大量的研究放在图形显示的算法上，如画线、颜色设计、选择符号填充、图形打印等。继二维可视化研究后，进一步发展为对地学等值面（如数字高程模型）的三维图形显示技术的研究，它通过三维到二维的坐标转换、隐藏线、面消除、阴影处理、光照模型等技术把三维空间数据投影显示在二维屏幕上，由于其对地学数据场的表达是二维的，而不是真三维实体空间关系的描述，因此属于2.5维可视化。但现实世界是真三维空间的，二维空间信息系统无法表达地质体、矿山、海洋、大气等地学真三维数据场，所以，1980年末，真三维地理信息系统成为当前地理信息系统的研究热点。随着全球变化、区域可持续发展、环境科学等的发展，时间维越来越被重视。而计算机科学的发展，如处理速度加快、处理与存储数据的容量加大、数据库理论的发展等，使动态地处理具有复杂空间关系的大数据量成为可能，从而使时态地理信息系统、时空数据模型、图形实时动态显示与反馈等的研究方兴未艾。所以，从地理信息系统及其可视化的发展看，地理信息系统的可视化着重技术层次，如数据模型（空间数据模型，时空数据模型）的设计，二维、三维图形的显示，实时动态处理等，目标是用图形呈现地学处理和分析的结果。所以，地理信息系统的可视化如果归类为地理可视化，那么可以看出地图可视化与地理可视化研究的不同侧重点。地图可视化是关于地图的使用，可视化技术对传统地图学的影响和作用，着重信息交流传输机理以及地理空间认知与决策分析；地理可视化尤其是空间信息系统的可视化则是关于地图的产生和制作，而地图的应用属于空间分析，即关注的是地图背后隐含的地学规律及其解释，而不是地图本身及其相关的信息交流传输与地理空间认知规律。

（一）三维虚拟现实与仿真系统的组成

三维虚拟现实与仿真系统包括硬件系统和软件系统两大部分。硬件系统包括服务器、计算机以及虚拟显示系统和设备；软件系统包括数据采集、处理、管理软件以及三维仿真浏览软件。部分软件可以直接购买成熟的商业软件，部分软件则需要根据特定要求自主开发。

（二）软件平台选择

三维虚拟现实与仿真系统的软件系统已具有一些商业化产品，主要有MultiGen Creator系列软件、IMAGIS+3Dbrowser软件、Skyline软件等。

1.MultiGen Creator 系列软件

该软件是美国 MultiGen-Paradigm 公司新一代实时仿真建模软件，它在满足实时性的前提下生成面向仿真的、逼真的大面积场景。它可为 25 种不同类型的图像发生器提供建模系统及工具，可用于产生高优化、高精度的实时 3D 场景，用于视景仿真、交互式游戏、内河河道仿真和其他应用。这个集成的和可扩展的工具集提供比其他的建模工具更多的交互式的实时 3D 建模能力。MultiGen Creator 软件主要由以下几部分组成：

（1）Creator Pro。Creator Pro 是唯一将多边形建模、矢量建模和地形生成集成在一个软件包中的手动建模工具，它给我们带来了不可思议的高效率和生产力。它能进行矢量编辑和建模、地形表面生成。

（2）Terrain Pro。Terrain Pro 是一种快速创建大面积地形数据库的工具，可以使地形精度接近真实世界，并带有高逼真度三维文化特征及图像特征。另外，Road Pro 扩展了 Terrain Pro 的功能，利用高级算法生成路面特征，以满足驾驶仿真的需要。

（3）Interoperability Pro。它提供了用于读、写及生成标准格式数据的工具，主要用于 SAF 系统、雷达及红外传感器的仿真。SmartScene 是将实时 3D 技术应用于训练，考查和保持高效的工作能力方面的先驱，它使工作者完全融入虚拟环境过程成为可能。

（4）Open Flight。Open Flight 为 MultiGen 数据库的格式，是一个分层的数据结构。Open Flight 使用几何层次结构和属性来描述三维物体，采用层次结构对物体进行描述。

（5）Vega。它是 MultiGen-Paradigm 公司用于实时视景仿真、声音仿真、虚拟现实及其他可视化领域的世界领先级应用软件工具。它将易用的工具和高级仿真功能巧妙地结合在一起，从而使用户简单迅速地创建、编辑、运行复杂的仿真应用。Vega 大幅度地减少了源代码的编译，使软件维护和实时性能的优化变得更容易，从而大大提高了工作效率。使用 Vega 可以迅速地创建各种实时交互的 3D 环境，以满足各种需求。Vega 还拥有一些特定的功能模块，能够满足特定的仿真要求。

2. IMAGIS 3Dbrowser 软件

IMAGIS 是武汉适普空间信息有限公司自主开发的一套以数字正射影像（DOM）、数字高程模型（DEM）、数字线划图（DLG）和数字栅格地图（DRG）作为综合处理对象的虚拟现实管理的 GIS。

IMAGIS 分为三维地理信息系统和平面图形编辑系统两大部分。由于信息来源多种多样、数据类型丰富、信息量大，该系统在数据的管理上采用了矢量数据和栅格数据混合管理的数据结构，两者可以相互独立存在。另外，栅格数据也可以作为矢量数据的属性，以适应不同情况下的要求。

在使用过程中，用户可以方便地在三维系统和平面编辑系统之间切换。一般来说，二维图形在平面编辑系统中经过编辑整形后，即可输出到三维系统中进行三维实体的重建和管理、查询分析、属性定义、可视化操作、图形输出等。

该系统结合了三维可视化技术与虚拟现实技术，再现管理环境的真实情况，把所有管理对象都置于一个真实的三维世界里，做到了管理意义上的“所见即所得”。该系统功能齐全，适用于市政管理、公共交通、环境保护、土地管理、资源调查、区域开发规划、灾害预测与防治、公安、消防、工程勘察等领域，以及住宅小区的综合管理。

3Dbrowser 是海量数据三维景观透视漫游软件。它利用正射影像和 DEM 数据重构真实的地形地貌；能引入其他静态模型的工程文件，生成逼真的三维场景；能实施快速漫游，并且支持 OpenGL 和 DirectX 图形显示引擎。

根据视景仿真的系统构成，可以利用 IMAGIS 的部分技术结合 IDL 形成三维建模与编辑的模块，再利用 3Dbrowser 形成视景仿真模块，完成三维建模与视景仿真的系统要求。

3.Skyline 软件

Skyline 是一套优秀的三维数字地球平台软件。凭借其国际领先的三维数字化显示技术，它利用海量的遥感航测影像数据、数字高程数据以及其他二三维数据搭建出一个对真实世界进行模拟的三维场景。目前，Skyline 是国内制作大型真实三维数字场景的首选软件，具有以下特点：①产品线齐全，涵盖了三维场景的制作、网络发布、嵌入式二次开发整个流程；②支持多种数据源的接入，其中包括 WFS、WMS、GML、KML、Shp、SDE、Oracle、Excel 以及 3DMX、sketch up 等，方便信息集成；③通过流访问方式可集成海量的数据量，可制作小到城市大到全球的三维场景；④飞行漫游运行流畅，具有良好的用户体验；⑤支持在网页上嵌入三维场景，制作网络应用程序。

第三章　空间数据结构

第一节　空间数据及其特征

一、空间数据基本概述

地理空间数据是GIS的“血液”。实际上，整个GIS都是围绕着空间数据的采集、表达、加工、存储、分析和可视化展开的。空间数据源、空间数据的采集方法、生产工艺、数据的质量都直接影响到GIS应用的潜力、成本和效率。GIS空间数据采集的方法是根据已有的数据源形式、现有设备条件、人员和财力状况等来选定的。

地表现象异常复杂，有自然地物和人工地物，且各种地物形状各异、关系复杂。但是在GIS中，人们将它们进行抽象，用数字表达，可以归结为以下几种类型：数字线划数据、数字栅格地图、影像数据、数字高程模型以及属性数据等。

（一）数字线划数据

数字线划数据也称矢量数据，在测绘行业“4D”产品中的数字线划图（DLG）中，是将空间地物直接抽象为点、线、面等实体，用坐标描述它们的位置和形状，且保存空间地物间的空间关系和相关的属性信息。数字线划图是基于地理实体的数据，且拓扑关系较为复杂，通常用抽象图形（符号、颜色、宽度）表达空间地物。这种抽象的概念直接来源于地形测图的思想。一条道路虽然有一定的宽度，并且弯弯曲曲，但是测量时，测量员要把它看作一条线，并在一些关键的转折点上测量它的坐标，用一串坐标描述出它的位置和形状。当要清绘地图时，根据道路等级给它配赋一定宽度、线形和颜色。这种描述也非常适用于计算机表达，即用抽象图形表达地理空间实体。大多数 GIS 都以数字线划数据为核心。

（二）数字栅格地图

数字栅格地图（DRG）是纸质地形图的数字化产品。每幅图经过扫描、纠正、图像处理及数据压缩处理后，形成在内容、几何精度和色彩上与地形图保持一致的栅格文件。它可以由矢量形式的数字线划图通过 GIS 转换而成，特点是生产速度快。DRG 是栅格图像，表面和数字线划图一致，但实质不同，通常作为某种信息系统的背景使用，如电力信息系统的重点是电力线，但是可以将数字栅格地形图作为背景底图。

（三）影像数据

影像数据包括卫星遥感影像和航空影像，它可以是彩色影像，也可以是灰度影像。影像数据在现代 GIS 中起着越来越重要的作用，主要原因如下：一是数据源丰富；二是生产效率高；三是它直观而又详细地记录了地表的自然现象，人们使用它可以加工出各种信息。例如，可以基于遥感影像数据进一步采集数字线划数据。在 GIS 中，影像数据一般需要经过几何和灰度加工处理，使它变成具有定位信息的数字正射影像。影像数据在测绘行业的“4D”产品中指数字正射影像（DOM），是利用数字高程模型对扫描处理过的数字化的航空相片或卫星遥感影像经过像元纠正，再进行影像镶嵌，根据图幅范围剪裁生成的数据。

（四）数字高程模型

数字高程模型是在高斯投影平面上规则矩形格网或不规则三角网平面坐标（x，y）及其高程的数据集，用来表示地表物体的高程信息。因为高程数据的采集、处理以及管理和应用都比较特殊，所以在 GIS 中往往作为一种专门的空间数据来讨论。数字高程模型可以由数字摄影测量方法采集得到，也可以采用其他测量方法，如野外测量或扫描数字化之后，经过数据内插处理得到。

（五）属性数据

属性数据是描述空间地物的数量、质量、等级等特征的数据，是 GIS 的重要特征。因为 GIS 中既存储了图形数据，又存储了属性数据，才使 GIS 如此丰富，应用如此广泛。属性数据包含两方面的含义：一是它是什么，即它有什么样的特性，划分为地物的哪一类，这种属性一般可以通过考察它的形状和与其他空间实体的关系来确定；二是实体的详细描述信息，如一栋房子的建造年限、房主、住户等，这些属性必须经过详细的调查，如地理调查（社会调查等）才能得到。属性数据往往以表格的形式存在，但也可以采用可视化方式描述属性数据，如道路宽度、颜色可以反映道路的不同等级，饼图可以反映不同属性值之间的比例。在 GIS 建库工作中，属性数据的采集工作量比图形数据还要大。

二、空间数据的基本特征

空间数据描述的是现实世界各种现象的三大基本特征：空间特征、专题（属性）特征和时间特征。对于 GIS 来说，专题（属性）特征和时间特征常常被视为非空间属性。空间实体的特征值可通过观测或对观测值处理与运算得到。下面对这三种特征分别进行描述。

（一）空间特征

空间特征是地理信息系统或者空间信息系统所独有的。空间特征是指空间地物的位置、形状和大小等几何特征，以及与相邻地物的空间关系。空间位置可以通过坐标来描述，GIS 中地物的形状和大小一般通过空间坐标来体现。这一点不完全像 CAD，在 CAD 中，一个长方形可能由长和宽来描述它的形状和大小，而在 GIS 中，即使是长方形的实体，大多数 GIS 软件也是由 4 个角点的坐标来描述的。GIS 的坐标系统有相当严格的定义，如经纬度表示的地理坐标系、一些标准的地图投影坐标系或任意的直角坐标系等。

在日常生活中，人们对空间目标的定位不是通过记忆其空间坐标，而是通过某一目标与其他更熟悉的目标间的空间位置关系，如一个学校是在哪两条路之间或是靠近哪个道路岔口，一块农田离哪户农家或哪条路较近，等等。通过这种空间关系的描述可在很大程度上确定某一目标的位置，而一串纯粹的地理坐标对人的认识来说几乎没有意义。但对计算机来说，最直接、最简单的空间定位方法就是使用坐标。

在地理信息系统中，直接存储的是空间目标的空间坐标。对于空间关系，有些 GIS 软件存储部分空间关系，如相邻、连接等关系，大部分空间关系则是通过空间坐标进行运算得到，如包含关系、相交关系等。实际上，空间目标的空间位置就隐含了各种空间关系。

（二）专题（属性）特征

专题特征也称属性特征，是指空间现象或空间目标的属性特征，是指除了时间和空间特征以外的空间现象的其他特征，如地形的坡度与坡向、某地的年降水量、土壤酸碱度、土地覆盖类型、人口密度、交通流量、空气污染程度等。这些属性特征数据可能是专门采集的，也可能是从其他信息系统收集的，因为这类特征在其他信息系统中都可能存储和处理。

（三）时间特征

严格来说，空间数据是在某一特定时间或时间段内采集得到或计算得到的。因为有些空间数据随时间的变化相对较慢，所以时间特征有时被忽略。很多情况下，GIS 用户又把时间处理成专题属性，或者说在设计属性时，考虑多个时态的信息，这对大多数 GIS 软件来说是可以做到的。当数据考虑时间特征时就成为时态数据，如地籍数据就具有非常明显的时间特征。进行 GIS 建设时应该考虑数据更新问题。目前，静态 GIS 相对比较成熟，考虑时间特征的时空 GIS 成为 GIS 研究的重点和难点。

三、空间数据测量的尺度与精度

空间目标的描述包括定性描述和定量描述。定性描述是指对空间目标的鉴别、分类和命名。定性描述主要表现在属性方面，对地物的分类通常就是一种定性描述，如土地利用类型、植被类型或者岩石类型等，它们也可能赋予一定的数值作为类型的标识，但是并不代表量化的概念。

定性描述对不同的 GIS 应用领域或地区可能是不同的，描述详细程度也可能不同。例如，对土地利用类型的分类，有些系统可能仅划分为水田、旱地、林地等，有些系统则要求将旱地进一步细分为菜地、小麦地、高粱地等。另外，不同系统的命名尺度也不相同。

对空间目标的定量描述包括图形和属性两个方面。图形主要指它的空间坐标；属性指一些量化指标，如工农业产值、职工工资等。对于空间坐标的测量，测量的尺度主要取决于采样点的取舍和坐标测量的精确度或者有效值。虽然地理信息系统没有严格的比例尺概念，但是一定比例尺的空间数据还是决定了空间数据的密度、空间坐标的精确有效位和相应的影像数据的空间分辨率，甚至是对空间目标的抽象程度。例如，一条公路在大比例尺的 GIS 中可以看成一个面状地物，需要测两边的边线，细小的拐弯都要测它的坐标，坐标的精度可能精确到厘米。对小比例尺的 GIS 而言，该条公路被抽象成线，而且仅测量它的主要拐点的坐标，坐标的精度可能只需要精确到分米甚至米。但是，GIS 中的比例尺概念又不完全等同于地图。例如，按 1 : 1 万比例尺规范建立的地理信息系统可以输出 1 : 1.5 万甚至 1 : 2 万比例尺的地图。关于 GIS 中空间目标的测量尺度和精度，一般原则是计算机输出的地图要满足同等比例尺地图的精度要求，即图上的 0.1 mm。

四、数据来源

GIS 的数据来源有多种。按照数据的内容，数据可以划分为基础制图数据、遥感图像数据、数字高程数据、自然资源数据、调查统计数据、法律文档数据、多媒体数据、已有系统数据等。①基础制图数据。它包括地形数据和人文景观数据。②遥感图像数据。它包括航空遥感、卫星遥感数据等。③数字高程数据。即关于地表位置布局的高程测量数据。④自然资源数据。即描述自然资源性质、分布的数据。⑤调查统计数据。即统计部门经过调查分析所得到的各种统计数据。⑥法律文档数据。即与所建立的 GIS 有关的法律文档数据。⑦多媒体数据。它包括视频数据、音频数据等。⑧已有系统数据。即构建 GIS 数据库时，一部分数据是从已有系统中导入的。

按照数据来源的不同，数据源可以分为原始数据（第一手数据）和经过加工处理后的数据（第二手数据），也可分为非电子数据和电子数据两类。大多数 GIS 中的数据是第二手数据，它们都是电子数据。第二手数据主要包括地图、图像等。

GIS 空间数据采集的任务就是将非电子的第一手数据或第二手数据变成电子数据，并进一步加工处理成符合 GIS 要求的空间数据。

由于数字测绘技术的快速发展，目前大多数测绘产品均为数字形式。采用全站仪或 GNSS 进行野外数字地形测图、数字摄影测量以及遥感技术得到的测绘产品均为数字形式，但它们的数据格式往往不能完全满足 GIS 数据建库需要，这时就需要通过空间数据转换方法满足数据建库要求。除此之外，不同 GIS 之间的数据有时也需要采用空间数据转换的方式实现共享。

第二节　空间数据结构分析

数据结构即数据本身的组织形式，是指适合计算机存储、管理和处理的数据逻辑结构形式，是数据模型和数据文件格式的中间媒介。

对现实世界的数据进行组织需要选择一种数据模型，而数据模型需要通过数据结构来表达。同一种数据模型可以用多种数据结构表达。数据模型是数据表达的概念模型，数据结构是数据表达的物理实现。前者是后者的基础，后者是前者的实现。数据结构的选择取决于数据的类型、性质以及使用方式，同时可以根据不同的目标任务选择最有效、最合适的数据结构。

空间数据结构是指描述地理实体的空间数据本身的组织方法。矢量和栅格是最基本的两种数据结构。矢量结构是通过记录地理实体坐标的方式精确地表示点、线、面等实体的空间位置和形状。栅格结构是以规则的阵列来表示空间地物或现象分布的数据组织，结构中的每个数据表示地物或现象的非几何属性特征。

数据编码是实现空间数据的计算机存储、处理和管理，将空间实体按一定的数据结构转换为适合计算机操作的过程。

一、矢量数据结构及其编码

矢量数据结构是指通过记录坐标的方式尽可能精确地表示点、线、面（多边形）等地理实体的数据组织形式。

（一）矢量数据结构编码的基本内容

1.点实体

点是空间上不可再分的地理实体，可以是具体的，也可以是抽象的，如地物点、文本位置点或线段网络的结点等。

点实体包括由单独一对（x，y）坐标定位的一切地理对象。在矢量数据结构中，除表达点实体的（x，y）坐标以外，还可以根据需要存储一些与点实体有关的信息来描述点实体的名称、类型、符号和显示要求等。

2.线实体

线实体主要用来表示线状地物（公路、水系、山脊线）、符号线和多边形边界，有时也称为“弧”“链”“串”等。线实体由两对以上的（x，y）坐标串来定义，也可以定义为直线段组成的各种线性要素。弧、链是n（$n \geqslant 2$）个坐标对的集合，这些坐标可以描述任何连续而又复杂的曲线。组成曲线的线元素越短，（x，y）坐标数量越多，就越逼近一条复杂曲线。弧和链的存储记录中也要加入线的符号类型等信息。

最简单的线实体只存储它的起止点坐标、属性、符号样式等有关数据。其中，唯一标识是系统识别号。线标识码可以标识线的类型，起始点和终止点可以用点号或直接用坐标表示，显示信息是线的文本或符号等；与线实体相关联的非几何属性可以直接存储于线文件中，也可单独存储，由标识码链接查找。

3. 面实体

面实体（有时又称为多边形、区域）数据通常用来表示自然或者人工的封闭多边形，如行政区、土地类型、植被分布等。一般表现为首尾相连的（x，y）坐标串来定义其边界信息，是描述地理空间信息最重要的一类数据。

多边形矢量编码不但要表示位置和属性（名称、分类等），更重要的是能表达区域的拓扑特征，如形状、邻域和层次结构等。由于要表达的信息十分丰富，基于多边形的运算多而复杂，多边形矢量编码比点和线实体的矢量编码要复杂得多，也更为重要。

（二）矢量数据结构编码的方法

矢量数据结构的编码方式可分为实体式、索引式、双重独立式和链状双重独立式。

1. 实体式

实体式数据结构以多边形为组织单元，对构成多边形的边界的各个线段进行组织。按照这种数据结构，边界坐标数据和多边形单元实体一一对应，各个多边形边界都单独编码。这种数据结构具有编码容易、数字化操作简单和数据编排直观等优点，但这种方法也有明显缺点：①相邻多边形的公共边界要数字化两遍，造成数据冗余存储，可能导致输出的公共边界出现间隙或重叠。②缺少多边形的邻域信息和图形的拓扑关系。③岛只作为单个图形，没有建立与外界多边形的联系。因此，实体式编码只用在简单的系统中。

2. 索引式

索引式数据结构采用树状索引方式组织数据以达到减少数据冗余并间接增加邻域信息的目的。其具体方法是对所有边界点进行数字化，将坐标对以顺序方式存储，由点索引与边界线号相联系，以线索引与各多边形相联系，形成树状索引结构。

树状索引结构消除了相邻多边形边界的数据冗余和不一致的问题，在简化过于复杂的边界线或合并多边形时可不必改造索引表，邻域信息和岛状信息可以通过对多边形文件的线索引处理得到，但是比较烦琐，因而给邻域函数运算、消除无用边、处理岛状信息以及检查拓扑关系等带来一定的困难，而且两个编码表都要以人工方式建立，工作量大且容易出错。

3. 双重独立式

双重独立式（DIME）数据结构最早是美国人口统计局为进行人口普查分析和制图而专门研制的，其以直线段（城市街道）为编码主体，特点是采用了拓扑编码结构，最适合于城市信息系统。双重独立式数据结构是对面状要素的任何一条线段，用其两端的节点及相邻多边形面域来进行定义。

4. 链状双重独立式

链状双重独立式数据结构是DIME数据结构的一种改进。在DIME中，一条边只能用直线两端点的序号及相邻的面域表示，而在链状数据结构中，将若干直线段合为一个弧段（或链段），每个弧段可以有许多中间点。

链状双重独立数据结构中主要有四个文件：多边形文件、弧段文件、弧段坐标文件、节点文件。多边形文件主要由多边形记录组成，包括多边形号，组成多边形的弧段号，周长、面积、中心点坐标以及有关“洞”的信息等；多边形文件也可以通过软件自动检索各有关弧段生成，同时计算出多边形的周长、面积以及中心点的坐标；当多边形中含有“洞”时，此“洞”的面积为负，并在总面积中减去，其组成的弧段号前也冠以负号。弧段文件主要由弧记录组成，存储弧段的起止结点号和弧段左右多边形号。弧段坐标文件由一系列点的位置坐标组成，一般从数字化过程获取，数字化的顺序确定了这条链段的方向。结点文件由结点记录组成，存储每个结点的结点号、结点坐标及与该结点连接的弧段。结点文件一般通过软件自动生成，因为在数字化过程中，由于数字化操作的误差，各弧段在同一结点处的坐标不可能完全一致，需要进行匹配处理。当其偏差在允许范围内时，可取同名结点的坐标平均值。如果偏差过大，则弧段需要重新数字化。

二、栅格数据结构及其编码

（一）栅格结构的图形表示

栅格结构是最简单、最直观的空间数据结构，又称像元结构，是指将地球表面划分为大小均匀、紧密相邻的网格阵列，每个网格作为一个像元或像素，由行号、列号定义，并包含一个代码表示该像素的属性类型或量值，或仅仅包含指向其属性记录的指针。点实体在栅格数据结构中表示为一个像元；线实体则表示为在一定方向上连接成串的相邻像元集合；面实体由聚集在一起的相邻像元集合表示。它包含一个代码以表示该网格的属性（如灰度）或指向属性记录的指针。

（二）栅格结构编码方法

鉴于栅格数据的数据量非常大，冗余数据很多，栅格结构的编码方法多采取数据压缩的方法。压缩编码有信息保持编码和信息不保持编码两种。信息保持编码指编码过程中没有信息损失，通过解码操作可以恢复原来的信息；信息不保持编码是为最大限度地压缩数据，在编码过程中会损失一部分不太重要的信息，解码时这部分信息难以恢复。GIS 中多采用信息保持编码，在对原始遥感图像进行压缩编码时，有时也采用信息不保持的压缩编码方法。

1. 直接栅格编码

直接栅格编码就是将栅格看作一个数据矩阵，逐行逐个记录代码数据。可以每行都从左到右，也可奇数行从左到右，或者采用其他特殊的方法。

2. 行程编码

又称为游程长度编码是栅格数据压缩的重要编码方法，也是图像编码中比较简单的方式之一。所谓的行程就是指行（或列）上具有相同属性值的相邻像元的个数。这种方式的缺点是位置不明显。还有一种行程编码是按行程终点的列数编码，从列数的变化也可以推断行数的变化。

属性的变化越少，行程越长，则压缩的比例越大。或者说，压缩的大小与此图像的复杂程度成反比。因此这种编码方式最适合于类型区面积较大的专题图、遥感影像分区集中的分类图，而不适合于类型连续变化或类型区域分散的分类图。

这种编码在栅格加密时，数据量不会明显增加，压缩效率高，最大限度地保留了原始栅格结构，编码解码运算简单，且易进行检索、叠加、合并等操作，因此这种压缩编码方法得到了广泛的应用。

3. 块码

块码是行程编码向二维扩展的情况，又称二维行程编码，采用方形区域作为记录单元，每个记录单元包括相邻的若干栅格，数据结构由初始位置（行、列号）、半径以及记录单元的代码组成。一个多边形所包含的正方形越大，多边形的边界越简单，块状编码的效率就越好。块状编码对大而简单的多边形有效，对那些碎部较多的复杂多边形效果并不好。块状编码在合并、插入、检查延伸性、计算面积等操作时有明显的优越性，但对某些运算不适应，必须转换成简单数据形式才能顺利进行。

4. 链式编码

链式编码又称为弗里曼编码或边界链码，它将线状地物或区域边界表示为由某一起始点和在某些基本方向上的单位矢量链组成。单位矢量的长度为一个栅格单元，每个后续点可能位于其前继点的 8 个基本方向之一。

5. 四叉树编码

四叉树实际上是栅格数据结构的一种压缩数据的编码方法，其基本思想是将一幅栅格地图或图像等分为四部分，逐块检查其格网属性值（或灰度）。如果某个子区的所有格网都具有相同的值，则这个子区就不再继续分割，否则还要把这个子区再分割成四个子区。这样递次地分割，直到每个子区都只含有相同的属性值或灰度为止。

按编码方法不同，四叉树结构分为常规四叉树和线性四叉树。

常规四叉树除了记录叶节点之外，还要记录中间结点。结点之间借助指针联系，每个结点需要用六个量表达：四个子结点指针，一个父结点指针和一个结点的属性或灰度值。这些指针不仅增加了数据存储量，还增加了操作的复杂性。常规四叉树主要在数据索引和图幅索引等方面应用。

线性四叉树只存储最后叶节点的信息，包括节点的位置、深度和本结点的属性或灰度值。所谓深度，是指处于四叉树的第几层上。由深度可推知子区的大小。由于线性四叉树只存储每个叶节点的三个量，数据量比常规四叉树大为减少，因此应用广泛。

线性四叉树叶节点的编号需要遵循一定的规则，这种编号称为地址码，它隐含了叶结点的位置和深度信息。最常用的地址码是四进制或十进制的 Morton 码。

三、栅格—矢量数据结构互相转换

（一）栅格、矢量数据结构比较

栅格数据结构在空间运算方面要简单得多，且较容易与遥感数据和数字高程数据直接结合。但它的数据量相对较大，精度相对较低，难以建立空间实体间的拓扑关系，不利于目标的检索等。

矢量数据结构表示的数据量小而精度高，易建立和分析图形的拓扑关系与网络关系。但它在空间分析运算上比较复杂，特别是缺乏与遥感数据、数字高程数据直接结合的能力。

这两种结构各有优缺点，也有各自的特点，因此在当前的地理信息系统中呈现出两种数据结构并存的局面，并可以通过计算机软件实现两种结构的高效转换。

（二）栅格、矢量数据结构相互转换

1.栅格向矢量的转换

栅格向矢量的转换过程比较复杂，有两种情况：第一，待转换的栅格数据为遥感影像或栅格化的分类图，在矢量化之前需要先将它处理成二值图像（简称“二值化”），然后将它转换成坐标表达的矢量数据；第二，待转换的栅格数据来自线划图的二值化扫描，二值化后的线划宽度往往占据多个栅格，这时需要进行细化处理后才能矢量化。

（1）边界提取。边界提取是图像处理中的一个专门问题，方法较多，这里介绍一种简单方法。这种方法是用一个 2×2 栅格的窗口，按顺序沿行列方向对栅格图像进行扫描。如果窗口内的四个格网点值相同，它们就属于一个等值区，而无边界通过，否则就存在多边形的边界或边界结点。如果窗口内有两种栅格值，这四个栅格均标识为边界点，同时保留原栅格的值，如果窗口内有三个以上不同的值，则标识为结点。对于对角线上两两相同的情况，由于其造成了多边形边界的不连通，也作为边界处理。

边界搜索按线段逐个进行。从搜索到的某一边界窗口开始，下一点组的搜索方向由进入当前点组的搜索方向和将要搜索的后续点的可能走向决定。如果该边界点组在下方点组没被搜索到，其后续点一定在其右方，而边界左右多边形的值分别为 a 和 b；反之，如果该点在其右方的点组之后没被搜索到，其后续点一定在下方。其他情况依此类推。

（2）细化。细化也称为栅格数据的轴化，就是将占有多个栅格宽的图形要素缩减为只有单个栅格宽的图形要素的过程。细化的方法有很多，这里介绍两种较常用的细化方法。

①剥皮法。剥皮的概念就是每次删掉外层的一些栅格，直到最后只留下彼此连通的由单个栅格组成的图形。剥皮的方法也有多种，其中一种的具体做法如下：用一个 3×3 的栅格窗口，在栅格图上逐个检查每个栅格元，被查栅格能否删去由以该栅格为中心的组合图决定。其原则是不允许剥去会导致图形不连通的栅格，也不能在图形中形成孔。

②骨架法。这种方法就是确定图形的骨架，将非骨架上的多余栅格删除。其具体做法是扫描全图，凡是像元值为 1 的栅格都用 V 值取代。V 是该栅格与北、东和北东三个相邻栅格像元之和。

（3）矢量化。栅格数据矢量化的过程如下：第一步类似于栅格采用链码的栅格跟踪过程，找出线段经过的栅格；第二步将栅格（i，j）坐标变成直角坐标

(X, Y)。矢量结构的数据点不需要像栅格那样充满路径，因此多余的中间点可以删除。可以用每三个点是否在一条线上作为检查，如在一条线上，则中间点可删除。对于曲线弧段，必要时还可用其他方法删除过多的中间点。

2. 矢量向栅格的转换

矢量数据的坐标是平面直角坐标（X, Y），其坐标起始点一般取图的左下方；栅格数据的基本坐标是行和列（I, J），其坐标起始点是图的左上方。两种数据变换时，直角坐标系 X 轴、Y 轴分别与行和列平行。由于矢量数据的基本要素是点、线、面，矢量向栅格的转换实际就是实现点、线和面向栅格的转换。

（1）确定栅格单元的大小。栅格单元的大小即栅格数据的分辨率，应根据原图的精度、变换后的用途及存储空间等因素来决定。如果变换后要和卫星图像匹配，最好采用与卫星图像相同的分辨率。如果要作为地形分析用，地形起伏变化小时，分辨率可以低些，栅格单元就可大些；地形变化大时，分辨率应当高些，栅格单元就要小些。

（2）线的变换。曲线可以近似地看成由多个直线段组成的折线，因此曲线的转换实质就成了构成曲线的直线段集合的转换。

直线段的转换除了计算直线段的起点和终点的行列号之外，还需要求出该直线段中间经过哪些格网单元。整个曲线或多边形边界经分段连续运算即可完成曲线或多边形边界的转换。

（3）面的充填。在矢量结构中，面域用边界线段表示，面域中间则是空白的。在栅格结构中，整个面域所在的栅格单元都要用属性值充填，不能用背景值。因此，边界线段转换后，多边形面域中还必须用属性值充填。

充填的方法有很多，关键是使计算机能正确判断哪些栅格单元在多边形之内，哪些在多边形之外。为此，多边形必须严格封闭，没有缝隙。面域充填的方法如下：

①射线算法。该算法中常用的有平行线扫描法和铅垂线跌落法。前一种方法是从待检验的栅格单元作一条平行于 X 轴的扫描线，当与多边形相交的点数为偶数时，则该栅格在多边形之外；当交点为奇数时，则该栅格在多边形之内。

铅垂线跌落法则是从待检查的栅格作一条垂直于 X 轴的直线，检查它与多边形边界交点的个数，奇数在多边形之内，偶数在多边形之外。为避免误判，可以同时采用这两种方法检验，只要一种方法交点为奇数，该点就在多边形之内。遍历所有栅格单元，凡在多边形内的点均充填同一属性值。

②边界点跟踪算法（扫描算法）。多边形边界的栅格单元确定后，从边界

上的某栅格单元开始，按顺时针方向跟踪单元格，以保证多边形位于前进方向的右方。

③内部点扩散算法。在多边形边界栅格确定后，寻找多边形中的一个栅格作为种子点，然后向其相邻的八个方向扩散。如果被扩散的栅格是边界栅格，就不再作为种子点向外扩散，否则继续作为种子点向外扩散。重复上述过程，直到所有种子点填满该多边形为止。

④复数积分算法。对全部栅格阵列逐个栅格单元地判断该栅格归属的多边形编码，判别方法是由待判点对每个多边形的封闭边界计算复数积分，若该待判点属于此多边形，赋予多边形编号，否则在此多边形外部，不属于该多边形。

⑤边界代数算法。边界代数多边形填充算法（BAF）是任伏虎博士等设计并实现的一种基于积分思想的矢量格式向栅格格式转换算法。它适合记录拓扑关系的多边形矢量数据转换为栅格结构。

事实上，每幅数字地图都是由多个多边形区域组成的。如果把不属于任何多边形的区域(包括无穷远点)看成一个编号为零的特殊区域，则每一条过界弧段都与两个不同编号的多边形相邻，按边界弧段的前进方向分别称为右多边形。

边界代数算法与其他算法的不同之处在于它不是逐点搜寻判别边界，而是根据边界的拓扑信息，通过简单的加减代数运算将拓扑信息动态地赋予各栅格点，从而实现矢量格式到栅格格式的转换。由于不需考虑边界与搜索轨迹之间的关系，因此算法简单，可容性好。同时，由于仅采用加减代数运算，每条边界仅计算一次，免去了公共边界重复运算，又可不考虑边界存放的顺序，因此运算速度快，较少受内存容量的限制。

四、栅矢一体化数据结构

（一）栅矢一体化结构的基本概念

多数 GIS 软件都同时具有矢量和栅格两种数据结构，并能实现两种数据结构之间的转换。但这需要增加更多的存储空间和运算处理时间，因而并非理想方案。为使系统能用于多种目的，需要研究一种同时具有矢量和栅格两种特性的一体化数据结构。

点状目标在矢量结构中用坐标对（x，y）表达，在栅格结构中用栅格元子表达；线状目标在矢量结构中用（x，y）坐标串表达，在栅格结构中一般用在一定方向上连接成串的相邻像元集合填满整个路径；对于面状空间目标，基于矢量结构的表达主要使用边界表达的方法，而在栅格结构中，它一般用聚集在一起的相邻像元集合填充表达的方式。因此，为将矢量和栅格的概念统一起来，发展栅矢一体化数据结构，可以将矢量方法表示的点、线和面目标也用元子空间填充表达，这样的数据就具有矢量和栅格双重性质。一方面，它保留了矢量数据的全部特性，目标具有明显的位置信息，并能建立拓扑关系；另一方面，建立了栅格和地物的关系，即路径上的任一点都与目标直接建立了联系。为了实现地理数据栅矢一体化的存储，这里对点、线和面的基本类型做如下约定：①地面上的点状地物是地球表面上的点，它仅有空间位置，没有形状和面积，在计算机内部仅有一个数据位置。②地面上的线状地物是地球表面的空间曲线，它有形状但没有面积。它在平面上的投影是一条连续不间断的直线或曲线。③地面上的面状地物是地球表面的空间曲面，有形状和面积。

（二）细分格网

栅矢一体化存储的关键是栅格数据的存储，但栅格数据存储的首要任务是栅格空间分辨率大小的确定。栅格单元划分得过细，存储空间会过大；栅格单元划分得粗略，又难以满足栅格数据精度表达的要求。

为了解决这个矛盾，可利用基本格网和细分格网的方法来提高点、线和面状目标边界线的数据表达精度。①基本格网划分。将全图划分成空间分辨率较低的基本格网栅格阵列，在该栅格矩阵中，每个像元所占用的实际范围较大，栅格阵列的栅格数量较少，每一栅格称为基本格网单元。②细分格网。在有地理实体（点、线目标等）通过的基本格网内，根据精度表达的需求进行细分，精度要求高时，可以分成 256 × 256 个细格网；精度要求较低时，可分成 16 × 16 个细格网。

为使数据格式一致，基本格网和细分格网都采用线性四叉树的编码方法，将采样点和线性目标与基本格网的交点用两个 Morton 码表示（均用十进制 Morton 码，简称“M 码”）。前一个 M_1 码表示该点所在的基本格网的地址码，后一个 M_2 表示该点对应的细分格网的 Morton 码，即将一对（X，Y）坐标转换成两个 Morton 码。例如，X=210.00，Y=172.32 可以转换为 M_1=275，M_2=2 690。

这种方法可以将栅格数据的精度提高 256 倍，而存储量仅在有点、线通过的格网上增加两个字节。当细分格网为 16 × 16 时，精度提高 16 倍，存储量仅增加一个字节。

（三）栅矢一体化数据结构设计

1. 点状地物和结点的数据结构

根据基本约定，点仅有位置，没有形状和面积，所以不必将点状地物作为一个覆盖层分解成四叉树，只要将点的坐标转化为 Morton 地址 M_1 和 M_2，而不管整个构形是否为四叉树。这种结构简单灵活，不仅便于点的插入和删除操作，还能处理一个栅格内包含多个点状目标的情况。所有点状地物以及弧段之间的结点可以用一个文件表示。这种结构几乎与矢量数据结构完全一致。

2. 线状地物的数据结构

根据对线状地物的约定，线状地物有形状但没有面积，并且表达形状应包含整个路径。没有面积意味着线状地物和点状地物一样不必用一个完全的覆盖层分解为四叉树，而只要用一串数字来表达每个线状地物的路径即可，即把该线状地物所经过的栅格地址全部记录下来。一个线状地物可能由几条弧段组成，所以应先建立弧段的数据文件。

虽然这种数据结构比单纯的矢量结构增加了一定的存储量，但它解决了线状地物的四叉树表达问题，使它能与点状和面状地物一起建立统一的基于线性四叉树编码的数据结构体系，从而使点状地物与线状地物相交、线状地物相互之间相交、线状地物与面状地物相交的查询变得相当简单和快速。

3. 面状地物的数据结构

按照基本约定，一个面状地物应包含边界和边界所包围的整个面域。面状地物的边界由弧段组成。此外，它还应包含面域的信息，这种信息由线性四叉树或二维行程编码表示。

各类不同的地物可以形成多个覆盖层，如建筑物、广场等可为一个覆盖层，土地类型和煤层分布又可形成另外两个覆盖层。这里规定每个覆盖层都是单值的，即每个栅格内仅有一个面状地物的属性值，每个层可用一棵四叉树或一个二维行程编码表示。叶结点的值可以是属性值，也可以是目标的标识号，并且可以用循环指针指向将同属于一个目标的叶结点链接起来，形成面向地物的结构。

对于面状地物中的边界格网，采用以面积为指标的四舍五入的方法确定其格网值，即两地物的公共格网值取决于地物面积比重大的格网。如果要求更精确地进行面积计算或叠置运算，则可进一步引用弧段的边界信息。

可见，这种数据结构是面向目标的，并具有矢量的特点。此外，通过面状地物的标识号可以找到它的边界弧，并顺着指针可提取出所有中间面块。同时，这种结构具有栅格的全部特征。一个覆盖层形成一个二维行程表，全部记录表示的面块覆盖了研究区域的整个平面。给出任意一点的位置，都可以从表中顺着指针找到面状地物的标识号，并确定是哪一类地物。

五、镶嵌数据结构

镶嵌是一个很活跃的研究领域，近年来各国学者围绕镶嵌理论、技术与方法进行了大量研究，包括地图的矢量分割与栅格分割、2D 镶嵌与 3D 镶嵌等。李（Lee，2000）对空间镶嵌进行了分类研究，提出以特征为主和以空间为主的两种镶嵌单元，其中前者主要是不规则形状的，后者则可以分为无约束和受约束两类（受约束类镶嵌可以是层次的或非层次的）。

镶嵌数据结构是基于连续铺盖的，即用二维铺盖或划分来覆盖整个区域。镶嵌是矢量结构的逻辑对偶，有时也称为多边形网格模型。铺盖的特征参数包括尺寸、形状、方位和间距。对同一现象可以有若干不同尺度、不同聚分性的铺盖。镶嵌数据结构包括规则镶嵌数据结构和不规则镶嵌数据结构，特别适用于三维离散点状空间数据的表达。规则镶嵌最典型的应用模型是格网数字高程模型，其中基于正方形铺盖的栅格数据结构为规则铺盖的特例；不规则镶嵌最典型的数据结构是 Voronoi 图和 Delaunay 不规则三角网，可以当作拓扑多边形处理。

（一）规则镶嵌数据结构

所谓规则镶嵌数据结构，就是用规则的小面块集合来逼近自然界不规则的地理单元。在二维空间中虽有多种可能的规则划分方法，但为了有效地寻址，网格单元必须具有简单的形状和平移不变性。正六边形有 6 个最近的邻域，比只有 4 个邻域的正方形有更好的邻接性。然而，正六边形的层次性较差，即它不能无限地被分割，而正方形具有无限可分性，是分割二维空间的实用形式，很多环境监测数据的采集和图像处理普遍采用正方形面元（像元）。

构造规则镶嵌的具体做法如下：用数学手段将一个铺盖网格叠置在所研究的区域上，把连续的地理空间离散为互不覆盖的面块单元（网格）。划分之后，既简化了空间变化的描述，又使空间关系（如毗邻、方向和距离等）明确，可进行快速的布尔集合运算。在这种结构中，每个网格的有关信息都是基本的存储单元。

从数据结构上看，规则网格系统的主要优点在于其数据结构为通常的二维矩阵结构，每个网格单元表示二维空间的一个位置，不管是沿水平方向还是沿垂直方向均能方便地遍历这种结构。处理这种结构的算法很多，并且大多数程序语言中都有矩阵处理功能。此外，以矩阵形式存储的数据具有隐式坐标，不需要进行坐标数字化。规则网格系统还便于实现多要素的叠置分析。因此，规则铺盖是一种重要的空间数据处理工具。

（二）不规则镶嵌数据结构

不规则镶嵌数据结构是指用来进行镶嵌的小面块具有不规则的形状或边界，其典型数据结构是 Voronoi 图和 Delaunay 不规则三角网。

Voronoi 图是俄国数学家沃罗诺伊（Voronoi）于 1908 年发现的几何构造，并以他的名字命名。早在 1850 年，另一位数学家狄利克雷（Dirichelt）同样研究过这种几何构造，故有时也称其为 Dirichelt 格网。由于 Voronoi 图在空间剖分上的等分性特征，它在许多领域获得应用，很多几何问题可用 Voronoi 多边形得出有效、精致、在某种程度上可以说是最佳的解。如果把空间邻接定义为多边形邻接，并把围绕各物体的 Voronoi 多边形的边界用等距离准则来确定，则所有地图上的物体（此处为点和线段）就具有明确的邻居关系。从这一思想出发，就可导出一种统一的途径来处理许多空间问题。

在地理学界，最先应用 Voronoi 图的是气象学家泰森（Thiessen），他在研究随机分布的气象观测站时，对每个观测点建立封闭的多边形范围，这种多边形称为 Thiessen 多边形。在生物学领域，Voronoi 图被称为 Winger-Seiz 单元或 Blum 变换。

Delaunay 三角网是俄国数学家德劳内（Delaunay）于 1934 年发现的，是 Voronoi 图的对偶，是将 Voronoi 图中各多边形单元的内点连接后得到一个布满整个区域而又不互相重叠的三角网结构。

Voronoi 多边形是一种重要的混合结构：融图论与几何问题求解为一体，是矢 / 栅空间模型的共同观察途径。在二维空间，Voronoi 多边形在求解“全部最近邻居问题”、构造凸壳、构造最小扩展树以及求解“最大空圆”等问题中，被当作优化算法的第一个步骤。在模式识别中，Voronoi 多边形的应用也越来越广泛。Voronoi 多边形的建立也是计算两个平面图形集合之间最小距离优化算法的预处理步骤。Voronoi 多边形在地理学、气象学、结晶学、天文学、生物化学、材料科学、物理化学等领域均得到广泛应用（晶体生长模型、天体的爆裂等）。例如：在考古学中，用 Voronoi 多边形作为绘制古代文化中心的工具，以及用 Voronoi 多边形来研究竞争的贸易中心地的影响；在生态学中，一种生物体的幸存者依赖邻居的个数，它一定要为食物和光线而斗争，森林种类和地区动物的 Voronoi 图被用来研究太拥挤的“后果”。

Voronoi 多边形的边数多少与周围数据点的个数有关。这种多边形具有下列特性：①多边形的边界线为两邻近数据点连线的垂直二等分线；②每个多边形包含一个原始数据点；③多边形内的任何点比多边形外的任何其他点更靠近多边形内的数据点（只有一个）。

在不少情况下，不规则网格具有某些优越性，主要表现在可以消除数据冗余，网格的结构本身可适应数据的实际分布。这种模型是一种变化分辨率的模型，因为基本多边形的大小和密度在空间上是变动的。

不规则网格能进行调整，以反映空间每一个区域中的数据事件的密度。这样，每个单元可定义为包含同样多数据事件，其结果是数据越稀，单元越大；数据越密，则单元越小。

单元的大小、形状和走向反映着数据元素本身的大小、形状和走向，这对目测分析不同类型是很有用的。

Voronoi 多边形可以很有效地用于计算机处理中的许多问题，如邻接、接近度和可达性分析等，以及解决最近点问题、最小封闭圆问题。

尽管各种不规则网格能很好地适用于特定的数据类型和一些分析过程，但对其他一些空间数据处理和分析任务无能为力。例如，即便把两个不规则网格覆盖在一起也是极为困难的，生成不规则网格过程是相当复杂且很费时的。这两个原因使许多不规则网格仅用于一些特定场合，作为数据库的数据模型需要做进一步的研究。

第三节 不同数据格式的转换

地理信息系统经过多年的发展，应用已经相当广泛，积累了大量数据资源。由于使用了不同的 GIS 软件，数据存储的格式和结构有很大的差异，对多源数据综合利用和数据共享造成了不便。在这一部分内容中，我们将解决空间数据格式之间变换的问题，为实现数据共享和利用提供方便。

一、空间数据交换模式

（一）基于通用数据交换格式的数据转换共享模式

在地理信息系统发展初期，地理信息系统的数据格式被当作一种商业秘密，因此地理信息系统数据的交换使用几乎是不可能的。为了解决这一问题，通用数据交换格式的概念被提了出来。目前，国内外 GIS 软件都提供了图形标准数据交换格式（dxf）的输入输出功能，实现了不同 GIS 软件数据的交换。

（二）基于外部文本文件的数据转换共享模式

由于商业秘密或安全等原因，用户难以读懂 GIS 软件本身的内部数据格式文件，为促进软件的推广应用，部分 GIS 软件为用户提供了外部文本文件。通过该文本文件，不同的 GIS 软件可实现数据的转换。根据 GIS 软件本身的功能不同，数据转换的次数也有差别。

（三）基于直接数据访问的共享模式

直接数据访问是指在一个 GIS 软件中实现对其他软件数据格式的直接访问。对于一些典型的 GIS 软件，尤其是国外 GIS 软件，用户可以在一个 GIS 软件中存取多种其他格式的数据，如 Intergraph 公司的 Geomedia 软件可存取其他各种软件的数据。直接访问可避免烦琐的数据转换，为信息共享提供一种经济实用的模式。但这种模式的信息共享要求建立在对宿主软件的数据格式充分了解的基础上，如果宿主软件的数据格式发生变化，数据转换的功能则需要升级或改善。一般这种数据转换功能要通过 GIS 软件开发商相互合作实现。

（四）基于通用转换器的数据转换共享模式

由加拿大 Safe Software 公司推出的 FME 可实现不同数据格式之间的转换。FME 是基于 OpenGIS 组织提出的新的数据转换理念——语义转换，通过在转换过程中重构数据的功能，实现不同空间数据格式之间的相互转换。由于 FME 在数据转换领域的通用性，它正在逐渐成为业界在各种应用程序之间共享地理空间数据的事实标准。作为 FME 的旗舰产品，FME universal translator 是一个独立运行的强大的 GIS 数据转换平台，它能够实现 100 多种数据格式（如 dwg、dxf、dgn、Arc/Info Coverage、ShapeFile、ArcSDE、Oracle SDO 等）的相互转换。从技术层面上说，FME 不再将数据转换问题看作从一种格式到另一种格式的变换，而是完全致力于将 GIS 要素同化并为用户提供组件，以使用户将数据处理为所需的表达方式。

（五）基于国家空间数据转换标准的数据转换共享模式

为了更方便地进行空间数据交换，也为了尽量减少空间数据交换损失的信息，使之更加科学化和标准化，许多国家和国际组织制定了空间数据交换标准，如美国的 STDS、中国的 CNSDTF。有了空间数据交换的标准格式后，每个系统都提供读写这一标准格式空间数据的程序，从而避免了大量的编程工作。但目前国内 GIS 软件较少具备国家空间数据交换格式读写功能。

二、数据转换内容

（一）图形数据

图形数据格式转换要求：①图形数据没有丢失坐标，形状不发生变化；②数据分层有一一对应的转换关系；③拓扑结构不发生变化。

（二）属性数据

空间数据转换为其他平台数据时图形数据对应的属性数据无错漏。

三、空间数据转换途径

基于以上数据转换模式，几乎所有的 GIS 软件都提供了面向其他平台的双向转换工具，如 ArcGIS 提供了 AutoCAD、MapInfo 等格式数据的双向转换工具，MapInfo 也提供了对 ArcGIS 和 dwg/dxf 格式数据的双向转换工具，MapGIS、SuperMap 等国产软件也提供了和大多数其他格式数据转换的工具。

（一）任务内容

随着各行各业数字化进程的不断推进，各类 GIS 软件在不同领域的应用日益广泛，GIS 软件数据格式转换问题也越来越突出。目前，各类 GIS 软件都自带了与当前主流 GIS 软件的数据格式转换功能。

（二）任务实施步骤

AutoCAD 格式的图件转入 MapGIS 平台要注意以下几点：

（1）每一张图纸必须作为一个单独的文件，不能有其他不相关的内容。

（2）AutoCAD 图件中的图层划分要清晰，不同性质的要素放在不同的图层中。图层划分的原则可以参照建库要求中对图层划分的规定。如果在 AutoCAD 中的分层能满足建库要求转入 MapGIS，则不需要再分层。

（3）AutoCAD 图件转入 MapGIS 前，要将所有的充填内容炸开分解，不能炸开分解的全部删除；在点和线转入 MapGIS 后，再建区充色。

（4）AutoCAD 图件转出时，存储为 dxf 文件。dxf 是用于与 MapGIS 进行数据交换的 AutoCAD 格式文件。

下面以 AutoCAD 2004 软件下的一张 1 ： 5 000 地形图转换进行说明。

（1）将 AutoCAD 文件另存为 dxf 文件（R12 版本）；存储文件类型选为 AutoCAD R12/LT2 dxf（命名为 *.dxf）。

（2）在将 AutoCAD 数据转换为 MapGIS 数据时，经常会遇到两边的线型库、颜色库的编码不一致的情况，而且在 AutoCAD 中有些图元是以块的形式组成，这样就造成转换后“张冠李戴”，有时两边无法对应。另外，在转换时还经常需要将 AutoCAD 的某层转换为 MapGIS 的对应层。因此，系统提供了一套对照表文件接口：符号对照表——arc_map.pnt；线型对照表——arc_map.lin；颜色对照表——cad_map.clr；层对照表——cad.map.tab。

将系统库目录设为 ..\suvslib，并将 ..\slib 目录下的上述四个对照表文件拷贝至系统库目录 ..\suvslib 下；对系统库目录 ..\suvslib 下这四个对照表文件进行编辑，可直接用记事本的方式打开，需要注意的是对照表中 MapGIS 编码是在“数字测图”系统中查到的，并且要区分对照表的大小写。

（3）运行 MapGIS 图形处理的文件转换，装入 dxf 文件。

（4）此时地形图中所有分层都在其中，为了在 MapGIS 中方便修改图层，可分别转出各层（可以按照图层先后顺序进行转出）。

（5）处理实体完成后，点击右键“复位窗口”，即可显示转入的“图框”。

（6）在文件窗口中，按提示保存为 MapGIS 所需的点 wt 文件、线 wl 文件，根据所转入的图层名称进行命名。

其他各图层转入方法类似。

在校园 GIS 建设中，dwg 格式的校园地形图是最主要的一种空间数据，可通过数据格式转换将其转换到 MapGIS、Mapinfo、ArcGIS 等平台。

GIS 的核心是空间数据库，而空间数据又是空间数据库的核心，所以获取数据是 GIS 的重要环节。另外，掌握空间数据获取的相关知识对保证 GIS 分析应用的有效性具有重要意义。

第四章　空间数据获取及质量控制

第一节　图形数据采集

一、基于遥感影像数据采集

遥感（RS）即遥远地感知事物，泛指通过非接触传感器遥测物体的几何与物理特性的技术，也就是不直接接触目标物体，在距离地物几百米到几千米甚至上千千米的飞机、飞船、卫星上使用遥感传感器接收地面物体反射或发射的电磁波信号，并以图像胶片或数据磁带记录下来，传送到地面，经过信息处理、判读分析和野外实地验证，最终服务于资源勘探、动态监测和有关部门的规划决策。通常把接收、传输、处理、分析判读和应用遥感数据的全过程称为遥感技术。

与野外测量或野外观测的数据采集方式相比，遥感数据有下列优点。

第一，增大了观测范围。

第二，能够提供大范围的瞬间静态图像。这种优势对动态变化的现象非常重要。例如，可根据一系列在不同时间获得的洪泛区图像研究洪水在大面积范围内的变化，这一点靠野外测量的方法很难做到，因为当我们从一点到达另一点的时候，所观测的洪水趋势已与上一点的观测时间不同了，所以得不到一个大范围的瞬时静态图像。随着视频遥感卫星的研制成功与发射，我们现在可以直接获取动态视频遥感影像，直接从空中进行动态观测。

第三，能够进行大面积重复性观测。即使是人类难以到达的偏远地区也能够做到这一点，特别是利用卫星平台可以周期性地获取某地区的遥感数据。

第四，大大加宽了人眼所能观察的光谱范围。人眼敏感的光谱范围为

0.4 ~ 0.7μm 波长的可见光波段，而目前的遥感技术所使用的电磁波波段除了可见光波段，已经扩展到 X 射线、紫外、红外、微波波段。利用其他对电磁波敏感的器件，可以使光谱范围增大到 X 射线（波长为 0.1nm 级）至微波（波长在数十厘米）。其中，对温度敏感的热红外传感器可以不受昼夜限制根据不同物体的温度进行成像；利用微波技术制成的雷达不仅不受限于昼夜的光照条件，而且可以穿透云层从而达到全天候的成像能力。

第五，空间详细程度高。在野外实地观察，人眼往往难以注意到空间细节，而航空遥感图像的空间分辨率可高达厘米级甚至毫米级。商用卫星遥感数据的空间分辨率将达到 30 cm 左右，数字航空摄影或利用其他航空传感器也可以达到 10 ~ 30 cm 的空间分辨率。军用卫星实际上已经达到 10 ~ 15 cm 的空间分辨率。

一般的多光谱传感器仅限于紫外至短波红外的范围，只有比较昂贵的热红外传感器和雷达使用长于该范围的光谱波长。其中，可见光和近红外适合植被分类和制图；短波红外的 1.5 ~ 1.8μm 适合估算植物水分，2.3 ~ 2.4μm 适合岩性识别；热红外适合温度探测；雷达图像则适合测量地面起伏和对多云地区进行制图。在微波范围也有微波辐射计等传感器，适用于土壤水分制图和冰雪探测，但这类传感器分辨率低，多用于气候和水文研究。

（一）遥感数据的分辨率

遥感数据的分辨率包括空间分辨率（地面分辨率）、光谱分辨率、时间分辨率和温度分辨率。

1. 空间分辨率

遥感图像的空间分辨率反映了对地物记录的详细程度。例如，1 m 分辨率比 10 m 分辨率的遥感影像记录的空间信息更为详细。一般传感器的空间分辨率由其瞬时视场的大小决定，即由传感器内的感光探测器单元在某一特定的瞬间从一定空间范围内能接收到一定强度的能量而定，但一般使用其名义分辨率，具体公式为

名义分辨率 = 图像某行对应于地面的实际距离 / 该行的像元数　　(4-1)

雷达是一种自身发射电磁能又回收这种能量的主动式系统，有真实孔径雷达和合成孔径雷达之分。因为真实孔径雷达需要很大的天线才能达到较高的雷达图像分辨率，所以现在基本采用的是合成孔径雷达，这种雷达不受实际天线长度的限制，运用多普勒原理达到较长天线的效果。雷达图像的空间分辨率有两种：距离分辨率和方位分辨率。

（1）距离分辨率。距离分辨率由雷达发送信号脉冲持续的时间和信号传播方向与地面的夹角决定。当雷达信号向其飞行底线方向传播信号时，这种分辨率达到无穷大。在雷达侧视方向，随着信号与偏离地底线的角度的增高，距离分辨率不断改善，所以雷达图像都是在侧视方向得到的，这种成像雷达称为侧视雷达。雷达与利用声波进行海底测深的声呐系统操作原理接近。

（2）方位分辨率。方位分辨率由雷达波束的宽度和地物离飞行底线的距离决定，而波束宽度又与雷达波长成正比，与天线的长度成反比。该分辨率量测的是沿平行于飞行底线方向的分辨能力，它随着地物离雷达的地面距离的增加而降低。

2. 光谱分辨率

光谱分辨率是指传感器所能记录的电磁波谱中某一特定的波长范围值，波长范围值越窄，光谱分辨率越高，传感器的波段数就越多。例如，Landsat TM 影像只有 7 个波段；MODIS 影像有 36 个波段；Hperion 成像光谱仪的波段数是 242 个，光谱分辨率为 10 nm。高光谱遥感是用很窄且连续的光谱通道对地物进行连续遥感成像的技术，是遥感技术发展历史上的一次革命性的飞跃。高光谱分辨率的成像光谱仪为每一个成像像元提供很窄的成像波段，其分辨率高达纳米数量级，光谱通道多达数十甚至数百个以上，而且各光谱通道间往往是连续的。相对于传统遥感，高光谱遥感能获得更多的光谱空间信息，在对地观测和环境调查中能够提供更为广泛的应用。

3. 时间分辨率

时间分辨率指的是重复获取某一地区卫星图像的周期。一般来说，高时间分辨率影像的空间分辨率较低。自然资源的动态监测对既具有高时间分辨率又具有高空间分辨率的遥感数据提出了迫切需求。

4. 温度分辨率

温度分辨率是热红外遥感特有的指标，是指可以探测到的最小温度值。目前，热红外遥感的温度分辨率可以达到 0.5 K，不久的将来可达到 0.1 K。

（二）扫描式传感器

由扫描式传感器、垂直摄影和倾斜摄影的几何特性可以看出中心投影与多条带中心投影的区别，水平面上的直线在扫描传感器上所得到的图像时会变形，而且任何垂直于平面的物体都在图像上沿着垂直于飞行的方向向远处移位。这一特点使不同飞行方向对林区或高层建筑区获取的多光谱扫描图像有不同的影响。当飞行方向与太阳方位平行时，所得图像上森林或高层建筑的阴影可得到均衡分布，即一棵树或一座楼房阴阳面的影像均可得到，这是比较理想的情况。当飞行方向与太阳方位垂直时，会得到具有阴阳两个条带的图像，即在飞行底线的一侧物体影像基本来自阳面，另一侧则基本来自阴面，这会增加对物体的识别难度。对具有垂直中心投影的航空相片来说，飞行方向与太阳方位无关。

（三）侧视雷达

侧视雷达图像在航向的变形，即同样大小的物体随着离飞行底线距离的增加而变小，与倾斜航空相片类似。但其与飞行底线垂直方向上的变形则较复杂，在无起伏的平原地区，同样大小的地物离雷达的距离越近，其在图像上的尺寸越小；当地形起伏时，面向雷达的山坡回射信号强而背坡弱，有时甚至会出现由山顶到山麓的成像倒错，如两排山在垂直中心投影下本应按山峰—山谷—山峰的空间次序排列，在雷达图像上却会以山峰—山峰—山谷的次序排列。因为雷达图像这些复杂的几何特性，水平方向上的几何纠正比航空相片和扫描式遥感影像的几何校正难度大得多，所以雷达影像不太直接用于专题制图。但利用雷达影像进行高度测量可以达到很高的精度，这一技术称为雷达干涉测量学。近年来，为了同时利用雷达影像上丰富的地形起伏信息和可见光近红外影像丰富的光谱信息，常常需要利用图像融合技术对这两种图像进行融合处理。

（四）常用的卫星数据

常用的卫星数据按照其应用领域可以划分为气象卫星数据、资源卫星数据、环境卫星数据、制图卫星数据等；按照其分辨率可以划分为中低分辨率卫星数据、高分辨率卫星数据等。

我国近几年也发射了一系列遥感卫星，除了气象、海洋、资源、环境减灾系列卫星以外，还发射了天绘一号 04 星、资源三号卫星等用于航天测绘。我国在高分辨率对地观测系统重大专项的支持下，已成功发射一系列高分卫星，包括高分一号高分宽幅、高分二号亚米全色、高分三号 1 m 雷达、高分四号同步凝视等多颗卫星，极大地丰富了我国自主对地观测数据源。

二、数字影像地图数字化

遥感图像目前一般采用数字图像处理方法，特别是对 GIS 数据采集而言。能够从宏观上观测地球表面的事物是遥感的特征之一，所以通过遥感平台上的传感器采集的遥感数据几乎都是作为图像数据处理的。通过对数字影像地图进行数字化来获取地理空间数据是地理信息系统数据获取的重要方式之一。

数字影像包括航天遥感影像、航空摄影影像及无人机遥感影像等，其以覆盖面积大、地物表达全、获取速度快、人员投入少等特点逐渐成为数字地图生产与更新的主要数据源。目前，利用已经获取的数字正射影像（DOM）数据，直接在其上进行数字化，从而得到地物要素的矢量数据，是数字化地图生产与更新的一种主要作业方式。

数字影像地图数字化的流程包括以下步骤。

第一，获得数字正射影像（DOM）。DOM 是对数字影像进行数字微分纠正和镶嵌而得到的正射影像，具有精度高、信息丰富、直观逼真、获取快捷等优点。采用 DOM 作为数据源可以有效地避免因影像变形而降低地图定位的准确性。

第二，建立投影坐标系。根据地图生产与更新的需要，将影像转换成规定的投影坐标。

第三，地物判读。根据规定的地物分类规范，目视判读 DOM 的地物种类，如居民地、道路、水系、植被的范围，从而确定地类边界。

第四，对影像数据进行地图数字化。通过手动、半自动或自动（还不成熟）等方式圈定地物位置、走向或覆盖范围，然后建立拓扑关系，并录入相应属性信息。

第五，外业调绘。外业调绘分为修测和补测。例如，由于高楼、树木阴影等的遮挡会造成一些地物无法判读，这部分就需要进行外业调绘，并标注属性信息。

第六，对外业调绘成果进行地图数字化。将外业调绘的成果绘制于数字地图上，对地图数据进行更新与完善，如果有拓扑变化，还需要重新建立拓扑关系。

第七，经检查验收之后，输入数据库。包括定位精度、拓扑关系及专题属性等方面的检查，检查合格后，导入数据库中，形成最新状态的数字地图。

为保证这种数字地图生产或更新方法的成图质量，在作业过程中应尽量减少不必要的精度损失，要做好检查工作，控制每一个可能出现问题的环节，避免重复作业。

基于数字图像的地图数字化工艺流程较简单、现实性强、设备硬软件投入较少、生产成本较低，其特别适用于小区域、地形复杂的地图生产与更新。但该方法的人机交互处理工作量较大、自动化程度较低、生产周期长、效率低，而且测绘精度与作业员技术水平关系密切，易出错。

三、地图扫描矢量化

随着地理信息系统技术的飞速发展和数字地球的提出，空间数据在航空、遥感、地质、测绘、通信、交通、水电、军事、旅游、商业等不同领域展现出日益强大的生命力。空间数据的采集已成为建立我国基础地理信息产业的一项重要基础工作。在信息技术日新月异的今天，空间数据采集的手段日趋成熟和多样化，主要有航测、遥感、摄影测量、各种比例尺常规地形图测绘、全数字化测图、地图扫描矢量化等。地图扫描矢量化因充分利用了现有的大量纸地图，将绘图人员从传统的数字化仪描图板前解放出来，同时利用了计算机高速智能化处理能力，从而成为目前国际上流行的一种全新的数据采集手段。但是，在地图扫描矢量化的过程中仍存在诸多问题有待解决。下面就地图扫描矢量化的误差来源、矢量化后处理及矢量化产品三个方面存在的问题加以阐述。

（一）地图扫描矢量化的误差来源

1. 材料变形误差

材料变形误差是由于图纸在存储过程中受湿度和温度影响而产生的。在温度不变的情况下，若湿度由 0% 增至 25%，图纸的尺寸可能改变 1.6%，即一张 36 英寸（约 91.4 cm）的图纸因湿度变化而产生的误差可能高达 0.576 英寸（约 1.46 cm），并且图纸的膨胀率和收缩率不相同，即使温度恢复原来的大小，图纸也不可能恢复原来的尺寸。基于聚酯薄膜的底图与纸质地图相比，材料变形产生的误差相对较小。

2. 栅格图像扫描误差

在对地图进行扫描时，扫描仪本身的稳定性、操作人员的熟练程度、扫描软件的处理能力等都是影响扫描精度的因素。为提高图像扫描精度，可适当提高扫描仪的扫描分辨率，但随着分辨率的提高，图像扫描数据也相应增大。譬如，对一幅 1∶500 的 40 cm × 50 cm 的地图以 300 dpi 的分辨率进行扫描时，约需 500 KiB 的空间来存储 TIF 格式文件，如将扫描分辨率提高到 600 dpi，则约需 1.5 MiB 的存储空间。对于 BMP 格式的文件，所需的存储空间约为 TIF 格式的 8 倍。为解决分辨率和存储空间的矛盾，一种更高压缩比的图像文件格式有待问世。

在实际工作中，通常采用几何纠正来减少材料变形误差和扫描过程中产生的随机误差。栅格图几何纠正一般以图廓四个角点粗略纠正，然后选择多个十字格网精确纠正。纠正所用的数字模型根据每幅图的具体情况采用线性或非线性变换公式。为确保扫描图像的质量，矢量化之前需要对栅格图像进行细化处理，细化就是把扫描图像线条的图形中心线抽取出来。为减少细化误差，避免图像失真，细化前一般采用消噪声和平滑等预处理除去图像上的黑色斑点、孔洞、毛刺和凹陷等噪声。

3. 矢量化过程中产生的误差

矢量化是一种单调乏味、容易出错的工作，手和眼所引起的坐标误差随操作员和时间而变化，经常会出现过头线、不达结点、多边形未封闭等错误。另外，要素本身的宽度、密度和复杂程度对矢量化误差也有显著影响，如矢量化一条线时，不可能总在线的中央采样。这些都会影响数据精度并增加图形编辑工作量。

4. 其他误差

除位置误差外，还存在属性识别、高程注记识别、属性注记等误差。与位置误差相比，属性误差经常不被重视。事实上，在许多情况下，属性误差的影响是很大的。这一方面有人为的因素，另一方面与软件的自动识别能力有关。

（二）矢量化后处理

1. 曲线点稀释

矢量化追踪得到的矢量数据大多点数较多，数据量大，占用的空间较多，特别是等高线，所以对矢量线条还要进行抽稀处理。抽稀要在保证矢量化曲线形状不变的情况下，最大限度地减少曲线上点的个数。如果按曲线上相邻两点间的最小距离来定义抽稀因子，则曲线上的特征点（如曲线弧段起始处、曲线拐弯处、曲率变化较大处的点）均可能因抽稀而引起曲线变形。因此，结合间距与曲率来考虑抽稀因子是比较合理的。

2. 房屋直角化

对于矢量化后不规则的房屋，需进行直角改正。虽然矢量化软件一般都具有直角化功能，但问题是房屋的直角改正以改正多大为宜，直角化后房屋的点位误差、房屋与邻近地物间的距离误差是否仍满足规范和说明书的有关规定。

3. 直线中间点与重复点、线处理

为准确反映空间拓扑关系，最大限度地节省存储空间，适当删除直线中间点与重复点、线是很必要的。

4. 悬挂点处理

矢量化时弧段相交处如不吻合，则会出现悬挂点。这是矢量化产品质量标准所不允许的，因此必须进行处理，以正确反映出地物间的位置关系。

5. 接边处理

接边是矢量化后一个非常重要的环节。每幅图矢量化完成后都需与相邻图幅进行接边检查，确保矢量化后的整体图形忠实于原图。实际上，由于纸张伸缩和矢量化误差，相邻图幅公共图廓线两侧本应相互连接的地图要素会发生错位。传统的接边方法是将具有相同特征码的点进行最近距离匹配，但多点匹配时容易产生距离搜索错误。最有效的方法是设置程序进行接边拟合，将公共图廓点视为已知点，并加以分析诊断和剔除粗差的功能。

以上矢量化后处理工作主要是在图形编辑中进行加工，但也可以利用编程语言来实现矢量化软件的处理能力。

（三）矢量化数据格式的统一

随着扫描矢量化方式在地理数据采集中的使用与推广，国内具有矢量化功能的软件如雨后春笋般出现，如 Epscan、MapGIS、GeoScan、方正智绘、CASS、Read 等，各软件都是处于封闭状态下各自开发的，具有不同的特点、优势和数据格式，形成了一个群雄割据的局面。因此，数据格式、符号编码的统一成为矢量化的一大障碍。根据现有的图式、规范制定统一的编码信息势在必行，研制公共的数据转换器是解决不同软件之间数据交换的必要方法。在实践工作中，我们已用 C 语言实现了 Epscan 与 AutoCAD、Read 与 Epscan、AutoCAD 与 Read 之间的数据转换。

（四）矢量化产品及其质量管理

矢量化产品的主要形式是数字地图。过去存在一种误解，认为只要有数字化的地图，用户就可以根据需要以任意比例输出。这对依比例的地物是可行的，但对不依比例的符号、地物及注记就行不通了，如稻田、围墙、管线、陡坎等。针对这种情况，一方面要从数据源端想办法，要求软件开发商扩展其软件功能，但这种办法只能对该系统生产的数字地图工作；另一方面要从数据输出端想办法，如从 Autocad 上想办法，但这种办法难度较大，其工具是编程。

另外，矢量化产品的质量管理也是一个急需解决的问题，至今还没有简便有效的检核条件和完善的检验理论。目前对矢量化地图的检验方法主要是屏幕检查与图检（与底图对照检查），这种方法充分利用了图形的直观性与一览性特点，但只停留在“看”的水平，即看屏幕与看回放图。这无异于将“数字产品”当“模拟产品”来检验，且缺乏检验规范与验收标准，人为的因素很多。为突出“数字”检测的特点，可开发通过“数据处理过程”来检测矢量化产品质量水平的处理软件。

四、基于 GIS 的地籍测量外业测量采集

（一）地籍测绘与信息系统一体化

地籍测绘的发展经历了手工模式—CAD 模式—CAD+GIS 混合模式三个阶段，目前正向测绘与地籍 GIS 一体化集成阶段发展。

在手工模式阶段，地籍测绘的外业测量和内业处理都是依靠手工来完成的，提供成果的主要形式是纸质的图形和表格。此时的地籍信息化的发展还处于单机单用户的 MIS（管理信息系统）阶段，地籍测绘在信息系统中的集成主要是通过手工方式将属性信息录入 MIS，图形成果的利用也只限于发证时将纸质图形粘贴到证书上作为证书的附页。

GIS 技术应用后，基于图形进行地籍处理的模式（以图管房）在信息系统中占据主导地位，地籍测绘作为 GIS 图形数据和属性数据的重要来源，如何快速地实现地籍测绘与信息系统的集成成为人们研究的重点。此时，地籍测绘开始进入 CAD+GIS 混合模式阶段。在这一阶段，基于 CAD 技术的地籍测绘仍是主流，可以采用实体编码技术和外挂数据库技术对原有基于 CAD 系统开发的地籍测绘系统进行改造，以满足为信息系统和 GIS 提供信息的需求。数据转换是人们通常采用的方式。数据转换有两种方式：一是通过 CAD 系统本身的交换文件（如 AutoCAD 的 DXF）生成 GIS 数据。这种方式直接简单，但后期需在 GIS 中进行二次处理的工作量极大。这种方式对属性数据的处理无能为力，属性数据还需要在 GIS 中再次进行录入处理。二是通过地籍测绘系统生成的明码格式的交换文件进入 GIS，这种方式需要编写专用的数据转换模块，开发的难度和工作量大，通用性不强。这两种方式部分地解决了地籍测绘与信息系统集成的问题，但具有明显的局限性。另外，基于 CAD 系统开发的地籍测绘系统极易产生垃圾数据，系统对数据的检查和清理十分麻烦，影响了集成的效果。

目前，地籍信息化的快速发展特别是数字地籍的提出迫切需要研究地籍测绘与信息系统的一体化集成的相关问题。

（二）地籍测绘空间数据与属性数据集成的内涵

地籍测绘与信息系统一体化集成不同于CAD和GIS混合模合下通过文件交换的数据共享，是一种更高层次上的集成。一体化集成应包含两个层次的集成：一是地籍测绘信息采集的集成；二是测绘数据与GIS数据的集成。地籍测绘信息采集的集成是图形信息和属性信息的集成，即地籍测绘中图形数据和属性数据的一体化存储与采集。图形信息和属性信息的一体化存储是GIS有别于CAD系统的一个基本特征。基于CAD模式的地籍测绘系统虽然解决了在计算机中快速绘图、编辑和输出的问题，但由于CAD数据结构的限制，图形数据和属性数据相互查询能力弱，图形数据和属性数据的一致性维护比较困难。现有的基于CAD管理图形和外挂数据库管理属性数据的数据组织方式应向图形数据与属性数据一体化的组织方式转变。

第二节　属性数据获取

属性数据是空间数据的重要组成部分，是地理信息系统进行应用分析的核心对象。采集、整理、录入属性数据是采集过程中必不可少的内容。

属性数据在GIS中是空间数据的组成部分。例如，道路可以数字化为一组连续的像素或矢量表示的线实体，并可用一定颜色、符号把GIS的空间数据表示出来，这样，道路的类型就可用相应的符号来表示。道路的属性数据则是指用户还希望知道的道路宽度、表面类型、建筑方法、建筑日期、入口覆盖、水管、电线、特殊交通规则、每小时的车流量等。这些数据都与道路这一空间实体相关。这些属性数据可以通过给予一个公共标识符与空间实体联系起来。

属性数据的录入主要采用键盘输入的方法，有时也可以辅助字符识别软件。

当属性数据的数据量较小时，可以在输入几何数据的同时，用键盘输入。但当数据量较大时，一般与几何数据分别输入，检查无误后转入数据库中。

为了把空间实体的几何数据或属性数据联系起来，在几何数据与属性数据之间必须有一公共标识符。标识符可以在输入几何数据或属性数据时手工输入，也可以由系统自动生成（如用顺序号代表标识符）。只有当几何数据与属性数据没有公共数据项时，才能将几何数据与属性数据自动连接起来；当几何数据或属性数据没有公共标识码时，只能通过人机交互的方法，如选取一个空间实体，再指定其对应的属性数据表来确定两者之间的关系，同时自动生成公共标识码。

一、属性数据的来源

属性数据获取的方法多种多样，主要有以下几种：

第一，摄影测量与遥感影像判读获取。

第二，实地调查或研讨。

第三，其他系统属性数据共享。

第四，数据通信方式获取。

二、属性数据的分类

按性质，属性数据可分为定性属性、定量属性和时间属性。

定性属性是描述实体性质的属性，如建筑物结构、植被种类、道路等级等属性。定量属性是量化实体某一方面量的属性，如质量、年龄、道路宽度等属性。时间属性是描述实体时态性质的属性。

三、属性数据的编码

对于要直接记录到栅格或矢量数据文件中的属性数据，必须先对其进行编码，将各种属性数据变为计算机可以接受的数字或字符形式，便于 GIS 存储管理。下面主要对属性数据的编码原则、编码内容和编码方法进行说明。

（一）编码原则

属性数据编码一般要基于以下五个原则。

1. 编码的系统性和科学性

编码系统在逻辑上必须满足所涉及学科的科学分类方法，以体现该类属性本身的自然系统性。另外，还要能反映出同一类型中不同的级别特点。一个编码系统能否有效运作，其核心问题就在于此。

2. 编码的一致性

一致性是指对象的专业名词、术语的定义等必须严格保证一致，对代码所定义的同一专业名词、术语必须是唯一的。

3. 编码的标准化和通用性

为保证未来有效地进行信息传输和交流，所制订的编码系统必须在有可能的条件下实现标准化。

4. 编码的简洁性

在满足国家标准的前提下每一种编码应该是以最小的数据量载负最大的信息量，这样既便于计算机存储和处理，又具有相当的可读性。

5. 编码的可扩展性

虽然代码的码位一般要求紧凑经济、减少冗余代码，但应考虑到实际使用时往往会出现新的类型需要加入编码系统中，因此编码的设置应留有扩展的余地，避免新对象的出现使原编码系统失效，造成编码错乱。

（二）编码内容

属性编码一般包括三个方面的内容。

1. 登记部分

登记部分用来标识属性数据的序号，可以是简单的连续编号，也可划分不同层次进行顺序编码。

2. 分类部分

分类部分用来标识属性的地理特征，可以采用多位代码反映多种特征。

3. 控制部分

控制部分通过一定的查错算法检查在编码、录入和传输中的错误，在属性数据量较大的情况下具有重要意义。

（三）编码方法

编码的一般步骤如下：第一，列出全部制图对象清单；第二，制订对象分类、分级原则和指标，将制图对象进行分类、分级；第三，拟定分类代码系统；第四，设定代码及其格式，即设定代码使用的字符和数字、码位长度、码位分配等；第五，建立代码和编码对象的对照表，这是编码最终成果档案，是数据输入计算机进行编码的依据。

属性的科学分类体系无疑是GIS中属性编码的基础。目前，较为常用的编码方法有层次分类编码法与多源分类编码法两种基本类型。

1. 层次分类编码法

层次分类编码法是将初始的分类对象按所选定的若干个属性或特征一次分成若干层目录，并编制成一个有层次、逐级展开的分类体系。其中，同层次类目之间存在并列关系，不同层次类目之间存在隶属关系，同层次类目互不交叉、互不重复。层次分类法的优点是层次清晰，使用方便；缺点是分类体系确定后，不易改动，当分类层次较多时，代码位数较长。考虑到人对图形符号等级的感受，分级数不宜超过 8 级。编码的基础是分类分级，编码的结果是代码。代码的功能体现在三个方面：代码表示对象的名称，是对象唯一的标志；代码可作为区分分类对象类别的标志；代码可以作为区别对象排序的标志。

2. 多源分类编码法

多源分类编码法又称独立分类编码法，是指对于一个特定的分类目标，根据诸多不同的分类依据分别进行编码，各位数字代码之间并没有隶属关系。

例如，11234 表示常年河，通航，河流长 2 km，宽 2 ~ 5 m，深度为 30 ~ 60 m。由此可见，这种编码方法一般具有较大的信息量，有利于对空间信息进行综合分析。

在实际工作中，往往将以上两种编码方法结合使用，以达到更理想的效果。

四、任务实施

（一）任务内容

在空间数据库系统中，图形数据与属性数据一般采用分离组织的方法存储，以增强整个系统数据处理的灵活性，尽可能减少不必要的机时与空间上的开销。然而，地理数据处理又要求对区域数据进行综合性处理，其中包括图形数据与属性数据的综合性处理。因此，图形数据与属性数据的连接是很重要的。MapGIS 提供了强大的属性数据管理功能，利用 MapGIS 属性数据管理子系统可以建立中国人口属性数据与行政区空间数据的连接。

（二）任务实施步骤

在输入空间数据时，对于矢量数据结构，通过拓扑造区建立多边形，直接在图形实体上附加一个识别符或关键字。属性数据的数据项放在同一个记录中，记录的顺序号或某一特征数据项作为该记录的识别符或关键字。空间和数据连接较好的方法是通过识别符或关键字把数据与已数字化的点、线、面空间实体连接在一起。识别符或关键字都是空间与非空间数据的连接和相互检索的联系纽带。因此，要求空间实体带有唯一性的识别符或关键字。

1. 关键字设置

为了将中国人口属性数据与行政区空间数据连接，必须建立两者之间的关系。可通过人口属性数据的 ID 字段和中国地图区属性的 ID 字段来实现，但一定要使两者的 ID 号一一对应。

2. 人口属性数据与行政区空间数据连接

在主界面中选择“库管理→属性库管理→文件→导入”，通过“导入”把“人口属性 .xls”“人口属性 .mdb”或“人口属性 .dbf”中的任一文件导入，保存为“人口属性 .wb”文件。这里以“人口属性 .mdb”为例说明导入方法，当界面进入到“导入外部数据”对话框后，选择数据源后的“+”图标，打开 ODBC 数据源管理器，选择“MS Access Database 数据源”进行配置。

连接属性把区文件“中国地图 .wp”和“人口属性 .wb”文件以“ID”为关键字连接。选择“属性→连接属性”菜单，弹出“属性连接”对话框。

点击“确定”按钮，系统即自动连接属性。导入“中国地图 .wp”文件后，可以在窗口中看到连入字段及属性数据被连接到“中国地图 .wp”文件中。

第三节　空间数据的质量控制

一、空间数据质量

在获取地理空间数据时，必须考虑空间数据的质量。数据质量是指数据适用于不同应用的能力，只有了解数据质量之后才能判断数据对某种应用的适宜性。

空间数据质量是指地理数据正确反映现实世界空间对象的精度、一致性、完整性、现势性及适应性的能力。

空间数据质量可从以下几个方面来考察。

1. 准确度

即测量值与真值之间的接近程度，可用误差来衡量。如两地间的距离为 100km，从地图上量测的距离为 98km，那么地图距离的误差为 2km；若利用 GNSS 量测并计算两点间的距离为 99.9km，则误差是 0.1km，因而利用 GNSS 比地图量测距离更准确。

2. 精度

精度即对现象描述的详细程度。比如，对同样两点用 GNSS 量测可得 9.903 km，而用工程制图尺在 1 : 100 000 地形图上量算仅可得到小数点后两位，即 9.85 km，9.85 km 比 9.903 km 精度低，但精度低的数据并不一定准确度也低。在计算机中用 32 bit 实型数来存储 0 ~ 255 范围内的整数，并不能因为这类数后面带着许多小数位而说这类数比仅用 8 bit 的无符号整型数存储的数更准确，它们的准确度实际上是一样的。若要测地壳移动，用精度仅在 2 ~ 5 m 的 GNSS 接收机测量当然是不可能的，需要用精度在 0.001 m 量级供大地测量用的 GNSS 接收机。

3. 不确定性

不确定性指某现象不能精确测得，当真值不可测或无法知道时，我们就无法确定误差，因而用不确定性取代误差。统计上，用多次测量值的平均来计算真值，而用标准差来反映可能的误差大小。因此，可以用标准差来表示测量值的不确定性。欲知标准差，就需要对同一现象做多次测量。例如，由于潮汐的作用，海岸线是某一瞬间海水与陆地的交界，是一个大家熟知的不能准确测量的值。又如，高密度住宅或常绿阔叶林，当地图或数据库中出现这类多边形时，我们无法知道住宅密度究竟多高，该处常绿阔叶林中到底有哪几种树种，而只知道一个范围，因而这类数据是不确定的。一般而言，从大比例尺地图上获得的数据的不确定性比小比例尺地图上的小，从高空间分辨率遥感图像上得到的数据的不确定性比低分辨率遥感图像上的小。

4. 相容性

相容性指两个来源的数据在同一个应用中使用的难易程度。例如，两个相邻地区的土地利用图拼接到一起时，两图边缘处不仅边界线可良好衔接，而且类型一致，称两图相容性好。反之，若图上的土地利用边界无法接边，或者两个城市的统计指标不一致造成了所得数据无法比较，则称为相容性差或不相容。这种不相容可以通过统一分类和统一标准来减少。

另一类不相容性可从使用不同比例尺的地图数据看到，一般土壤图比例尺小于 1∶100 000，植被图则在 1∶15 000 至 1∶15 0000 之间。当使用这两种数据进行生态分类时，可能出现两种情况：①某一土壤图的图斑大得使它代表的土壤类型在生态分类时可以被忽略；②当土壤界线与某植被图斑相交时，它实际应该与植被图斑的部分边界一致，这种状况使本该属于同一生态类型的植被图斑被划分为两类，造成这种状况的原因可能是土壤图制图时边界不准确，或由制图综合所致。显然，比例尺的不同会造成数据的不相容。

5. 一致性

一致性指对同一现象或同类现象表达的一致程度。例如，同一条河流在地形图和在土壤图上的形状不同，或同一行政边界在人口图和土地利用图上不能重合，这些均表示数据的一致性差。

逻辑的一致性指描述特征间的逻辑关系表达的可靠性。这种逻辑关系可能是特征的连续性、层次性或其他逻辑结构。例如，水系或道路是不应该穿越一个房屋的；岛屿和海岸线应该是闭合的多边形；等高线不应该交叉。有些数据的获取由于人力所限，是分区完成的，在时间上就会出现不一致。

6. 完整性

完整性指具有同一准确度和精度的数据在特定空间范围内完整的程度。一般来说，空间范围越大，数据完整性可能越差。数据不完整的例子有很多。例如，计算机从 GNSS 接收机传输位置数据时，由于软件受干扰，只记录下经度而丢失了纬度，造成数据不完整；GNSS 接收机无法收到 4 颗或更多的卫星信号而无法计算高程数据；某个应用项目需要 1 : 50 000 的基础底图，但现有的地图数据只覆盖项目区的一部分。

7. 可得性

可得性指获取或使用数据的容易程度。保密的数据按其保密等级限制使用者的多少，有些单位或个人无权使用；公开的数据则按价钱决定可得性，太贵的数据可能导致用户需另行搜集，造成浪费。

8. 现势性

现势性指数据反映客观现象目前状况的程度。地形可能会因山崩、雪崩、滑坡、泥石流、人工挖掘及填海等在局部区域改变，由于地图制作周期较长，局部的快速变化往往不能及时地反映在地形图上，对那些变化较快的地区，地形图就失去了现势性。城市地区土地覆盖变化较快，这类地区土地覆盖图的现势性就比发展较慢的农村地区会差些。

数据质量的好坏与上述种种数据的特征有关，这些特征代表着数据的不同方面。它们之间有联系，如数据现势性差，那么用于反映现在的客观现象就可能不准确；数据可得性差，就会影响数据的完整性；数据精度差，则数据的不确定性就高；等等。

二、空间数据误差来源及其类型

（一）数据误差或不确定性的来源

数据的误差大小（数据的不准确程度）是一个累积的量。数据从最初采集，经加工最后到存档及使用，每一步都可能引入误差。如果在每步数据处理过程中都能做质量检查和控制，则可了解不同处理阶段数据误差的特点及其改正方法。误差分为系统误差和随机误差（偶然误差）两种：系统误差一经发现易纠正；随机误差一般只能逐一纠正，或采取不同处理手段以避免随机误差的产生。

（二）数据的误差类型

地形图的误差分为五类：①地形图的位置误差；②地形图的属性误差；③时间误差；④逻辑不一致性误差；⑤不完整性误差。数据转换和处理的误差分为三类：①数字化误差；②格式转换误差；③不同 GIS 间数据转换误差。利用 GIS 的数据进行各种应用分析时的误差分为两类：①数据层叠加时的冗余多边形；②数据应用时由应用模型引起的误差。

这些误差分类对了解误差分布特点、误差源和处理方法以及误差产生的特点有很多好处。归纳起来，数据的误差主要有四大类，即几何误差、属性误差、时间误差和逻辑误差。数据不完整性可以通过上述四类误差反映出来。事实上，检查逻辑误差有助于发现不完整的数据和其他三类误差。对数据进行质量控制或质量保证或质量评价，一般先从数据逻辑性检查入手。例如，桥或停车场等与道路是相连接的，如果数据库中只有桥或停车场，没有与道路相连，则说明道路数据被遗漏，数据不完整。属性误差的例子如多边形边界两旁的属性类型应该不相同；同一类生态环境条件下，早发生林火的地区植被长势比晚发生林火的区域差，是时间误差的例子。

三、几何线误差及其描述

线在 GIS 数据库中既可以表示线状目标，又可以通过连成的多边形表示面状目标。有些线在真实世界中是容易找到的，如道路、河流、市政或行政边界线等；有些线却在现实世界中难以找到，如按数学投影定义的经纬线，按高程绘制的等高线，或者是气候区划线和土壤类型界线等。前一类线性特征的误差主要产生于测量和对数据的后续处理，后一类线性特征的线误差及在确定线的界限时的误差被称为解译误差。所以，在研究由对自然现象分类产生的类型界线（如地质类型、植被类型、土壤类型、气候类型）以及更为综合的类型（如生态类型、自然区划类型）界线时，应注意解译误差。解译误差与属性误差直接相关，若没有属性误差，则可以认为那些类型界线是准确的，解译误差为零。

从另一个角度看，线分为直线、折线、曲线与直线混合的线。确定和表达直线或折线的误差与曲线的误差是不同的。直线的误差分布一般是线的起点和终点处最大，中点误差最小。用折线表达的曲线误差一般在折线线段端点处较小，在线段中点处较大。可以把直线和折线误差分布的特点分别看作“骨头型”和“车链型”的误差分布带模式。需要强调的是，对于现实世界中的曲线，这种误差分布带的模式是不合理的。对于曲线的误差分布或许应当考虑“串肠型模式”。

四、属性误差及其描述

（一）属性误差

属性数据可以分为命名、次序、间隔和比值四测度。间隔和比值测度的属性数据误差可以用点误差的分析方法进行分析评价，这里主要讨论命名和次序这类属性。多数专题数据制图之后都用命名或次序数据表现。例如，土地覆盖图、土地利用图、土壤图、植被图等的内容主要为命名数据，反映坡度、土壤侵蚀度或森林树木高度的数据多是次序数据。土壤侵蚀度可以划分为四级，用1代表轻度侵蚀，用4代表最重的侵蚀。考察空间任意点处定性属性数据与其真实的状态是否一致，只有两种答案，即对或错。因此，我们可以用遥感分类中常用的准确度评价方法来评价定性数据的属性误差。

定性属性数据的准确度评价方法比较复杂。它受属性变量的离散值（如类型的个数）、每个属性值在空间上的分布、每个同属性地块的形态和大小、检测样点的分布和选取以及不同属性值在特征上的相似程度等多种因素的影响。估算属性误差的方法请参阅《实用地理信息系统——成功地理信息系统的建设与管理》。

（二）属性数据的不确定性

下面以土地利用类型为例简单介绍属性数据的不确定性。假设某地共有城市、植被、裸地和水面四类。土地利用图一般根据航空相片解译或对卫星遥感数据进行计算机分类得到。熟悉遥感的人都知道，一个图像像元有多种土地利用类型。航空相片解译的结果是一个个的多边形，某个多边形往往是合并了许多不同的土地覆盖类型的结果，所以也常常包含其他土地利用成分。例如，城市中有水面，但如果水面面积较小，它就被合并到城市土地利用的其他类型中。对其他类型来说，也有同样的情况。很少有整片完全裸露的土地，裸地上也多多少少有植被覆盖，当植被覆盖在10%以下时，整块地都会被划分为裸地。可见，我们最终得到的土地利用图是不确定的。我们难以确定某个土地利用类型中其他土地利用类型到底含有多大的比例，而且这种比例在空间上的分布是变化的，因此根据这类土地利用类型图所得到的面积统计一般会有偏差。例如，一块被分类为植被类型的土地如果实际由 30% 的裸地、10% 的水面和 60% 的植被覆盖组成，在这种情况下如果记录了植被类型，则有 40% 的不确定性。如果我们在航空相片解译或遥感图像分类时将其他类型可能占的比例也估算出来，那么就可以大大降低不确定性。如果在上面的例子中我们得到的各类比例为植被 55%、裸地 28%、水面 15%、城市 2%，则植被被低估 5%，裸地被低估 2%，水面被高估 5%，城市被高估 2%。这样总的不确定性是四类土地利用类型估计误差的绝对值之和，即 14%。由此可见，若对每块地增加记录内容，即由原来的只记录最主要的一类变为记录所有各类的估计比例，便可大大减少不确定性。当然，这样做会大大增加存储数据的量。

那么，如何估计一个地块中各类地物所占的比例呢？在遥感中一般使用贝叶斯分类确定每类的概率，用此概率作为每类在像元中的比例。

第五章　空间数据处理

第一节　数据编辑

由于各种空间数据源本身的误差，以及数据采集过程中不可避免的错误，获得的空间数据不可避免地存在各种错误。为了净化数据，满足空间分析与应用的需要，在采集完数据之后，必须对数据进行必要的检查，包括空间实体是否遗漏、是否重复录入某些实体、图形定位是否错误、属性数据是否准确以及与图形数据的关联是否正确等。数据编辑是数据处理的主要环节，并贯穿于整个数据采集与处理过程。地理信息系统中对空间数据的编辑主要是对输入的图形数据和属性数据进行检查、改错、更新及加工，以完成 GIS 空间数据在装入 GIS 地理数据库前的准备工作，是实现 GIS 功能的基础。

一、图形数据编辑

（一）图形数据错误及检查方法

在空间数据采集过程中，人为因素是造成图形数据错误的主要原因。比如，数字化过程中手的抖动、两次录入之间图纸的移动都会导致位置不准确，并且在数字化过程中难以实现完全精确的定位。常见的数字化错误是线条连接过头和不及两种情况。

1. 在数字化后的地图上，经常出现的错误

（1）伪节点。当一条线没有一次录入完毕时，就会产生伪节点。伪节点使一条完整的线变成两段。

（2）悬挂节点。当一个节点只与一条线相连接，那么该节点称为悬挂节

点。悬挂节点有过头和不及、多边形不封闭、节点不重合等几种情形。

（3）碎屑多边形。碎屑多边形也称条带多边形。因为前后两次录入同一条线的位置不可能完全一致，所以会产生碎屑多边形，即由于重复录入而引起。另外，当用不同比例尺的地图进行数据更新时也可能产生。

（4）不正规的多边形。在输入线的过程中，点的次序倒置或者位置不准确会引起不正规的多边形。在进行拓扑生成时，会产生碎屑多边形。

上述错误一般会在建立拓扑的过程中发现。

2. 检查一般可采用的方法

（1）叠合比较法。即把成果数据打印在透明材料上，然后与原图叠合在一起，在透光桌上仔细观察和比较。叠合比较法是空间数据数字化正确与否的最佳检核方法，对于空间数据的比例尺不准确和空间数据的变形马上就可以观察出来。如果数字化的范围比较大，分块数字化时，除检核一幅（块）图内的差错外，还应检核已存入计算机的其他图幅的接边情况。

（2）目视检查法。它指在屏幕上用目视检查的方法检查一些明显的数字化误差与错误。

（3）逻辑检查法。根据数据拓扑一致性进行检验，如将弧段连成多边形、数字化节点误差的检查等。

（二）图形数据编辑

图形数据编辑是纠正数据采集错误的重要手段，图形数据的编辑分为图形参数编辑和图形几何数据编辑，通常用可视化编辑修正。图形参数主要包括线型、线宽、线色、符号尺寸和颜色、面域图案和颜色等。图形几何数据的编辑内容较多，其中包括点的编辑、线的编辑、面的编辑等，编辑命令主要有增加数据、删除数据和修改数据三类，编辑的对象是点元、线元、面元及目标。点的编辑包括点的删除、移动、追加和复制等，主要用来消除伪节点或者将两弧段合并等；线的编辑包括线的删除、移动、复制、追加、剪断和使光滑等；面的编辑包括面的删除、面形状变化、面的插入等。编辑工作主要利用 GIS 的图形编辑功能来完成。

节点是线目标（或弧段）的端点，在 GIS 中地位非常重要，是建立点、线、面关联拓扑关系的桥梁和纽带。GIS 中相当多的编辑工作是针对节点进行的。针对节点的编辑主要分为以下几类。

1. 节点吻合

节点吻合也称节点匹配和节点咬合。例如，三个线目标或多边形的边界弧段中的节点本来应是一点，坐标一致，但是由于数字化的误差，三点坐标不完全一致，造成它们之间不能建立关联关系。为此，需要经过人工或自动编辑，将这三点的坐标匹配一致，或者说三点吻合成一点。

节点匹配有多种方法。第一种是节点移动，分别用鼠标将其中两个节点移动到第三个节点上，使三个节点匹配一致；第二种方法是用鼠标拉一个矩形，落入这个矩形中的节点坐标符合成一致，即求它们的中点坐标，并建立它们之间的关系；第三种是通过求交点的方法，求两条线的交点或延长线的交点，即是吻合的节点；第四种方法是自动匹配，即给定一个容差，在图形数字化时或图形数字化之后，在容差范围之内的节点自动吻合在一起。一般来说，如果节点容差设置合适，大部分节点能够互相吻合在一起，但有些情况下还需要使用前三种方法进行人工编辑。

2.节点与线的吻合

在数字化过程中，经常遇到一个节点与一个线状目标的中间相交，这时由于测量误差，它也可能不完全交于线目标上，而需要进行编辑，称为节点与线的吻合。其编辑的方法也有多种：一是节点移动，将节点移动到线目标上；二是使用线段求交，比如求出 *AB* 与 *CD* 的交点；三是使用自动编辑的方法，在给定的容差内，将它们自动求交并吻合在一起。

节点与节点的吻合以及节点与线目标的吻合可能有两种情况需要考虑：一种情况是仅要求它们的坐标一致，不建立关联关系；另一种情况是不仅坐标一致，而且要建立它们之间的空间关联关系。

二、属性数据编辑

属性数据校核包括两部分：

第一，属性数据与空间数据是否正确关联，标识码是否唯一、不含空值。

第二，属性数据是否准确，属性数据的值是否超过其取值范围等。

对属性数据进行校核很难，因为不准确性可能归结于许多因素，如观察错误、数据过时和数据输入错误等。属性数据错误检查可通过以下方法完成。

可以通过逻辑检查来检查属性数据的值是否超过其取值范围、属性数据之间或属性数据与地理实体之间是否有荒谬的组合。在许多数字化软件中，这种检查通常使用程序来自动完成。例如，有些软件可以自动进行多边形节点的自动平差、属性编码的自动查错等。

把属性数据打印出来进行人工校对，这和用校核图来检查空间数据准确性相似。对属性数据的输入与编辑一般在属性数据处理模块中进行。但为了建立属性描述数据与几何图形的联系，通常需要在图形编辑系统中设计属性数据的编辑功能，主要是将一个实体的属性数据连接到相应的几何目标上，亦可在数字化及建立图形拓扑关系的同时或之后，对照一个几何目标直接输入属性数据。一个功能强大的图形编辑系统可提供删除、修改、拷贝属性等功能。

三、任务实施步骤

（一）确定数据编辑的目的和标准

数据编辑的目的是利用计算机在屏幕上套合检查，要求图内各要素表示清楚、正确、合理，图内各要素代码及附属信息完整、正确。

数据编辑的标准是图内要素分层正确合理、文件名称正确合理、图形要素编辑合理、属性数据正确。

另外，点要素正确无误，如名称注记正确、符号定位的位置正确等；线状要素连续、位置正确，符合限差要求，如道路、河流、境界的走向、名称、等级一致，等高线连续，位置正确等；面状地物闭合，位置正确，如水域、植被、房屋及大型工矿建筑物等闭合；图内各要素代码及附属信息完整、正确。

（二）线数据编辑

1. 线图形编辑

通过“线编辑”菜单可以编辑指定线，但被编辑的线所在的线文件必须设置为当前可编辑状态。

第一，选中要编辑的线文件，单击鼠标右键，在右键菜单中选择“编辑”，将要编辑的线设置为编辑状态。

第二，利用“线编辑”菜单选择要执行的工作，如“移动线”。

第三，捕获要进行编辑的线。移动光标指向要捕获的线上任意两点，单击鼠标左键，如果捕获成功，则这条线变成闪烁显示；如果不成功则不会变。如果光标所指的点是几条线的交点，系统将逐个闪烁显示这几条线，并提示选择所捕获的是哪一条线。

第四，进行线编辑。如“移动线”，捕获线后按下鼠标左键不放，移动鼠标将该线拖到适当位置，松开鼠标即完成移动操作。移动一组线的操作可分解为两个拖动过程：第一个拖动过程确定一个窗口，落入此窗口的所有线为将要被移动的线；第二个拖动过程确定移动的增量。在屏幕上，用窗口（拖动过程）捕获若干线，按下鼠标左键不放，拖动鼠标光标到指定的位置松开鼠标即可。

第五，点击“确定”，线移动完毕。

第六，利用“线编辑”菜单进行其他编辑，主要包括以下方面。

删除线：删除一条线——捕获一条线将之删除。删除一组线——在屏幕上确定一个窗口，将用窗口捕获到的所有曲线全部删除。该功能为一个拖动过程。

移动线：坐标调整——在屏幕上，用窗口（拖动过程）捕获若干线，单击鼠标左键，拖动鼠标光标到指定的位置后松开鼠标，屏幕弹出具体移动的距离，供用户修改。

推移线：移动光标指向要移动的线，单击鼠标左键捕获该线，拖动鼠标到指定的位置后松开鼠标，屏幕弹出具体移动的距离，供用户修改。

复制线：复制一条线——捕获一条线，移动鼠标将该线拖到适当位置按下左键将其复制。继续按左键将连续复制直到按右键为止。复制一组线——此操作可分解为两个拖动过程，第一个拖动过程确定一个窗口，落入此窗口的所有线为将要被复制的线；第二个拖动过程确定复制线的移动的增量。

阵列复制线：点击“阵列复制”按钮，选择某线，弹出“阵列复制”对话框，进行相应设置后点击“确定”，所复制的线出现在视图中，操作结束。

此时，按系统提示输入拷贝阵列的行、列数（行数是基础元素在纵向的拷贝个数，列数是基础元素在横向的拷贝个数）和元素在 X、Y（水平、垂直）方向的距离。依次输入行、列数及 X、Y 方向距离值后系统将完成拷贝工作。

剪断线：点击“剪断线”按钮，在视图上单击鼠标左键选择单条线，该线呈高亮显示，移动鼠标到线需要剪断的位置处单击鼠标左键，线即从该处被剪断，剪断点呈高亮显示。重复上述操作后单击鼠标右键，生成数据，操作完成。

钝化线：对线的尖角或两条线相交处倒圆。操作时在尖角两边取点，然后系统弹出橡皮筋弧线，此时移到合适位置点单击鼠标左键，即将原来的尖角变成了圆角。

连接线：将两条曲线连成两条曲线。移动光标到第一条被连接曲线上某点，单击鼠标左键，如捕获成功，该曲线即变成闪烁。然后捕获第二条被连接线，连接时系统把第一条线的尾端和第二条线最近的一端相连。

延长缩短线：点击“延长缩短线”功能按钮，在视图上选择单个折线，选中后即可接着该弧段终点通过加点、退点等操作延长或者缩短该折线，其操作同输入“任意线”。

线上加点：点击“线上加点”按钮，在视图上单击鼠标左键选择单条线，线和线上所有点都高亮显示；在线上左击“添加点”，在加点处按下鼠标左键（不松开）拖动鼠标，可拖动选中点到任意位置；松开鼠标左键，点的位置确定；重复上述操作后单击鼠标右键，生成数据，操作完成。在按下鼠标左键拖动点时，按下热键“Ctrl+D”，可弹出对话框，输入地图坐标 x、y 值，回车后，点自动被移动到输入的位置。

线上删点：点击“线上删点”按钮，在视图上单击鼠标左键选择单条线，该线以及线上所有点都高亮显示。在欲删除的点上按下鼠标左键，该点即被删除，可以重复上述操作，直至该线只剩两个点，单击鼠标右键，生成数据，操作完成。

线上移点：点击“线上移点”按钮，在视图上单击鼠标左键选择单条线，线和线上所有点都高亮显示，把鼠标移动到线某点处，按下鼠标左键（不松开）拖动鼠标以改变点的位置，松开鼠标，点位置即被确定。重复上述操作后单击鼠标右键，生成数据，操作完成。

造平行线：点击“造平行线”按钮，选择某线，弹出“造平行线”对话框，进行相应设置后点击“确定”，平行线出现在视图中，操作结束。可以指定在左侧、右侧或两侧造线，也可以指定新线的参数。执行这项功能时，系统会提示输入产生的平行线与原线的距离，距离以 mm 为单位。

改线方向：改变选定的曲线的行进方向，变成它的反方向。

线节点平差：取圆心值，落入平差圆中的线头坐标将置为平差圆的圆心坐标，操作和圆心、半径造圆相同。取平均值是一拖动过程，落入平差圆中的线头坐标将置为诸线头坐标的平均值，操作和确定窗口相同。

旋转线：可以旋转一条线及一组线。选中线，然后确定旋转中心并拖动鼠标，所选线即跟着转动，到合适位置后放开鼠标，即得到旋转后的结果。

镜像线：可镜像一条或一组，可分别对 X 轴、Y 轴、原点进行镜像，选好以上基本要求后，即可选择欲镜像的线，然后确定轴所在的具体位置，系统即在相关位置生成新的线。

2. 线参数编辑

线参数编辑用于对线图元的属性参数进行修改和设置缺省参数。

修改线参数：用光标捕获一条曲线，然后在线参数板中修改其参数。线参数板中的“线型”按钮和“颜色”按钮，分别用于选线型和线颜色。

统改线参数：统改线参数功能是将满足条件的参数统改为用户设定的参数。若所列的替换条件都没有选择，则为无条件替换，即将所有区域参数统一改为用户设定的参数。相反，若所列的替换结果都没有选择，则不进行替换。各选项前的小方框内若打钩，为选择，否则为不选择。选中该功能项后，编辑器弹出线参数统改面板，供用户输入替换条件与替换结果。用户根据自己的要求设置好替换条件和替换结果的参数后，按“OK”键，系统即自动搜索满足条件的线参数，并将其替换为结果设定的值。在替换时，凡是替换结果选项前没有打钩的项，都保持原先的值不变。若要统改线颜色，只需将线颜色前的小方框打钩，其他项不设置，那么替换的结果就只是线颜色，其他值不变。

注：在以上替换的条件和结果中有关于图层号的选择，利用此功能可以将符合某种条件的图元放到某一层中，然后对该层进行处理，如删除等（对点和区的统改也有相应功能）。

修改缺省线参数：通过本菜单设置缺省线参数，以加快输入的速度。

3. 线属性编辑

编辑线属性结构步骤如下（与编辑点、线、区属性结构的步骤基本相同）：

第一，选择属性文件（*.wl）和属性类型。按“OK”键后，系统弹出属性结构编辑窗口。

第二，输入欲编辑字段结构（名称、类型、长度、小数位数），每输入完一个结构项，按回车键确认，输入光标跳到下一个结构项，若输入光标位于字段类型上，则系统弹出类型选择模板，用户可以直接选择字段类型。字段长度是该字段最长的字符数，包括正负号和小数点，用户输入的字段长度可以大于实际最大长度；若小于实际长度，则在表格输出时将截掉超出部分。

第三，插入项：在当前位置上插入一空行，后面的记录往后移。

第四，删除当前项：将当前结构项删除。

第五，移动当前项：移动当前结构项的位置。选择此功能后，光标变为上下移动光标，用户按上下箭头可以移动当前结构项的位置，按回车键或者鼠标右键确认，按 Esc 键或鼠标右键取消移项操作。

第六，用户使用上下箭头或上页、下页键可以移动光条位置，即改变当前项。缺省属性项不能修改、删除和移动。

第七，属性结构编辑完毕，选择“OK”，则系统用最新结构更换原来的属性结构，并且更新所有的记录；若选择“Cancel”，则当前编辑作废，原属性结构不变。

修改线属性：“修改线属性”工具用来编辑修改线图元的专业属性信息，该功能主要用于地理信息系统。

根据属性赋参数：该功能根据用户输入的属性条件，将满足条件的图元参数自动更新为用户设置的参数。该操作过程分为两步：第一步，输入属性查询条件，选中该功能后系统会弹出属性条件表达式输入窗口，由用户输入替换条件；第二步，系统会弹出图元参数输入窗口，供用户输入统改后的图元参数，输入完毕，系统自动搜索满足条件的图元，并进行修改。

根据参数赋属性：该功能根据两个条件，即图形参数条件和属性条件。属性条件表达式为空时，只根据图形参数条件；图形参数条件未设置时，只根据属性条件；两项条件都设置时，要同时满足两项条件。满足条件后欲改的属性项必须确认，将满足条件的图元属性更新为用户设置的值。

（三）区数据编辑

1. 区图形编辑

在面元编辑子菜单中，提供了多种区编辑和弧段编辑的功能。区编辑的一般步骤如下：

第一，选中要编辑的面文件，点击鼠标右键，在右键菜单中选择“编辑”，将要编辑的区设置为可编辑状态。

第二，利用“区编辑”菜单，选择要执行的工作，如“删除区”。

第三，捕获要进行编辑的区。

捕获区域：移动光标指向要捕获的区域内的任意地方，单击鼠标左键，如果捕获成功，则该区变成闪烁显示；如果不成功，则区域不变。如果要捕获的区域有重叠压盖的情况，系统会将重叠的区域逐个闪烁显示，提示选择要捕获的是哪一个区。

捕获弧段：移动光标指向要捕获的弧段上任意一点，单击鼠标左键，如果捕获成功，则该弧段变成闪烁显示；如果不成功，则弧段不变。如果光标所指的点是几个弧段的交会点，系统逐个闪烁显示这几个弧段，提示选择要捕获的是哪一个弧段。

第四，进行区的编辑。如“删除区”。删除一个区：从屏幕上将指定的区域删除，移动图屏光标，捕获要被删除的区域，该区域加亮显示一下后马上变成屏幕背景颜色，这样，该区就被删除了。删除一组区：在屏幕上确定一个窗口，将用窗口捕获到的所有区全部删除。此过程为一个拖动过程。

第五，区编辑完毕。

第六，利用“区编辑”菜单进行其他编辑，主要包括以下方面。

编辑指定区图元：用户输入将要编辑的区的号码，编辑器将此区黄色加亮，然后用户可进入其他区编辑功能，对该区进行编辑。例如，在图形输出过程中，输出系统报告出错图元的图元号，利用此功能将出错图元定位，便可对出错图元进行修改。

输入区：用来在屏幕上以选择的方式构造多边形（面元）。在输入子系统中我们曾说过，区的生成有两种方式：一种是经“拓扑处理”自动生成区，称为自动化方式；另一种是在“编辑子系统”中用光标选择生成区，称为“手工方式”。这里的造区是“手工方式”。为了生成区域，要有构成区的曲线（弧段），这些曲线可以是数字化或矢量采集的线，用“线转弧”或“线工作区提取弧段”得到，也可以是屏幕上由编辑器生成的（由“输入弧段”功能生成）。在输入区之前，这些弧段应经过“剪断”“拓扑查错”“节点平差”等前期处理，否则造区失败。该操作与“自动拓扑处理”原理差不多，前者是有选择地生成面元，后者是自动生成所有面元。

具体操作如下：移动光标到欲生成的面元内，单击鼠标左键，此时如果弧段拓扑关系正确，则立即生成区。若造区失败，说明弧段拓扑关系不正确，可用“剪断”“拓扑查错”“节点平差”等功能将错误修正。

查组成区的弧段：选取此功能菜单后，选定一区域，则弹出窗口显示所选定区域的弧段编号及相关节点。

挑子区（岛）：挑子区的操作非常简单，选中母区即可，由编辑器自动搜索属于它的所有子区。

区镜像：有镜像一个、一组两种选择，可分别对 X 轴、Y 轴、原点进行镜像，选好以上基本要求后，即可选择欲镜像的区，然后确定轴所在的具体位置，系统即在相关位置生成一个新的区。

复制区：复制一个区——用鼠标左键单击欲复制的区，捕获选择的对象，移动鼠标将该区拖到适当位置按下左键将其复制。继续按左键将连续复制直到按右键为止。复制一组区——在屏幕上，用窗口（拖动过程）捕获若干区，然后拖动鼠标将对象复制到新的指定的位置。继续按左键将连续复制直到按右键为止。

阵列复制区：在屏幕上，用窗口（拖动过程）捕获若干曲线，并将它们作为阵列一个元素进行复制。捕获到的所有曲线构成一个阵列元素。我们把该元素称为基础元素。此时，按系统提示输入复制阵列的行、列数（行数是基础元素在纵向的复制个数，列数是基础元素在横向的复制个数）和元素在 x、y（水平、垂直）方向的距离。依次输入行、列数及 x、y 方向距离值后系统将完成复制工作。

合并区：该功能可将相邻的两个面元合并为一个面元，移动鼠标依次捕获相邻的两个面元。系统将先捕获的面元合并到后捕获的面元中，合并后的面元的图形参数及属性与后捕获的面元相同。

分割区：该功能可将一个面元分割成相邻的两个面元，执行该操作前必须在该面元分割处形成一分割弧段（用“输入弧段”或“线工作区提取弧段”均可），后移动鼠标捕获该弧段，系统即用捕获的弧段将面元分割成相邻的两个面元（其中隐含“自动剪断弧段”及“节点平差”操作），分割后的面元的图形参数及属性与分割前的面元相同。

自相交检查：面元自相交检查是检查构成面元的弧段之间或弧段内部有无相交现象。这种错误将影响到区输出、裁剪、空间分析等，故应预先检查出来。本菜单项有两个选项，即检查一个区和所有区。检查一个区——单击鼠标左键捕获一个面元并对它的弧段进行自相交检查；检查所有区——需要用户给出检查范围（开始面元号、结束面元号），系统即对该范围内的面元逐一进行弧段自相交检查。

2. 区参数编辑

菜单项中包括区和弧段两部分，我们只对区的相关项进行说明，弧段的参数及属性是一样的处理。

修改参数：移动光标捕获某一个区后，系统将该区的参数显示出来供用户修改。修改参数后，该区域立即按重新给定的参数显示在图屏上。区参数板上的“填充图案”“填充颜色”“图案颜色”以按钮形式出现，可供用户选择。透明输出的选项允许用户选择图案填充时是否以透明方式进行。

统改参数：区域统改参数功能是将满足条件的参数统改为用户设定的参数，若所列的替换条件都没有选择，则为无条件替换，即将所有区域参数统一改为用户设定的参数。相反，若所列的替换结果都没有选择，则不进行替换。各选项前的小方框内若打钩，为选择，否则为不选择。选中该功能项后，编辑器弹出区参数统改面板，供用户输入替换条件与替换结果。用户根据自己的要求设置好替换条件和替换结果的参数后，按“OK”键，系统即自动搜索满足条件的区域参数，并将其替换为结果设定的值。在替换时，凡是替换结果选项前没有打钩的项都保持原先的值不变。若要统改填充颜色，只需将填充颜色前的小方框打钩，其他项不设置，那么替换的结果就只是颜色，其他值不变。

注：在以上替换的条件和结果中有关于图层号的选择，利用此功能可以将符合某种条件的图元放到某一层中，然后对该层进行处理，如删除等。

3. 区属性编辑

修改属性：用来编辑修改图元的属性信息。该功能主要用在地理信息系统进行信息分析查询的软件系统中。选中“修改属性”功能项后，移动光标捕获某一个区域后，系统将该区的属性信息显示出来，供用户修改。

根据属性赋参数：该功能根据用户输入的属性条件，将满足条件的图元参数自动更新为用户设置的参数。该操作过程分为两步：首先，输入属性查询条件，选中该功能后系统会弹出属性条件表达式输入窗口；然后，系统会弹出图元参数输入窗口，供用户输入统改后的图元参数，输入完毕，系统自动搜索满足条件的图元，并进行修改。

根据参数赋属性：该功能根据两个条件，即图形参数条件和属性条件。属性条件表达式为空时，只根据图形参数条件；图形参数条件未设置时，只根据属性条件；两项条件都设置时，要同时满足两项条件。满足条件后欲改的属性项必须确认，将满足条件的图元属性更新为用户设置的值。

（四）弧段编辑

组成区域边界的曲线段称为弧段，弧段编辑属于区域几何数据的编辑。它的功能包括纠正弧段上的偏离点，增加、删除弧段，改正“造区域”中反向的弧段等。弧段编辑主要用来修改区域形态。将该编辑功能与“窗口”技术相结合可以精确修正区域边界线，以提高绘图精度。

弧段编辑的具体操作和线编辑一样，这里不再赘述。弧段编辑之后，编辑器会更新与之相关的区。

（五）点数据编辑

1. 点图形编辑

利用“点编辑”菜单，我们可以修改点元图形的空间数据，它包括增删点、改变点的空间位置等，一般步骤如下：

第一，选中要编辑的点文件，单击鼠标右键，在右键菜单中选择“编辑”，将要编辑的点文件设置为可编辑状态。

第二，利用“点编辑”菜单，选择要执行的工作，如“删除点”。

第三，捕获要进行编辑的点。

捕获单个点时，移动光标指向要捕获的注释、子图等点图元，单击鼠标左键，如果捕获成功，则该点变成闪烁显示；如果不成功，则该点不变。如果要捕获的点有重叠压盖的情况，系统会将重叠的点逐个加亮显示，并让操作人员选择要捕获的是哪一个点。

第四，进行点的编辑。如“删除点”。删除一个点：从屏幕上将指定的点删除。移动图屏光标，捕获到被删除点，该点加亮显示一下后马上消失，这样该点就被删除了。删除一组点：在屏幕上开一个窗口，将用窗口捕获到的所有点全部删除。此过程为一个拖动过程。

第五，点编辑完毕。

第六，利用“点编辑”菜单进行其他编辑，主要包括以下方面。

编辑指定图元：编辑指定的点图元是用户输入将要编辑的点号，编辑器将此点黄色加亮，然后用户可进入其他点编辑功能，对该点进行编辑。例如，在图形输出过程中，输出系统报告出错图元的图元号，利用此功能将出错图元定位便可对出错图元进行修改。

移动点、移动点坐标调整、复制点与线编辑类似，在此不再赘述。

点定位：将指定的点移到指定的位置。用鼠标左键来捕获点图元，捕获要定位的点后，按系统提示依次输入这些点的准确位置坐标，这些点就可移到坐标指定的位置。

对齐坐标：用一拖动过程确定一个窗口来捕获一组点图元，将捕获的所有点在垂直方向或水平方向排成一直线。它分“垂直方向左对齐”“垂直方向右对齐”和“水平方向对齐”三项子功能。垂直方向左对齐是指靶区内所有点的控制点 X 坐标取用户给定的同一值，Y 值各自保留原值。垂直方向右对齐是指靶区内所有点的控制点 X 坐标变化，使点图元的右边符合用户给定的同一值，Y 值各自保留原值。水平方向对齐是指靶区内所有点的坐标取用户给定的同一值，X 值各自保留原值。

剪断字串：将一个字串剪断，使之成为两个字串。用鼠标左键来捕获一个需剪断的字串后，编辑器弹出需要剪断的字串对话框，这时可单击“增”“减”按钮来确定剪断位置。

连接字串：连接字串的功能是将两个字串连接起来，使之成为一个字串。用鼠标左键来捕获第一个字串后，再用鼠标左键捕获第二个字串，系统自动将第二个字串连接到第一个字串的后面。

修改图像：用鼠标左键来捕获图像，修改插入图像的文件名。

修改文本：用鼠标左键来捕获注释或版面，修改其文本内容。

字串统改文本：系统弹出统改文本的对话框，用户可输入“搜索文本内容”和“替换文本内容”，系统即将包含有“搜索文本内容”的字串替换成“替换文本内容”，它的替换条件是只要字符串包含有“搜索文本内容”即可替换。

全串统改文本：系统弹出统改文本的对话框，用户可输入“搜索文本内容”和“替换文本内容”，系统即将符合“搜索文本内容”的字串替换成“替换文本内容”，它的替换条件是只有字符串与“搜索文本内容”完全相同时才进行替换。

改变角度：用鼠标左键来捕获点，再用一拖动过程定义角度来修改点与 X 轴之间的夹角。

2.点参数编辑

点参数编辑是用于对点图元的属性进行修改或对系统的缺省参数进行修改、设置，以及对注释的文本内容进行修改。点图元包括注释参数、子图参数、圆参数、弧参数、图像参数和版面。

修改点参数：修改指定的一个或多个点图元的参数。

统改点参数：编辑器弹出点参数统改板，供用户输入统改条件与结果。点参数统改的替换条件和替换结果的输入与线参数统改相似。

缺省参数：输入或修改“注释参数”“子图参数”“圆参数”“弧参数”“图像参数”等点图元的缺省参数值。

修改点属性：用来编辑修改点图元的专业属性信息，该功能主要用在地理信息系统中。

根据属性标注释：在点文件中，图面上有很多字符串是作为点图元的属性存储的。比如，一幅图中的地名，反映其地理位置的是一个子图符号，其名称是一个字符串，而且其地名往往作为属性的一个字段参与分析统计等。这样，既要在属性库中输入其地名，又要在地图上输入其地名串。借助该功能，只要在属性库中输入其地名后，选择该功能，系统随即弹出属性字段选择窗口，由用户选择欲生成注释串的字段，如“地名”字段，输入要注释的字符串左下角与该点的相对位移的 x、y 值。接下来，系统要求用户输入生成字符串的参数，输入完毕，系统自动将该属性字段的内容在其相应的位置上生成指定参数的注释串。

注释赋为属性：这个功能与上一个功能刚好相反，该功能把点文件中的注释字符串赋到属性中的某一个字段。执行该功能时，系统先让用户选择一个字符串型的字段，然后自动将注释字符串的内容自动写到该字段中。如果在属性中没有字符串型的字段，系统会提示请在修改属性结构功能中建立一个字段。

（六）其他编辑

1.整图变换

整图变换包括整幅图形的平移、比例和旋转三种变换。整图变换还包括线文件、点文件和区文件的变换，选项前打钩表示对应的图元文件要进行变换。该功能有如下两种情况。

（1）键盘输入参数。选择键盘输入参数时，编辑器弹出变换输入板，用户可选择变换文件类型。对于点类型文件可选择“参数是否变化”，即在坐标变换的同时，点的本身大小和角度是否变化。用户根据需要输入相应的平移、比例、旋转参数。

（2）光标定义参数。选择光标定义参数，系统需要用户用光标定义平移原点、旋转角度后弹出变换输入板，并将这些参数放入对话框中，用户可进行修改。

平移参数：按系统提示从键盘上输入相应的相对位移量后，即可将图形移到相应的位置。

比例参数：利用这个变换可以将图形放大或缩小。在 x、y 两个方向的比例可以相同也可以不同。当输入 X、Y 方向的比例系数后，系统将按输入的系数对图形进行变换。

旋转参数：将整幅图绕坐标原点，按输入的旋转角度旋转，当旋转角为正时，逆时针旋转；为负时，顺时针旋转。

另外，在点变换的下边，有一个“参数变化”选择项，选择此项时，表示在进行点图元变换时，除位置坐标跟着变化外，其对应的点图元参数也跟着变化，如注释高宽、宽度等。

2. 整块处理

整块移动：将所定义的块中所有图元（包括点、线、区）移动到新位置。

整块复制：将所定义的块中所有图元（包括点、线、区）复制到新位置。

边沿处理：包括线边沿处理和弧边沿处理。靠近某一条线 X 的几条线，由于数字化误差，这几条线在与线 X 交叉或连接处的端点没有落在线 X 上，利用本功能可使这些端点落在线 X 上。具体使用时应给出适当的节点搜索半径，系统将根据此值决定将哪些端点调整使其落在线 X 上。

（七）结果的评价和解释

将编辑处理后的结果与原始的图形用计算机在屏幕上进行套合检查，查看图内各要素是否表示清楚、正确、合理，图内各要素代码及附属信息是否完整、正确，并填写产品质量验收统计表。

第二节　拓扑关系的建立

在 GIS 中，为了真实地反映地理实体，不仅要反映实体的位置、形状、大小和属性，还必须反映实体之间的拓扑关系。拓扑关系是对图形数据进行空间查询、分析等操作的基础，拓扑关系的建立是 GIS 数据管理和更新的重要内容。

一、拓扑关系的基本内容

（一）拓扑关系的含义

拓扑学是研究图形在保持连续状态下变形时的那些不变的性质，也称“橡皮板几何学”。在拓扑空间中对距离或方向参数不予考虑。拓扑关系是一种对空间结构关系进行明确定义的数学方法，是指图形在保持连续状态下变形，但图形关系不变的性质。假设图形绘在一张高质量的橡皮平面上，可以将橡皮任意拉伸和压缩，但不能扭转或折叠，这时原来图形的有些属性保留，有些属性发生改变。前者称为拓扑属性，后者称为非拓扑属性或几何属性。这种变换称为拓扑变换或橡皮变换。

（二）拓扑元素的种类

拓扑元素主要有点（节点）、链（线、弧段、边）、面（多边形）三种。

1. 点

点是指地图平面上反映一定意义的零维图形，如孤立点，线要素的端点、连接点，面要素边界线的首尾点，等等。

2. 链

链是指两节点间的有序线段，如线要素、线要素的某一段、面要素边界线。

3. 面

面是指一条或若干条链构成的闭合区域，如面要素、线要素和面边界围成的区域。

（三）拓扑关系的种类和表示

1. 拓扑关系的种类

拓扑关系指拓扑元素之间的空间关系，有以下几种：

（1）拓扑邻接。拓扑邻接指存在于空间图形的同类元素之间的拓扑关系。例如，节点之间的邻接关系有 N1/N4、N1/N2 等，多边形（面）之间的邻接关系有 P1/P3、P2/P3 等。

（2）拓扑关联。拓扑关联指存在于空间图形的不同类元素之间的拓扑关系。例如，节点与弧段（链）关联关系有 N1/C1、C3、C6，N2/C1、C2、C5 等，多边形（面）与线段（链）的关联关系有 P1/C1、C5、C6，P2/C2、C4、C5、C7 等。

（3）拓扑包含。拓扑包含指存在于空间图形的同类但不同级的元素之间的拓扑关系。例如，多边形（面）P2 包含多边形（面）P4。

2. 拓扑关系的意义

空间数据的拓扑关系对 GIS 数据处理和空间分析具有重要的意义，原因如下：

第一，拓扑关系能清楚地反映实体之间的逻辑结构关系，它比几何关系具有更大的稳定性，不随地图投影而变化。

第二，有助于空间要素的查询，利用拓扑关系可以解决许多实际问题。

第三，根据拓扑关系可重建地理实体。例如，根据弧段构建多边形，实现面域的选取；根据弧段与节点的关联关系重建道路网络，进行最佳路径选择；等等。

二、拓扑关系的建立及任务实施

（一）点、线拓扑关系的建立

点线拓扑关系的实质是建立节点—弧段、弧段—节点的关系表格，有两种方案：

第一，在图形采集与编辑时自动建立。主要记录两个数据文件：一个记录节点所关联的弧段，即节点弧段列表；另一个记录弧段的两个端点（起始节点）的列表。数字化时，自动判断新的弧段周围是否已存在节点。若有，将其节点编号登记；若没有，产生一个新的节点，并进行登记。

第二，在图形采集和编辑后自动建立。

（二）多边形拓扑关系的建立

1. 基本多边形

第一种是独立多边形。它与其他多边形没有共享边界，如独立房屋、独立水塘等。这种多边形在数字化过程中直接生成，因为它仅有一条周边弧段，该弧段就是多边形的边界。

第二种是具有公共边的简单多边形。在数据采集时，仅采集弧段数据，然后用一种算法自动将多边形的边界聚合起来，建立多边形文件。

第三种是带岛的多边形。除了要按第二种方法自动建立多边形以外，还要考虑多变形的内岛。

第四种是复合多边形。它由两个或多个不相邻的多边形组成，这种多边形一般是在建立单个多边形以后，用人工或某一种规则组合成复合多边形。

2. 建立多边形拓扑关系

建立多边形拓扑关系是矢量数据自动拓扑关系生成中最关键的部分，算法比较复杂。多边形矢量数据自动拓扑主要包括以下四个步骤。

第一，链的组织：主要找出在链的中间相交而不是在端点相交的情况，自动切成新链。把链按一定顺序存储（如按最大或最小的 X 或 Y 坐标的顺序），这样查找和检索都比较方便，然后把链按顺序编号。

第二，节点匹配：把一定限差内的链的端点作为一个节点，其坐标值取多个端点的平均值。然后，对节点顺序编号。

第三，检查多边形是否闭合：检查多边形是否闭合可以通过判断一条链的端点是否有与之匹配的端点来进行。多边形不闭合的原因可能是节点匹配限差的问题，造成应匹配的端点不匹配，或数字化误差较大，或数字化错误，这些都可以通过图形编辑或重新确定匹配限差来确定。另外，这条链可能本身就是悬挂链，不需要参加多边形拓扑，这种情况下可以作一标记，使之不参加下一阶段的拓扑建立多边形的工作。

第四，建立多边形拓扑关系：根据多边形拓扑关系自动生成的算法，建立和存储多边形拓扑关系表格。

（三）任务实施

大多数 GIS 软件都提供了完善的拓扑关系生成功能。MapGIS 拓扑处理子系统作为图形编辑系统的一部分，改变了人工建立拓扑关系的方法，使区域输入、子区输入等这些原来比较烦琐的工作变得相当容易，大大提高了地图录入编辑的工作效率。

（1）拓扑造区的数据准备。

①建立进行拓扑处理的工程文件，命名为“某某省行政区划图”。

②根据底图分别新建“省界线 .wl”“市界线 .wl”“河流 .wl”“市名称 .wt”等文件。

③完成对应线的输入和编辑。

④数据的获取。要进行拓扑造区，在绘制线的时候，要求一定要确保实相连，具体方法有两种：第一种为在线连接处通过 F12 捕捉来实现线和线连接；第二种为在线连接处，即相交的位置线出头。这样，利用“自动剪断线”功能可以将线连接在一起。

（2）拓扑造区数据的预处理。将原始数据中那些与拓扑无关的线（如河流、铁路等）放到其他层，将有关的线放到同一层，并将该层保存为一个新文件，以便进行拓扑处理。

①新建一线文件“拓扑线 .wl”，把省界线、市界线的内容全部合并到“拓扑线 .wl”文件。合并的时候可以通过两种方法实现。

复制、粘贴方式，分别选省界线、市界线文件，通过“选择线”命令选中线，用“Ctrl+C”复制选中的线，再到“拓扑线 .wl”文件中，用“Ctrl+V”实现粘贴。

合并文件的方式，选中要合并的线文件，右键进行合并。

通过上面的方法就可以把要参与拓扑的线放在一个文件“拓扑线 .wl”中。

②对“拓扑线 .wl”进行“自动剪断线”拓扑预处理。

用户在数字化或矢量化时，难免会出现一些失误，在该断开的地方线没有断开，这给造区带来了很大障碍。在造区过程中，若线在节点处没有断开，则要剪断线后才能继续造区，这显得很麻烦，所以系统提供了自动剪断功能解决这个问题。“自动剪断”有端点剪断和相交剪断。“端点剪断”用来处理“工”字形线相交的问题，即一条或数条弧段的端点（也就是节点）落在另一条线上，而这条线由于数字化时出现失误没有断开，“端点剪断”即可处理这类情况，将线在端点处截断。“相交剪断”是处理两条线互相交叉的情况。自动剪断线后，有可能生成许多短线头，而且这些线头并无用处，此时可执行下边的清除微短线功能。

③对“拓扑线 .wl”进行“清除微短线”拓扑预处理。

该功能用来清除线工作区中的短线头，将其从文件中删除掉，避免影响拓扑处理和空间分析。选中该功能后，系统弹出最小线长输入窗口，由用户输入最小线长值，输入完毕，系统自动删除工作区中线长小于该值的线。

④对“拓扑线 .wl”进行“清重坐标”等拓扑预处理。

该功能用来清除某条线或弧段上重叠在一起的多余的坐标点，这些重叠的点有可能是用户重复输入或采集的。查出存在重叠的坐标后，只需按右键即可自动消除重叠坐标。

⑤选择“其他”→“拓扑错误检查”→“线拓扑错误检查”，弹出“拓扑错误信息”对话框，对该对话框中的拓扑错误进行解决。

该功能是拓扑处理的关键步骤，只有数据规范、无错误，才能建立正确的拓扑关系。这些错误，用户用眼睛是很难发现的，而利用此功能，可以很方便地找到错误，并指出错误的类型及出错的位置。所有查错工作都是自动进行的，查错系统在显示错误的同时提示错误的位置，并在屏幕上动态地显示出来，供改正错误时参考。错误信息显示于窗口，在该窗口中，移动光条到相应的信息提示上，双击鼠标左键，系统自动将出错位置显示出来，并将出错的弧段用亮黄色显示，同时，在错误点上有一个小黑方框不停地闪烁，单击鼠标右键即可自动修改错误。

⑥重复上一步，对拓扑错误进行解决，直到无拓扑错误信息。

⑦自动节点平差：有线节点平差和弧段结节平差两种，可对线和弧段进行。有关含义如前所述，本任务选择对所有的线图元自动进行平差。

⑧选择“其他”→“线转弧段”，将“拓扑线 .wl”线数据转为弧段数据，并存入“行政区划 .wp”面文件中，这样的文件只有弧段而没有区；在拓扑处理中需要这样的文件。

（3）添加拓扑造区文件。在工程文件路径空白处单击鼠标右键，出现右键菜单，选择“添加项目”，将上一步转换得到的“行政区划 .wp”文件添加到工程中。

（4）拓扑造区。让“行政区划 .wp”文件处于当前编辑状态。选择“其他”→“拓扑重建”，系统随即自动构造生成区，并建立拓扑关系。拓扑处理时，没有必要注意那些母子关系，当所有的区检索完后，执行子区检索，系统自动建立母子关系，不需要人工干预。

（5）子区检索。拓扑建立后，人工手动建立的区，且有区域套合关系，就得执行“子区检索”功能。编辑器会自动搜索当前面工作区中所有区的子区，完成挑子区，并重建拓扑关系。

（6）拓扑处理系统对数据的要求。拓扑处理系统的最大特点是自动化程度高，系统中的绝大部分功能不需要人工干预。建立拓扑关系是拓扑处理系统的核心功能，它由拓扑查错、拓扑处理、子区检索等功能组成。

拓扑处理系统从总体来说对数据没有特别的要求，系统提供了几种预处理功能——弧段编辑工具、自动剪断、自动平差，将进入系统的原始数据中的错误或误差纠正过来，易于拓扑关系的自动生成。当然，如果前期工作做得比较好，后期的许多工作（如弧段编辑、自动剪断等）就可以省掉，建立拓扑也得心应手。基于这个原因，提出以下建议：

①数字化或矢量化时，对节点处（几个弧段的相交处）应多加小心。第一，使其断开；第二，尽量采用抓线头或节点融合的功能使其吻合，避免产生较大的误差，使节点处尽量与实际相符，尽量避免端点回折，也尽量不要产生长度超过 1 mm 的无用线段。

②弧段在节点处最好是断开的，若没有断开，执行自动剪断功能可以将弧段在节点处截断。条件是弧段必须经过节点周围的一个较小的领域（节点搜索半径），这也要求原始数据误差不能太大。

③将原始数据（线数据）转为弧段数据。建立拓扑关系前，应将那些与拓扑无关的弧段（如航线、铁路）删掉。

④尽量避免多条重合的弧段产生。

农用地分等是在掌握农用地数量的基础上，对农用地质量优劣的全面、科学、综合评定。农用地分等数据库中涉及的数据有图形数据和属性数据。其中，图形数据包括基础地理数据（测量控制点、水系、地貌、境界、道路和注释等）和土地利用现状图等。在 MapGIS 平台上完成图形数据的输入后，建立拓扑关系。

对矢量化后得到的点文件（.wt）和线文件（.wl）进行数据检查和拓扑错误检查。对行政界线文件（省、市、县、乡、村界线等）建立拓扑关系，可得到区文件。

第三节　坐标定义与投影变换

一、地图投影与地理坐标

地面事物采用球面坐标系进行地理事物空间标识，地图是一个平面，表达地球表面事物需采用数学投影方式把球面转换为平面。球面是不可展曲面，即在球面展成平面的过程中，不可避免地会产生挤压或裂缝变形，产生误差。变形与投影方式、区域形状和位置有关。为了将误差限制在一定范围，在地图制图过程中采用了不同的投影方式，在一种投影环境下使用另外投影的图形数据，需要进行投影转换。

（一）关于地图投影

地球表面是一个曲面，地图是一个平面，用平面表达曲面上的事物时，为保持一定的数学几何关系，要采用投影方式把地表曲面投影到地图平面上。地图投影涉及地球体的规范表达、地理坐标和投影方式等。

1. 地球椭球体

地球并不是一个标准的球体，而是表面高低起伏、形态不规则的几何体，但是由于这种起伏和形状不规则相对较小，因此地球被近似地看作球体。虽然这个近似度相当高，但是从测量和地图表达的角度看，仍然不能满足应用要求，即误差很大。为此，把地球体用一个最近似的、能够用标准几何体进行描述的方式进行抽象，这就是旋转椭球体。

旋转椭球体与实际地球体有一定差别，这个差别主要是实际地球体表面与旋转椭球体表面的差别，如果记录下这个差别，实际地球体就可以通过旋转椭球体表达。在旋转椭球体上建立的坐标系统，称为大地坐标系。对于不规则的地球表面，通过测量地面实际点位在旋转椭球体的差值来记录地面点位坐标，称为大地坐标。

2. 大地坐标系

对于球面坐标系一般用经纬网表达，一个地面点可以用经纬度和地面高程表示，这样就形成了大地坐标系。大地坐标是大地测量中参考椭球面为基准面的坐标。地面点 P 的位置用大地经度 L、大地纬度 B 和大地高程 H 表示。其中，大地经度 L 为过 P 点的子午面与起始子午面间的夹角。起始子午线由格林尼治子午线起算，向东为正，向西为负。大地纬度 B 指在 P 点的子午面上，P 点的法线与赤道面的夹角。由赤道起算，向北为正，向南为负。

在大地坐标系中，两点间的方位用大地方位角来表示。例如，P 点至 R 点的大地方位角 A 就是 P 点的子午面与过 P 点法线及 R 点所作平面间的夹角，由子午面顺时针方向起算。

大地坐标系是大地测量的基本坐标系，它是大地测量计算、地球形状大小研究和地图编制等的基础，是以地球椭球赤道面和大地起始子午面为起算面并以地球椭球面为参考面而建立的地球椭球面坐标系。

（二）高斯－克吕格投影

我国的主要比例尺地图投影为高斯－克吕格投影，这种投影是在墨卡托投影基础上进行的一种改进，这种投影的变形较小，在大比例尺地图上可以满足精确量测需要。

1. 高斯－克吕格投影特征

高斯－克吕格投影是一种圆柱投影，从投影类别上称为横轴墨卡托投影，即用一个圆柱面作为投影接收面，轴线与地球轴垂直，与特定子午线相切。相切经线称为中央经线，在中央经线上没有投影变形，离开中央经线越远，变形越大。为了限制变形在一定的范围内，投影只取中央经线一定范围，超出这个范围则移动中央经线形成另一个投影带。这种投影建立的地图具有很高的地理精度，是我国基本比例尺地图的主要投影类型。

高斯－克吕格投影带建立在直角坐标系上，中央经线是 x 轴，赤道是 y 轴，中央经线和赤道的交点是坐标原点。中央经线以东为正，以西为负。一般将我国范围内的投影带 y 轴东移 500 000 m，以保证投影带内横坐标不出现负值。由于高斯－克吕格投影每一个投影带的坐标都是对各带坐标原点的相对值，所以各带的坐标完全相同，为了区别某一坐标系统属于哪一带，在横轴坐标前加上带号。在大比例尺地形图上分别绘制 x、y 轴的平行线，构成方里网。在南北格网线的比例系数上，高斯—克吕格投影的中央经线投影后保持长度不变，比例系数为 1。

2. 高斯－克吕格投影分带

由于高斯－克吕格投影具有离开中央经线越远精度越低的特征。为了提高精度，将投影带分为 6° 带和 3° 带两种分带类型。在我国基本比例尺地形图中，1∶50 000 到 1∶25 000 比例尺地图采用 6° 分带，1∶10 000 比例尺地图采用 3° 带投影。

二、地图投影和坐标选择

在 GIS 中，要建立一个新的图层，需要先确定图层的坐标体系。虽然也可以用任意坐标，但是任意坐标图层在邻图拼接和某些应用功能方面会受到限制。

高斯投影横轴坐标有两种表示方法：一种是地理投影坐标；另一种把投影带号附加在横轴坐标前，如有一点位于第 19 投影带，投影坐标为（234 678，4 242 345），加上带号成为（19 234 678，4 242 345）。

虽然通过后一种坐标可以直接获得分带位置，但是这个带号仅作为标识意义，作为坐标，尤其作为坐标的数值使用会出现问题。例如，作为数字，在一个投影带不可能出现不带带号的横坐标值为 999 999 或 0 的情况，因此，这种坐标无法自动过渡到前一个带或后一个带。

三、投影及投影转换

空间数据处理的一项重要内容是地图投影变换。这是由于 GIS 用户在平面上对地图要素进行处理。这些地图要素代表地球表面的空间要素，地球表面是一个椭球体。在 GIS 应用中，地图的各个图层应具有相同的坐标系统，但实际上不同的制图者和不同的 GIS 数据生产者使用数百种不同的坐标系。例如，一些数字地图使用经纬度值度量，另一些则用不同的坐标系，且这些坐标系只适用于各自的 GIS 项目。如果这些数字地图要放在一起使用，就必须在使用前进行投影或投影变换处理。

（一）地图投影的基本原理

1. 地图投影的实质

地球椭球体面是一个不可展曲面，而地图是一个平面，为解决由不可展的地球椭球面到地图平面上的矛盾，采用几何透视或数学分析的方法将地球上的点投影到可展的曲面（平面、圆柱面或椭圆柱面）上，由此建立该平面上的点和地球椭球面上的点的一一对应关系，称为地图投影。但是，从地球表面到平面的转换总是带有变形，没有一种地图投影是完美的。每种地图投影都保留了某些空间性质，牺牲了另一些性质。

2. 地图投影的分类

投影的种类很多，分类方法不尽相同，通常采用的分类方法有两种：一是按变形的性质进行分类；二是按承影面不同（或正轴投影的经纬网形状）进行分类。

（1）按变形性质分类。按地图投影的变形性质，地图投影一般分为等角投影、等（面）积投影和任意投影三种。

①等角投影。没有角度变形的投影叫等角投影。等角投影地图上两微分线段的夹角与地面上相应两线段的夹角相等，且能保持无限小图形的相似，但面积变化很大。要求角度正确的投影常采用此类投影。这类投影又叫正形投影。

②等（面）积投影。它是一种保持面积大小不变的投影。这种投影使梯形的经纬线网变成正方形、矩形、四边形等形状，虽然角度和形状变形较大，但都保持投影面积与实地相等。在该类型投影上便于进行面积的比较和量算，因此自然地图和经济地图常用此类投影。

③任意投影。它是指长度、面积和角度都存在变形的投影，但角度变形小于等（面）积投影，面积变形小于等角投影。要求面积、角度变形都较小的地图，常采用任意投影。

（2）按承影面不同分类。按承影面不同，地图投影分为圆柱投影、圆锥投影和方位投影等。

①圆柱投影。它是以圆柱作为投影面，将经纬线投影到圆柱面上，然后将圆柱面切开，展成平面。根据圆柱轴与地轴的位置关系，可分为正轴、横轴和斜轴三种不同的圆柱投影，圆柱面与地球椭球体面可以相切，也可以相割。其中，广泛使用的是正轴、横切或割圆柱投影。正轴圆柱投影中，经线表现为等间隔的平行直线（与经差相应），纬线为垂直于经线的另一组平行直线。

②圆锥投影。它以圆锥面作为投影面，将圆锥面与地球相切或相割，并将其经纬线投影到圆锥面上，然后把圆锥面展开成平面。这时，圆锥面又有正位、横位及斜位几种不同位置的区别，制图中广泛采用正轴圆锥投影。

在正轴圆锥投影中，纬线为同心圆圆弧，经线为相交于一点的直线束，经线间的夹角与经差成正比。

在正轴切圆锥投影中，切线无变形，相切的那一条纬线叫标准纬线，或叫单标准纬线；在割圆锥投影中，割线无变形，两条相割的纬线叫双标准纬线。

③方位投影。它是以平面作为承影面进行地图投影。承影面（平面）可以与地球相切或相割，将经纬线网投影到平面上而成（多使用切平面的方法）。根据承影面与椭球体间位置关系的不同，又有正轴方位投影（切点在北极或南极）、横轴方位投影（切点在赤道）和斜轴方位投影（切点在赤道和两极之间

的任意一点上）之分。

上述三种方位投影都有等角与等（面）积等几种投影性质之分。其中，正轴方位投影的经线表现为自圆心辐射的直线，其交角即经差，纬线表现为一组同心圆。此外，还有多方位、多圆锥、多圆柱投影和伪方位、伪圆锥、伪圆柱等类型的投影。

3. 我国基本比例尺地形图使用投影

我国的 GIS 应用工程所采用的投影一般与我国基本地形图系列地图投影系统一致。大中比例尺（1∶50 万以上）采用高斯—克吕格投影（横轴等角切椭圆柱投影），小比例尺采用正轴等角割圆锥投影（兰勃特投影）。

（1）正轴等角割圆锥投影。我国 1∶100 万地形图在 20 世纪 70 年代以前一直采用国际百万分之一投影，现改用正轴等角割圆锥投影。正轴等角割圆锥投影是按纬差 4° 分带。各带投影的边纬与中纬变形绝对值相等，每带有两条标准纬线。

（2）1∶50 万 ~ 1∶5 000 地形图投影。我国 1∶50 万和更大比例尺地形图规定统一采用高斯—克吕格投影。

4. 我国全图常用投影

我国全图常用的地图投影有正轴等面积割圆锥投影、正轴等角割圆锥投影和斜轴等面积方位投影等。根据它们的投影特征及其变形规律，分别用于编制不同内容的地图。

（1）正轴等面积割圆锥投影。该投影无面积变形，常用于行政区划图及其他要求无面积变形的地图，如土地利用图、土地资源图、土壤图、森林分布图等。中国地图出版社出版的《中华人民共和国行政区划简册》采用的就是这种投影。

（2）正轴等角割圆锥投影。该投影保持了角度无变形的特性，常用于我国的地势图与各种气象、气候图，以及各省、自治区或大区的地势图。

（3）斜轴等面积方位投影。我国编制的中国全图以及亚洲图或半球图常采用该投影。

（二）投影变换

地理信息系统的数据大多来自各种类型的地图资料，这些不同的地图资料根据成图目的与需要采用不同的地图投影。为保证同一地理信息系统内（甚至不同地理信息系统之间）的信息数据能够实现交换、配准和共享，在不同地图投影地图的数据输入计算机时，必须先将它们进行投影变换，用共同的地理坐标系统和直角坐标系统作为参照来记录存储各种信息要素的地理位置和属性。因此，地图投影变换对数据输入和数据可视化都具有重要意义，否则，投影参数不准确定义所带来的地图记录误差会使以后所有基于地理位置的分析、处理与应用都没有意义。

地图投影的方式有多种类型，它们都有不同的应用目的。当系统使用的数据取自不同地图投影的图幅时，需要将一种投影的数字化数据转换为所需要的投影的坐标数据。

在地图数字化完毕后，经常需要进行坐标变换，从而得到经纬度参照系下的地图。对各种投影进行坐标变换的原因主要是输入时地图是一种投影，而输出的地图产物是另外一种投影。进行投影坐标变换有两种方式：一种是利用多项式拟合，类似图像几何纠正；另一种是直接应用投影变换公式进行变换。

1. 投影转换的方法

投影转换可以采用正解变换、反解变换和数值变换等方法。

（1）正解变换。通过建立一种投影变换为另一种投影的严密或近似的解析关系式，直接由一种投影的数字化坐标（x，y）变换到另一种投影的直角坐标（X，Y）。

（2）反解变换。即由一种投影的坐标反解出地理坐标（x，$y \rightarrow B$，L），然后将地理坐标代入另一种投影的坐标公式中（B，$L \rightarrow X$，Y），从而实现由一种投影的坐标到另一种投影坐标的变换（x，$y \rightarrow X$，Y）。

（3）数值变换。根据两种投影在变换区内的若干同名数字化点，采用插值法，或有限差分法，或有限元法，或待定系数法等，实现由一种投影的坐标到另一种投影坐标的变换。

2. 地理信息系统中的投影配置

地理信息系统中地图投影配置的一般原则如下：

第一，所配置的地图投影应与相应比例尺的国家基本图（基本比例尺地形图、基本省区图或国家大地图集）投影系统一致。

第二，系统一般只采用两种投影系统，一种服务于大比例尺的数据输入输出，另一种服务于中小比例尺。

第三，所用投影以等角投影为宜。

第四，所用投影应能与格网坐标系统相适应，即所用的格网系统在投影带中应保持完整。

目前，大多数的 GIS 软件都具有地图投影选择与变换功能，对地图投影与变换原理的深刻理解是灵活运用 GIS 地图投影功能与开发的关键。

投影变换是将当前地图投影坐标转换为另一种投影坐标。它包括坐标系的转换、不同投影系之间的变换以及同一投影系下不同坐标的变换等多种变换。投影变换有三个重要的功能：单个文件的投影变换、成批文件的投影变换及用户文件投影变换。通过对以上基础知识的学习，可在 MapGIS 平台上进行投影变换。

（三）任务实施步骤

1.MapGIS 投影参数设置

投影参数设置用来设置原图或目的图件的投影坐标系、投影参数、椭球参数及坐标平移值。在进行文件投影转换、单点转换、绘制投影经纬网时，都需要进行投影参数设置。

对不同的投影要求，输入的投影坐标参数（如中央经线、标准纬线等）不同，地理坐标系不需任何投影参数，其他投影都需根据实际所选的投影输入相应的投影参数。一般投影参数要求输入中央经线经度、标准纬线纬度以及位置偏移量等。中央经线投影为 y 轴，投影原点纬线投影为 x 轴，位移量分别表示投影坐标轴的偏移量。投影参数输入完毕后，选择“确认”。若不知道坐标偏移的具体值，可选择“设置坐标平移值”功能进行计算。

投影转换的参数设置中，投影比例尺只需输入比例尺分母即可。值得注意的是，在进行投影转换时，若输入的长度单位为米，而 MapGIS 系统中绘出图形的长度单位是毫米，因此转换时需将米转换成毫米，这样在输入比例尺分母时，需在原有比例的基础上除以 1 000，即生成 1∶100 万图时，输入的比例尺分母应为 1 000，而非 100 万。对于毫米单位，则直接输入相应的比例尺倒数即可，即 100 万。若求高斯大地坐标，则设置单位为米，比例尺分母为 1 即可。

2. 投影转换

（1）单点投影转换。逐点输入转换数据进行投影转换，这种方式对个别数据进行投影转换或随时查看两种不同投影之间的转换数据时非常有用。

编辑输入转换前、转换后的参数，设置生成图元类型单点转换。参数设置好后，即可进行转换。转换过程如下：

①在进行逐点投影转换时，原投影坐标系如果是地理坐标系，用户逐点输入经纬度的值；对于其他投影，逐点输入（x，y）值。坐标点输入窗是一个文本显示窗，滑动光标到相应的坐标输入窗后单击鼠标左键，当前输入焦点即转到输入窗，表示可以输入坐标。

②输入完一个坐标点后，单击“投影点”按钮，系统立刻将投影转换后的数据显示到结果数据显示窗，同时根据生成图元类型生成相应图元的点。投影结果的数据不能修改。

（2）单个文件投影转换。在进行投影转换或不同椭球参数数据转换时，都需先将原 MapGIS 图元文件导入工作区内，相应的转换功能才能使用。

①选择转换文件，该系统每次只能转换一个文件。在该菜单项下有点、线、区三个子菜单项，用来指定转换的文件是什么类型。选中相应的菜单项后，系统会弹出文件列表，由用户指定需转换的文件。被选中的文件称为当前文件。

②编辑当前投影参数、输入文件的 TIC 点。由于用户从数字化仪或扫描仪上采集进来的图形已经由用户指定了坐标原点，建立了相应的坐标系。而根据图形所对应的投影参数（如中央经线、标准纬线等）又定义了一个大地坐标系，其坐标原点一般情况下与用户指定的坐标系不重合。在进行投影转换时，以大地坐标系为准。因此，在进行文件投影时必须将用户坐标系中的值转换为投影坐标系中的值才能进行正确转换。为了实现这个功能，MapGIS 中提供了 TIC 点操作功能，即通过 TIC 点来确定用户坐标系和投影坐标系的转换关系。TIC 点实际上是一些控制点，即用户已知其理论值的点。理论值既可以是大地直角坐标，也可以是地理经纬度。在进行文件投影变换时，至少要输入 4 个 TIC 点，否则将不进行投影转换。若用户在输入数据时已经通过 TIC 点转换到大地坐标系，则在转换时不需要 TIC 点。

③进行投影转换。各项参数设置好后单击“开始转换”按钮，系统随即根据设置的原图和结果图件的投影坐标系开始自动进行不同投影或不同椭球参数之间的转换。若转换时设置显示图形，那么线文件转换和区文件转换时，屏幕上同时显示转换后的图形，点文件转换不显示。在转换过程中，若按 Esc 键，即可退出转换。若还需要转换当前工作区中的其他文件，可重复前面的步骤。

在实际应用中要注意投影转换后的文件有两种生成方式，一种是覆盖方式，另一种是添加方式，在设置转换选项中可进行开关设置。若选择覆盖方式，则每进行一次投影转换仅保存当前转换结果，覆盖掉原先转换后的内容；若选择添加方式，则投影转换后的结果文件逐次进行添加。缺省情况下为覆盖方式，转换后文件的缺省文件名为线文件名，转换将生成“newlin.wl”，点文件投影转换将生成“newpnt.wt”，区文件转换将生成“newreg.wp”，若想清除工作区中转换后的文件数据，可以选择文件菜单下的“清工作区”，清除所选工作区文件中的数据。

3. 批文件投影转换

若有成批的文件需要转换，则要选择“成批文件投影转换”功能。选择该功能后，系统随即弹出多文件或整个目录投影变换功能窗。

选择“投影变换文件 / 目录”，打开需转换的文件或路径，也可以在该按钮右边的窗口中直接输入相应路径。若需要打开多个文件进行投影，则只能单击该按钮打开文件选择窗口，再同时选择多个文件。

按输入文件或输入目录投影。指定投影数据源，“按输入文件”选项表示只投影所选的文件（单个文件 / 多个文件）；“按输入目录”表示投影整个目录下的文件，此时若指定通用匹配符，将只投影满足条件的文件。

设置投影参数。既然要进行投影转换，就要设置投影转换前后的坐标系及投影参数。若所转换文件的坐标系与其投影参数对应的大地坐标系不吻合，就要输入控制点来实现坐标系的转换。该选项就是决定在转换的过程中是否要使用文件中的 TIC 点进行坐标系转换。

按 TIC 点转换不需要投影。如果数据不需要投影，仅根据文件中的 TIC 点进行位置变换，则选择该选项，否则必须取消选中该选项。

各项参数设置好后，按“开始投影”功能按钮开始转换，转换后的文件将自动保存在原文件名中。所以，用户若需要保留原文件，要将其保存到另外一个目录中，再开始转换。

4. 用户文件投影转换

若用户有成批的文本数据需投影转换，则选择“用户文件投影转换”功能，该功能只能对纯文本文件进行转换。

投影完毕可通过复位窗口来查看投影结果，投影结果文件名为“noname”。若用户需将投影结果写到文本文件中，则单击“写到文件”按钮，此时系统提示用户输入投影结果文件名，输入完毕即开始转换，并将结果写到该文件中。若用户选择“按指定分隔符”选项来读取数据，那么写入文件的数据、格式及顺序由设置分隔符号窗口的属性列表来指定。同时，应设置指定是否将原文件中的单列数据写入到转换后的文件中，这些单列数据一般都是一些说明信息。通过文本文件编辑器（如 notepad.exe）可查看投影结果。

第四节　空间数据配准与校正

在矢量化的过程中，由于操作误差，数字化设备精度、图纸变形等，输入后的图形与实际图形所在的位置往往有偏差。有些图元由于位置发生偏移，虽经编辑，但很难达到实际要求的精度，说明图形经扫描输入或数字化输入后，存在变形或畸变，必须经过误差校正，清除输入图形的变形，才能使之满足实际要求分类。

一个地理信息系统所包含的空间数据都应具有同样的地理数学基础，包括坐标系统、地图投影等。扫描得到的图像数据和遥感影像数据往往会有变形，与标准地形图不符，这时需要对其进行几何纠正。当在一个系统内使用不同来源的空间数据时，它们之间可能会有不同的投影方式和坐标系统，需要进行坐标变换使它们具有统一的空间参照系统。统一的数学基础是运用各种分析方法的前提。

一、误差种类

图形数据误差可分为源误差、处理误差和应用误差三种类型。源误差是指数据采集和录入过程中产生的误差；处理误差是指数据录入后进行数据处理过程中产生的误差；应用误差不属于数据本身的误差。因此误差校正主要是校正数据源误差。这些误差的性质有系统误差、偶然误差和粗差。由于各种误差的存在，地图各要素的数字化数据转换成图形时不能套合，不同时间数字化的成果不能精确联结，相邻图幅不能拼接。所以，数字化的地图数据必须经过编辑处理和数据校正，消除输入图形的变形，才能使之满足实际要求，进行应用或入库。

一般情况下，数据编辑处理只能消除或减少在数字化过程中因操作产生的局部误差或明显误差，但因图纸变形和数字化过程的随机误差所产生的影响必须经过几何校正才能消除。造成数据变形的原因有很多，对不同因素引起的误差，其校正方法不同，具体采用何种方法应根据实际情况而定。因此，在设计系统时，针对不同的情况，采用不同的方法来实施校正。

从理论上讲，误差校正是根据图形的变形情况计算出其校正系数，然后根据校正系数来校正变形图形。但在实际校正过程中，由于造成变形的因素很多，有机械的，也有人工的，因此校正系数很难估算。

二、误差校正的适用范围

对那些由机械精度、人工误差、图纸变形等造成的整幅图形或图形中的一块或局部图元发生位置偏差，与实际精度不相符的图形，都称为变形的图形，如整图发生平移、旋转、交错、缩放等。发生变形的图形都属校正范围之列。但对那些由于个别因素造成的少点、多边、接合不好等局部误差或明显差错，只能进行编辑修改，不属校正范围之列。校正是对整幅图的全体图元或局部图元块，而非对个别图元而言。

若发现仅某条弧段上的某点或某段数据发生偏移，则需经编辑、移动点或移动弧段得到数据纠正；但若是这部分图形都发生位置偏移，此时可以对这部分图形进行校正。

三、误差校正的种类和方法

（一）几何纠正

由于如下原因，扫描得到的地形图数据和遥感数据存在变形，必须加以纠正。

第一，地形图的实际尺寸发生变形。

第二，在扫描过程中，工作人员的操作会产生一定的误差，如扫描时地形图或遥感影像没被压紧、产生斜置或扫描参数的设置不恰当等，都会使工作人员的地形图或遥感影像产生变形，直接影响扫描质量和精度。

第三，遥感影像本身就存在着几何变形。

第四，地图图幅的投影与其他资料的投影不同，或需将遥感影像的中心投影或多中心投影转换为正射投影等。

第五，扫描时受扫描仪幅面大小的影响，有时需将一幅地形图或遥感影像分成几块扫描，这样会使地形图或遥感影像在拼接时难以保证精度。

对扫描得到的图像进行纠正，主要是建立要纠正的图像与标准的地形图或地形图的理论数值或纠正过的正射影像之间的变换关系，消除各类图形的变形误差。目前，主要的变换函数有仿射变换、双线性变换、平方变换、双平方变换、立方变换、四阶多项式变换等，具体采用哪一种，则要根据纠正图像的变形情况、所在区域的地理特征及所选点数来决定。

（二）地形图的纠正

对地形图的纠正一般采用四点纠正法或逐网格纠正法。

四点纠正法一般是根据选定的数学变换函数，输入需纠正地形图的图幅行、列号、地形图的比例尺、图幅名称等，生成标准图廓，分别采集四个图廓控制点坐标来完成。

逐网格纠正法是在四点纠正法不能满足精度要求的情况下采用的。这种方法和四点纠正法的不同点在于采样点数目不同，它是逐方里网进行的，也就是说，对每一个方里网都要采点。

具体采点时，一般要先采源点（需纠正的地形图），后采目标点（标准图廓）；先采图廓点和控制点，后采方里网点。

（三）遥感影像的纠正

遥感影像的纠正一般选用和遥感影像比例尺相近的地形图或正射影像图作为变换标准，选用合适的变换函数，分别在要纠正的遥感影像和标准地形图或正射影像图上采集同名地物点。

具体采点时，要先采源点（影像），后采目标点（地形图）。选点时，要注意选点的均匀分布，点不能太多。如果在选点时没有注意点位的分布或点太多，这样不但不能保证精度，反而会使影像产生变形。另外，在选点时，点位应选由人工建筑构成的并且不会移动的地物点，如渠或道路交叉点、桥梁等，尽量不要选河床易变动的河流交叉点，以免点的移位影响配准精度。

目前，大多数 GIS 软件都提供了误差校正功能。例如：MapGIS 误差校正子系统对出现变形的图形可以进行误差校正，清除输入图形的变形，使之满足实际要求。利用 MapGIS 软件平台对系统自带的校正演示数据（道路、等高线、居民地、地貌、方里网、水系等）进行误差校正。

误差校正需要三类文件：①实际控制点文件（用点型或线型矢量化图像上的“+”字格网得到）；②理论控制点文件（根据文件的投影参数、比例尺、坐标系等在“投影变化”模块中所建立的一个相同大小的标准图框）；③待校正的点、线、面文件。

GIS 的数据精度是一个关系到数据可靠性和系统可信度的重要问题，与系统的成败密切相关，如利用 MapGIS 创建三个文件（实际线文件、理论控制点线文件、实际控制点线文件），即可进行误差校正。

第五节　图幅拼接与裁剪

在使用计算机处理图形信息时，计算机内部存储的图形往往比较大，而屏幕显示的只是图的一部分。为了确定图形中哪些部分落在显示区之内，哪些落在显示区之外，可以通过图形的裁剪与合并使图形数据适用于不同的应用。

一、图幅裁剪

在计算机地图制图过程中会遇到图幅划分及图形编辑过程中对某个区域进行局部放大的问题，这些问题要求确定一个区域，并使区域内的图形能显示出来，而将区域之外的图形删去（不显示或分段显示），这个过程就是图形裁剪，这里提到的区域也称窗口，根据窗口形状分为矩形窗口或任意多边形。简而言之，图形裁剪就是描述某一图形要素（如直线、圆等）是否与一多边形窗口（如矩形窗口）相交的过程。

图形裁剪的主要用途是清除窗口之外的图形，在许多情况下需要用到图形的裁剪，包括窗口的开窗、放大、漫游显示，地形图的裁剪输出，空间目标的提取，多边形叠置分析等。这里主要介绍多边形裁剪的基本原理和多边形的合并操作。

在图形裁剪时，要先确定图形要素是否全部位于窗口之内，若只有部分在窗口内，要计算出图形元素与窗口边界的交点，正确选取显示部分内容，裁剪去窗口外的图形，从而只显示窗口内的内容。对于一个完整的图形要素，开窗口时可能使其一部分在窗口内，一部分位于窗口外，为了显示窗口内的内容，就需要用裁剪的方法对图形要素进行剪取处理。裁剪时开的窗口可以为任意多边形，这里以矩形窗口为例进行介绍。

（一）图形剪裁基本原理

对于矩形窗口，判断图形是否在窗口内，只需进行四次坐标比较，满足条件则图形在窗口内，否则图形不在窗口内。

图形裁剪的原理并不复杂，但是图形裁剪的算法很复杂，在裁剪算法软件开发中，最重要的是提高计算速度。

（二）线段的裁剪算法

1. 线段的编码裁剪法

在裁剪时，不同的线段可能被窗口分成几段，但其中只有一段于窗口内可见。这种算法的思想是将图形所在的平面利用窗口的边界分成九个区，每一区都由一个四位二进制编码表示，每一位数字表示一个方位，其含义分别为上、下、右、左，以 1 代表“真”，0 代表“假”，中间区域的编号为 0000，代表窗口。这样，当线段的端点位于某一区时，该点的位置可以用其所在区域的四位二进制码来确定，通过对线段两端点的编码进行逻辑运算，就可确定线段相对于窗口的关系。

显然，如果线段的两个端点的四位编码全为 0，则此线段全部位于窗口内；如果线段两个端点的四位编码进行逻辑乘运算的结果为非 0，则此线段全部在窗口外。对这两种情况，无须做裁剪处理。

如果一条线段用上述方法无法确定是否全部在窗口内或全部在窗口外，则需要对线段进行裁剪分割，并对分割后的每一子线段重复以上编码判断，把不在窗口内的子段裁剪掉，直到找到位于窗口内的线段为止。

2. 中点分割法

中点分割法的基本原理是将直线对半平分，用中点逼近直线与窗口边界点的交点，进而找到对应直线两端点的最远可见点（位于窗口内的点），而最远可见点之间的部分即是应取线段，其余的舍弃。

（三）多边形的窗口裁剪

多边形的窗口裁剪是以线段裁剪为基础的，但又不同于线段的窗口裁剪。多边形的裁剪比线段要复杂得多。因为经过裁剪后，多边形的轮廓线仍要闭合，而裁剪后的边数可能增加，也可能减少，或者被裁剪成几个多边形，此时必须适当地插入窗口边界才能保持多边形的封闭性，这就使多边形的裁剪不能简单地用裁剪直线的方法来实现。在线段裁剪中，要把一条线段的两个端点孤立地考虑。而多边形裁剪是由若干条首尾相连的有序线段组成的，裁剪后的多边形仍应保持原多边形各自的连接顺序。另外，封闭的多边形裁剪后仍应是封闭的。因此，多边形的裁剪应着重考虑以下问题：如何把多边形落在窗口边界上的交点正确、按序连接起来构成多边形，包括决定窗口边界及拐角点的取舍。

对于多边形的裁剪，人们研究出了多种算法，较为常用的有逐边裁剪法和双边裁剪法，有兴趣的读者可以参阅相关的研究文章了解更多的算法。

逐边裁剪法是根据相对于一条边界线裁剪多边形比较容易这一点把整个多边形先相对于窗口的第一条边界裁剪，把落在窗口外部的图形去掉，只保留窗口内的图形，然后把形成的新多边形相对于窗口的第二条边界裁剪，如此进行到窗口的最后一条边界，把多边形相对于窗口的全部边界进行裁剪，最后得到的多边形即为裁剪后的多边形。

二、图形合并

在 GIS 中经常要将一幅图内的多层数据合并在一起，或者将相邻的多幅图的同一层数据或多层数据合并在一起，此时涉及空间拓扑关系的重建。但对于多边形数据，因为同一个多边形已在不同的图幅内形成独立的多边形，所以合并时需要去掉公共边界。跨越图幅的同一个多边形，在它左右两个图幅内借助图廓边形成了两个独立的多边形。为了便于查询与制图（多边形填充符号），现在要将它们合并在一起，形成一个多边形，此时需要去掉公共边。实际处理过程是先删掉两个多边形，解除空间拓扑关系，然后删除公共边（实际上是图廓边），最后重建拓扑关系。

MapGIS 图形裁剪实用程序提供对图形（点、线、区）文件进行任意裁剪的手段。裁剪方式有内裁剪和外裁剪。内裁剪即裁剪后保留裁剪框里面的部分，外裁剪则是裁剪后保留裁剪框外面的部分。

（一）图形剪裁

1. 数据输入

建立一个空白文件夹，用来存放剪裁后的新文件。启动 MapGIS 主程序，在主菜单界面中，点击“参数”按钮，在弹出的对话框中设置工作目录“图形剪裁”（盘符依据各人具体情况设置）。

2. 构建裁剪框

图形裁剪是在 MapGIS 的图形裁剪子系统中实现对图形的裁剪，图形裁剪中的裁剪框是一个线文件。裁剪框也可以通过键盘输入坐标来生成。此处从已有的文件中提取剪裁框。

第一，启动 MapGIS“输入编辑”子系统。创建空工程文件，将“Temp.wl”和“Termp.wt”两个文件加载进此工程文件。

其中，“Termp.wl”文件中包含国界线、省界线、州 / 地区界线和县界线，最外面黑色粗线为国界线，边上红色一横两点线为省界线，中间红色两横一点

为州 / 地区界线，中间黑色两横一点为县界线；“Temp.wt”文件中包含州 / 地区名称、县级名称和乡镇名称，红色为州地区名称，蓝色为县级名称，黑色为乡镇名称。

第二，对照“Temp.wt”点文件中的注记，提取“某区域”边界线，其余行政界线均删除。

第三，完成后选中“Termp.wl”文件，点击鼠标右键，选择“另存”选项，文件名改为“图形裁剪框”，保存路径为文件夹中新建的文件夹。

第四，打开“图形裁剪框”文件，选择“线编辑”下拉菜单中的“连接线”选项，将此文件中的各线段片段连接成一条线。在连接过程中，通过 F5（放大）、F6（移动）、F7（缩小）快捷键将各线段按照一定的方向进行顺序连接。

第五，保存文件，这样就完成了裁剪框的创建。

3. 图形裁剪

第一，启动“图形裁剪”子系统，将需要裁剪的点、线、面文件全部加载进系统。加载过程中只能对文件进行逐个加载。

第二，打开“编辑裁剪框”下拉菜单，选择“装入裁剪框”选项，载入“图形裁剪框 .wl”文件。

第三，打开“裁剪工程”下拉菜单，选择“新建”选项，在系统弹出界面的列表框中依次选择需裁剪的文件，确定裁剪结果文件名和保存路径，结果文件名不变，保存路径为新建的“图形裁剪结果”文件夹，点击“修改”按钮，完成一个文件的裁剪设置。

照此方式完成所有需要裁剪文件的设置，点击“OK”按钮退出。

第四，通过“裁剪工程”中的“另存”命令保存裁剪工程文件为“图形裁剪工程 .clp”，保存到“图形裁剪结果”文件夹下。

第五，选择“裁剪”命令完成图形裁剪。在“输入编辑”子系统中新建工程、添加“图形裁剪结果”文件夹下的裁剪结果，并保存工程文件到“图形裁剪结果”文件夹下，名为“图形裁剪结果 .mpj”。

（二）工程裁剪

工程裁剪是在 MapGIS 的输入编辑子系统中实现对图形的裁剪。工程裁剪中的裁剪框是一个区文件。

1. 构建裁剪区

第一，启动 MapGIS 输入编辑子系统。创建空工程文件，将提供的文件夹中的“Temp.wl”和“Temp.wt”两个文件加载进此工程文件。

第二，对照“Temp.wt”点文件中的注记，保留“Temp.wl”中“某个区域”边界线，其余行政界线均删除。同时，把处理过的“Temp.wl”保存到新建的“工程裁剪结果”文件夹中，名称为“工程裁剪框 .wl”。

第三，在工程文件窗口新建区文件，区文件名命名为“工程裁剪区”，区文件保存路径为新建的“工程裁剪结果”文件夹。将保留的“区域”边界线转换为弧段，转换时用鼠标框选的方式选中边界线。

第四，在“区编辑”中选择“输入区”创建区文件，保存于“工程裁剪区 .wp”文件中。

第五，保存文件，这样就完成了裁剪区的创建。

2. 工程裁剪的具体操作

第一，启动输入编辑子系统，打开“清徐县土地利用总体规划图 .mpj”，对应地就把相关的点、线、面文件打开了。

第二，选择“其他”菜单的“工程裁剪”命令，将弹出选择裁剪后文件存放目录，选择文件夹中新建的“工程裁剪结果”文件夹为结果文件存放目录。

第三，选择好存放目录后，点击“确定”按钮，弹出“工程裁剪”对话框，选择要裁剪的文件，设置好裁剪参数，应用参数，生成被裁工程，装入裁剪区，就可以进行裁剪了。

第四，打开“工程裁剪结果”文件夹中的裁剪结果查看效果。

空间数据处理是将获取的地理空间数据规范化并最终形成空间数据库的过程中极其重要的工作阶段，是地理信息数据生产岗位的主要工作任务之一。本章主要介绍了对所获取的空间数据进行数据编辑、拓扑关系的建立、空间数据误差校正、空间数据投影变换和图形裁剪等常见的处理方法及基本原理。图形数据编辑的内容、拓扑关系的建立方法和步骤等是本章的重点所在。难点是不同几何纠正方法的特点及适用条件、投影变换基本原理。

第六章　空间数据管理与查询

第一节　空间数据库

空间数据库，顾名思义，是存放空间数据的仓库。只不过这个仓库是在硬盘上，而且数据按一定的格式存放。数据库是长期存储在计算机内、有组织的、可共享的数据集合。地图数据库中的数据按一定的数据模型组织、描述和存储，具有较小的冗余度、较高的数据独立性和易扩展性，并可为各种用户共享。

空间数据库系统通常是指带有数据库的计算机系统，它采用现代数据库技术来管理地图数据。因此，广义上讲，空间数据库系统不仅包括空间数据库本身（指实际存储在计算机中的地图数据），还包括相应的硬件系统、软件系统等。

一、空间数据库硬件系统

空间数据种类繁多，数据量庞大，数据模型复杂，因此数据库系统对硬件资源提出了较高的要求，具体如下。

第一，有足够大的内存空间以存放操作系统、地图数据库管理系统的核心模块、应用程序和缓冲数据。

第二，有足够大的磁盘等直接存储设备存放数据做数据备份。

第三，要求系统有较高的通道能力，以提高数据传送率。

硬件配置通常包括四个部分：一是计算机主机，主要进行运算和数据存取；二是输入设备，包括键盘、鼠标、数字化仪、扫描仪、测量仪器等；三是存储设备，包括软盘、硬盘等；四是输出设备，包括显示器、绘图机、打印机等。

二、空间数据库软件系统

概括起来，空间数据系统中用到的软件包括四个层次。

（一）空间数据库管理系统

有了计算机硬件和空间数据，就要研究如何利用计算机科学地组织和存储数据、如何高效地获取和管理这些数据。空间数据库管理系统（GDBMS）正是为了完成这个任务的计算机软件系统，利用它可以实现地图数据库的建立、使用和维护。

（二）操作系统

支持空间数据库管理系统的操作系统，如 Windows、UNIX、Linux 等。

（三）编译系统

与数据库连接的高级语言及其编译系统，便于开发应用程序，如 Visual C++、Visual Basic、Java 等。

（四）应用开发工具

以数据库管理系统为核心的应用开发工具。应用开发工具是系统为应用开发人员和最终用户提供的高效率、多功能的应用生成器、各种软件工具，如图形显示和绘图软件、报表生成软件等。它们为空间数据库的开发和应用提供了有力的支持。

三、空间数据库管理与技术人员

开发、管理和使用空间数据库系统的人员主要是空间数据库管理员、系统分析员、应用程序员和用户。

（一）空间数据库管理员

空间数据库是国家重要的数据资源，因此设立了专门的数据资源管理机构管理数据库。空间数据库管理员是这个机构的一组人员，总的来说，他们负责全面地管理和控制空间数据库系统。他们的具体职责如下。

1. 决定数据库中的信息内容和结构

空间数据库中要存放哪些信息是由空间数据库管理员决定的。因此，空间数据库管理员必须参与空间数据库设计的全过程，并与系统分析员、应用程序员、用户密切合作、共同协商，搞好数据库设计。

2. 决定数据库的存储结构和存取策略

空间数据库管理员要综合各类用户的应用要求，与数据库设计人员共同决定数据的存储结构和存取策略，以获得较高的存取效率和存储空间利用率。

3. 定义数据的安全性要求和完整性约束条件

保护数据库的安全性和完整性是空间数据库管理员的重要职责。因此，空间数据库管理员负责确定各用户对数据库的存取权限、数据的保密级别和完整性约束条件。

4. 监控数据库的使用和运行

空间数据库管理员的另一个重要职责是监视数据库系统的运行情况，及时处理运行过程中出现的问题。当系统发生故障时，数据库会因此遭到不同程度的破坏，空间数据库管理员必须在最短的时间内将数据库恢复到某种一致状态，并尽可能不影响或少影响计算机系统其他部分的正常运行。为此，空间数据库管理员要定义和实施适当的后援和恢复策略，如周期性的转储数据，维护日志文件等，同时负责在系统运行期间监视系统的空间利用率、处理效率等性能指标，对运行情况进行记录、统计分析，依靠工作实践并根据实际应用环境不断改进数据库设计。目前，不少数据库产品都提供了对数据库运行情况进行监视和分析的实用程序，空间数据库管理员可以方便地使用这些实用程序完成监视和分析工作。

5. 数据库的改进和重组

在数据库运行过程中，大量数据的不断插入、删除、修改会影响系统的性能，因此空间数据库管理员要定期对数据库进行重组。当用户的需求增加和改变时，空间数据库管理员还要对数据库进行较大的改造，包括修改部分设计，这属于数据库的重组。

（二）空间数据库系统分析员

系统分析员负责应用系统的需求分析和规范说明。他们应和用户及空间数据库管理员相结合，确定系统的硬、软件配置，并参与数据库的概要设计。

（三）空间数据库应用程序员

应用程序员负责设计和编写空间数据库应用系统的程序模块。

（四）空间数据库用户

这里的用户是指最终用户，他们通过应用系统的用户接口使用数据库。常用的接口方式有菜单驱动、表格操作、图形显示、报表等。

四、空间数据库研究内容

空间数据库的研究以地理空间信息科学、计算机科学、信息科学的理论和计算机数据库技术为中心，涉及多个基础学科和应用技术领域，其研究内容是综合性的、多方面的。

从空间数据库的职能来看，数据获取与建库技术、数据管理技术、数据定性与定量分析处理技术、数据输出与图形技术是数据库的主要技术。这些技术的实现涉及许多理论和方法，如地图模型论、地图信息的数字表示和传递方法，数字地图信息的传输途径和方式、数据结构、空间数据变换、计算机图形学等。

概括起来，空间数据库主要研究以下内容。

（一）地理空间现象抽象表达

为了高效提取数据，要组织不同结构的空间数据及相应的拓扑关系，研究空间数据的多种表达方式，满足数据一致性和精度要求以及数据模型、链接、多机构、多尺度等对数据的需求。

（二）地理空间数据组织

地理空间数据组织包括地理空间数据模型、数据结构、物理存储结构和空间数据索引的理论与方法。围绕三维乃至多维地理信息系统的建立，对于三维空间数据模型、时空数据模型、三维拓扑数据结构、三维及时空数据库、三维空间查询和可视化以及时空数据查询和可视化等问题，还需要长期的研究和进一步的实践。随着三维地理信息系统、多媒体数据库和时空数据库的研究与发展，对多维空间目标的搜索及更新功能的要求越来越迫切。而目前常用的空间索引技术运用于三维或更高维空间数据时，其查询效率低，甚至无能为力。

（三）时空关系的研究

时空关系的研究包括地理空间中空间、时间以及和变化相关联对象的研究，不同时间概念的划分，如离散的、连续的、单调的等。在具体应用中，笛卡儿坐标和欧几里得坐标的选择将人类对时间和空间的认知过程具体化、形式化。

（四）海量空间数据库的结构体系研究

分布式处理和C/S模式的应用使空间数据库具有Internet/Intranet连接能力，实现了分布式事务处理、透明存取、跨平台应用、异构网。

第二节　空间数据组织

空间数据是GIS的重要组成部分，空间数据具有巨大的数据量及空间上的复杂性，这些特征使空间数据的组织与管理比普通数据要复杂得多，为了更好地表达空间数据，就必须按照一定的方式进行组织与管理。

一、数据库的基本知识

（一）数据库的定义

数据库是随着计算机的迅速发展而兴起的一门新学科。通俗地讲，数据库是以一定的组织形式存储在一起的互相有关联的数据的集合。但这种数据集合不是数据的简单相加，而是对数据信息进行重新组织，最大限度地减少数据冗余，增强数据间关系的描述，使数据资源能以多种方式为尽可能多的用户提供服务，实现数据信息资源共享。

随着数据信息资源的多用户服务，以及用户对数据信息多种方式（如检索、分类排序等）访问的需求，人们又研制了数据库管理系统（管理和控制程序软件）。

由上可知，数据库是由两个最基本的部分组成：一是原始信息数据库，即描述全部原始要素信息的原始数据，也是数据库系统加工处理的对象；二是程序库，即数据库软件，它存放着管理和控制数据的各种程序，是数据库系统加工处理的手段。

当然，除了上述两个基本组成部分外，数据库系统还需要配备相应的硬设备，如有很强数据处理能力的中央处理器、大容量的内存和外存以及根据不同用途配置的其他外部设备等。

（二）数据库的主要特征

1. 实现数据共享

数据库是以一定的组织形式集中控制和管理有关数据。它增强了数据间关系的描述，克服了文件管理中数据分散的弱点，实现了数据资源的共享，提高了数据的使用效率。

2.减小数据冗余度

数据库按照一定的方式对数据文件进行重新组织，最大限度地减少了数据的冗余，节省了存储空间，保证了数据的一致性，这是文件管理所无法实现的。

3.数据的独立性

数据库系统结构一般分为三级，即用户级、概念级和物理级。实现三级之间的逻辑独立和物理独立是数据库设计的关键要求。逻辑独立是指在概念级数据库中改变逻辑结构时，不影响用户的应用程序；物理独立是指改变数据的物理组织时，不影响逻辑结构和应用程序。

4.实现了数据集中控制

在文件管理方式中，数据处于一种分散的状态，不同的用户或同一用户在不同处理中，其文件之间毫无关系。利用数据库可对数据进行集中控制和管理，并通过数据模型表示各种数据的组织以及数据间的联系。

5.数据的一致性与可维护性确保了数据的安全性和可靠性

（1）安全性控制。防止数据丢失、错误更新和越权使用。

（2）完整性控制。保证数据的正确性、有效性和相容性。

（3）并发控制。在同一时间周期内，允许对数据实现多路存取，并能防止用户之间的不正常交互作用。

（4）故障的发现和恢复。由数据库管理系统提供一套方法，可及时发现故障并修复故障，从而防止数据破坏。

（三）数据库管理系统

数据库是关于事物及其关系的组合，而早期的数据库事物本身与其相应的属性是分开存储的，只能满足简单的数据恢复和使用。数据结构定义使用特定的结构定义，利用文件形式存储，称为文件处理系统。

文件处理系统是数据管理最普遍的方法，但是有很多缺点：一是每个应用程序都必须直接访问所使用的数据文件，应用程序完全依赖数据文件的存储结构，数据文件修改时应用程序也随之修改；二是数据文件共享，由于若干用户或应用程序共享一个数据文件，要修改数据文件必须征得所有用户的认可，而且缺乏集中控制会带来一系列数据库的安全问题。数据库的完整性是很严格的，信息质量差比没有信息更糟。

数据库管理系统（DBMS）是在文件处理系统的基础上进一步发展的系统。它是处理数据库存取和各种管理控制的软件，不仅面向用户，还面向系统。因此，DBMS 在用户应用程序和数据文件之间起桥梁作用。DBMS 的最大优点是提供了两者之间的数据独立性，即应用程序访问数据文件时，不必改变应用程序。

1. 数据库管理系统的功能

数据库管理系统的功能随系统的不同而不同，但一般具有以下主要功能。

（1）定义数据库。用来设计数据库的框架，并从用户、概念和物理三个不同观点出发定义一个数据库，把各种原模式翻译成机器的目标模式存储到系统中。

（2）管理数据库。在已定义的数据库上，按严格的数据定义装入数据，存储到物理设备上，接收、分析和执行用户提出的访问数据库的请求，实现数据的完整性、有效性及并发控制等功能。

（3）维护数据库。这是面向系统的功能，包括对数据库性能的分析和监督、数据库的重新组织和整理等。

（4）数据库通信功能。包括与操作系统的接口处理、同各种语言的接口处理以及同远程操作的接口处理等。

2. 数据库管理程序的组成

数据库管理系统实际上是很多程序的集合，主要由以下几个部分组成。

（1）系统运行控制程序。用于实现对数据库的操作和控制，包括系统总控制程序、存取控制程序、数据存取程序、数据更新程序、并发控制程序、完整性检查程序、通信控制程序和保密控制程序等。

（2）语言处理程序。主要实现对数据库的定义、操作等，包括数据语言的编译程序、主语言的预编译程序、数据操作语言处理程序及终端命令解释程序等。

（3）建立和维护程序。主要实现数据库的装入、故障恢复和维护，包括数据库装入程序、性能统计分析程序、转储程序、工作日志程序及系统修复和重启动程序等。

3. 采用标准 DBMS 存储空间数据的主要问题

用标准的 DBMS 来存储空间数据，不如存储表格数据那样好，其主要问题如下：

在 GIS 中，空间时间记录是变长的，因为需要存储的坐标点的数目是变化的，而一般数据库都只允许把记录的长度设定为固定长度。不仅如此，在存储和维护空间数据拓扑关系方面，DBMS 也存在着严重的缺陷。因此，一般要对标准的 DBMS 增加附加的软件功能。

DBMS 一般难以实现对空间数据的关联、连通、包含、叠加等基本操作。

GIS 需要一些复杂的图形功能，一般的 DBMS 不能支持。

地理信息是纷繁复杂的，单个地理实体的表达需要多个文件、多条记录，可能包括大地网、特征坐标、拓扑关系、空间特征量测值、属性数据的关键字，以及非空间专题属性等，一般的 DBMS 也难以支持。

具有高度内部联系的 GIS 数据记录需要更复杂的安全性维护系统，为了保证空间数据库的完整性，保护数据文件的完整性，维护系统必须与空间数据一起存储，否则一条记录的改变就会使其他数据文件产生错误。而一般的 DBMS 难以保证这些。

4. 应用程序对数据库的访问过程

一般要经过以下主要步骤：

第一，应用程序向 DBMS 发出调用数据库数据的命令，命令中给出记录的类型与关键值，先查找后读取。

第二，DBMS 分析命令，取出应用程序的子模式，从中找出有关记录的描述。

第三，DBMS 取出模式，决定读取记录时需要哪些数据类型，以及有关数据存放信息。

第四，DBMS 查阅存储模式，确定记录位置。

第五，DBMS 向操作系统（OS）发出读取记录的命令。

第六，操作系统应用 I/O 程序，把记录送入系统缓冲区。

第七，DBMS 从系统缓冲区数据中导出应用程序所要读取的逻辑记录，并送入应用程序工作区。

第八，DBMS 向应用程序报告操作状态信息，如“执行成功”“数据未找到”等。

第九，用户根据状态信息决定下一步工作。

（四）数据库系统结构

数据库是一个复杂的系统，数据库的基本结构分用户级、概念级和物理级三个层次，反映了观察数据库的三种不同角度。每一级数据库都有自身对数据进行逻辑描述的模式，分别称为外模式、概念模式和内模式。模式之间通过映射关系进行联系和转换。

在数据库系统中，用户看到的数据与计算机中存放的数据是两回事，这中间有着若干层的联系和转换，这样做的目的如下：

第一，方便用户，用户只管发出各种数据操作指令而不管这些操作如何实现。

第二，便于数据库的全局逻辑管理，可以独立地进行设计与修改。

第三，为数据在物理存储器上的组织提供方便。

这样，不管是数据的物理存储方法，还是数据库的全局组织发生变化，都尽可能不影响用户对数据库的存取。

1. 用户级

用户使用的数据库对应于外模式，是用户与数据库的接口，也就是用户能够看到的那部分数据库，是数据库的一个子集。

子模式就是用户看到的并获准使用的那部分数据的逻辑结构，可以用来操作数据库中的数据。采用子模式有如下好处：

（1）接口简单，使用方便。用户只要依照子模式编写应用程序或在终端输入操作命令，无须了解数据的存储结构。

（2）提供数据共享性。用统一模式产生不同的子模式，减少了数据的冗余。

（3）孤立数据，安全保密。用户只能操作其子模式范围内的数据，可保证其他数据的安全。

2. 概念级

概念数据库对应于概念模式，简称模式，是对整个数据库的逻辑描述，也就是数据库管理员看到的数据库。

模式的主体是数据模型，模式只能描述数据库的逻辑结构，不涉及具体存取细节。模式通常是所有用户子模式的最小并集，即把所有用户的数据观点有机地结合成一个逻辑整体，统一地考虑所有用户的要求。在模式中有对数据库中所有数据项类型、记录类型和它们之间的联系及对数据的存取方法的总体描述。在模式下所看到的数据库叫概念数据库，因为实际数据库并没有存储在这一层，这里仅提供了关于整体数据库的逻辑结构。

概念模式与子模式的共同之处在于它们都是数据库的定义信息。从模式中可以导出各种子模式，如在关系模型中通过关系运算就可以从模式中导出子模式。模式与子模式都不反映数据的物理存储，为数据库管理系统所使用，其主要功能是供应用程序执行数据操作。

3. 物理级

物理数据库对应于内模式，又称为存储模式。内模式描述的是数据在存储介质上的物理配置与组织，是存放数据的实体，是系统程序员才能看到的数据库。对机器来说，它是由 0 和 1（代表两种物理状态）组织起来的位串，其含义是字符或数字；对程序员来说，它是一系列按一定存储结构组织起来的物理文件。

在计算中，实际存在的只有物理数据库。概念库只是物理库的一种抽象描述，而用户库只是用户与数据库的接口。用户根据子模式进行操作，通过子模式到概念模式的映射与概念库联系起来，再通过概念模式到存储模式的映射与物理库联系起来。完成三者联系的就是数据库管理系统，它的主要任务就是把用户对数据的操作转化到物理级去执行。

二、空间数据库

空间数据库描述的是地理要素的属性关系和空间位置关系。在空间数据库中，数据之间除了抽象的逻辑关系外，还建立了严谨的空间几何关系。地理数据不但表达了地理要素的名称、特征、分类和数量等属性特征，还反映了地理要素的位置、形状、大小和分布等方面的特征。这些表征地理要素空间几何关系的数据也叫图形数据。对地理信息系统来讲，不仅数据本身具有空间属性，系统的分析和应用也无不与地理环境直接联系。因此，空间数据库是某一区域内关于一定地理要素特征的数据集合，包括地理实体的属性数据和图形数据。与一般数据库相比，空间数据库具有如下特点。

（一）数据库的复杂性

空间数据库比常规数据库复杂得多，其复杂性首先反映在空间数据种类繁多。从数据类型看，不仅有空间位置数据，还有属性数据，不同的数据差异大，表达方式各异，但又紧密联系；从数据结构看，既有矢量数据结构，又有栅格数据结构，它们的描述方法各不相同。空间数据库中，空间位置数据和属性数据之间既相对独立又密切相关，不可分割。这给空间数据库的建立和管理增加了难度。

（二）数据库处理的多样性

一般数据库的处理功能主要是查询、检索和统计分析，处理结构的表示以表格形式及部分统计图为主。在地理信息系统中，其查询、检索必须同时涉及属性数据和空间位置数据。当利用空间数据和属性数据进行查询、检索和统计时，常常需要引入一些算法和模型。例如，用数学表达式在DTM模型上查询地面坡向因子时，需引入相应的坡向分析模型，这已超出传统数据库查询概念。

（三）数据量大

地理信息系统是一个复杂的综合体，要用数据来描述各种地理要素，而这些地理要素之间又存在着错综复杂的联系，需要用数据来表示，尤其是要素的空间位置，因此其数据量往往很大。

（四）数据应用面较为广泛

数据可应用于地理研究、环境保护、资源开发、生态环境、土地利用与规划、道路建设、市政管理等。空间数据库系统必须具备对地理对象进行模拟和推理的功能。一方面，可将空间数据库技术视为传统数据库技术的扩充；另一方面，空间数据库突破了传统数据库理论，其实质性发展必然导致理论上的创新。

目前，大多数商品化的GIS软件都不是只采用传统的某一种单一的数据模型，也不是抛弃传统的数据模型，而是采用建立在关系数据库管理系统（RDBMS）基础上的综合数据模型。归纳起来，主要有混合结构、扩展结构和统一数据三种组织方式。

1.混合结构模型

它的基本思想是用两个子系统分别存储和检索空间数据与属性数据，其中属性数据存储在常规的RDBMS中，几何数据存储在空间数据管理系统中，两个子系统使用标识符联系起来。在检索目标时必须同时询问两个子系统，然后将它们的回答结合起来。

由于这种混合结构模型的一部分建立在标准RDBMS之上，故存储和检索数据比较有效、可靠。但因为使用两个存储子系统，它们有各自的规则，查询操作难以优化，存储在RDBMS外面的数据有时会丢失数据项的语义。此外，数据完整性的约束条件有可能遭到破坏，例如在几何空间数据存储子系统中目标实体仍然存在，但在RDBMS中已被删除。

属于这种模型的GIS软件有Arc/Info、MGE、SICARD、GENEMAP等。

2.扩展结构模型

扩展结构模型采用同一DBMS存储空间数据和属性数据。其做法是在标准的关系数据库上增加空间数据管理层，即利用该层将地理结构查询语言转化成标准的 SQL 查询，借助索引数据的辅助关系实施空间索引操作。这种模型的优点是省去了空间数据库和属性数据库之间的烦琐连接，空间数据存取速度较快，但由于是间接存取，在效率上总是低于 DBMS 中所用的直接操作，且查询过程复杂。

3. 统一数据模型

这种综合数据模型不是基于标准的 RDBMS，而是在开放型 DBMS 基础上扩充空间数据表达功能。空间扩展完全包含在 DBMS 中，用户可以使用自己的基本抽象数据类型（ADT）来扩充 DBMS。在核心 DBMS 中进行数据类型的直接操作很方便、有效，并且用户可以开发自己的空间存取算法。该模型的缺点是用户必须在 DBMS 环境中实施自己的数据类型，对有些应用来说相当复杂。

三、空间数据的组合

（一）数据组合的分级

数据库中的数据组织一般可以分为四级：数据项、记录、文件和数据库。

1. 数据项

数据项是可以定义数据的最小单位，也叫元素、基本项、字段等。数据项与现实世界实体的属性相对应，有一定的取值范围，称为域。域以外的任何值对该数据项都是无意义的，如表示月份的数据项的域是 1 ~ 12，13 就是无意义的值。每个数据项都有一个名称，称为数据项目。数据项的值可以是数值、字母、汉字等形式。数据项的物理特点在于它具有确定的物理长度，一般用字节数表示。

几个数据项可以组合，构成组合数据项。比如，“日期”可以由日、月、年三个数据项组合而成。组合数据项也有自己的名字，可以作为一个整体看待。

2. 记录

记录由若干相关联的数据项组成，是应用程序输入—输出的逻辑单位。对大多数据库系统来说，记录是处理和存储信息的基本单位。记录是关于一个实体的数据总和，构成该记录的数据项表示实体的若干属性。

记录有“型”和“值”的区别。“型”是同类记录的框架，它定义记录；“值”是记录反映实体的内容。

为了唯一标识每个记录，就必须有记录标识符，也叫关键字。记录标识符一般由记录中的第一个数据项担任，唯一标识记录的关键字称为主关键字，其他标识记录的关键字称为辅关键字。

3.文件

文件是一给定类型的（逻辑）记录的全部具体值的集合。文件用文件名称标识。文件根据记录的组织方式和存取方法可以分为顺序文件、索引文件、直接文件和倒排文件等。

4.数据库

数据库是比文件更大的数据组合。数据库是具有特定联系的数据的集合，也可以看成具有特定联系的多种类型的记录的集合。数据库的内部构造是文件的集合，这些文件之间存在某种联系，不能独立存在。

（二）数据间的逻辑联系

数据间的逻辑联系主要是指记录与记录之间的联系。记录表示现实世界中的实体。实体之间存在着一种或多种联系，这样的联系必然要反映到记录之间的联系上。数据之间的逻辑联系主要有三种：一对一的联系、一对多的联系和多对多的联系。

（三）文件的主要组织形式

文件组织是数据组织的一部分。文件是地理信息系统物理存在的基本单位，所有系统软件、数据库（包括文件目录）都是以文件方式存储和管理的。对地理信息系统功能的调用，对空间数据的检索、插入、删除、修改、访问，最终都是转换为对物理文件的相应操作，由访问程序付诸实施。

文件组织是地理信息系统的物理形式，主要指数据记录在外存设备上的组织，由操作系统进行管理，具体解决在外存设备上如何安排数据和组织数据，以及实施对数据的访问方式等问题。

下面仅对常用的数据文件组织形式做简单的介绍。

1.顺序文件

顺序文件是最简单的文件组织形式。它是物理顺序与逻辑顺序一致的文件。顺序文件的优点是结构简单，连续存取速度快；缺点是不便于插入、删除和修改，不便于查找某一特定记录。为了防止从头到尾查找记录，提高查找效率，通常用分块查找和折半查找。

2. 直接文件

直接文件也称随机文件或散列文件。随机文件中的存储是根据记录关键字的值，通过某种转换方法得到一个物理存储位置，然后把记录存储在该位置上。查找时，通过同样的转换方法，可直接得到所需要的记录。

直接文件的优点是存取速度快且能节省存储空间，检索、修改、插入方便，检索时间与文件大小无关；缺点是溢出处理技术比较复杂，要求等长记录，只能通过记录的关键字寻址。

3. 索引文件

带有索引表的文件称为索引文件。索引文件的特点是除了存储记录本身（主文件）外，还建立了索引表，索引表中列出记录关键字和记录在文件中的位置（地址）。读取记录时，只要提供记录的关键字值，系统通过查找索引表获得记录的位置，然后取出该记录。索引表通常按主关键字排序。

索引文件在存储器上分为两个区，即索引区和数据区。索引区存放索引表；数据区存放主文件。建立索引表的目的是提高查询速度。

索引文件只能建在随机存取介质上，如磁盘等。索引文件既可以是有序的，也可以是无序的；既可以是单级索引，也可以是多级索引。多级索引可以提高查找速度，但占用的存储空间较大。

4. 倒排文件

在地理信息系统的数据查询中，常常要利用主关键字以外的属性（辅关键字）进行检索，而索引文件是按照记录的主关键字来构造索引的，所以叫主索引。若按照一些辅关键字来组织索引，则称为辅索引，带有这种辅索引的文件称为倒排文件。它是索引文件的延伸，之所以叫倒排文件，主要是因为在建立这种辅索引表时依据的是辅关键字，而被标识的是一系列主关键字。倒排文件是一种多关键字的索引文件，索引不能唯一标识记录，往往同一索引指向若干记录。因此，索引往往带有一个指针表，指向所有该索引标识的记录，通过主关键字才能查到记录的位置。倒排文件的主要优点是在处理多索引检索时，可以在辅检索中先完成查询的“交”“并”等逻辑运算，得到结果后再对记录进行存取，从而提高查找速度。

例如，已知一批土地资源数据存于文件中，其中地块号为关键字，地貌类型、坡度、坡向、利用现状为次关键字。现对次关键字建立地貌类型、坡向及利用现状的倒排表。这些倒排表与土地资源文件表共同组成倒排文件。

假设现在要查询土地资源数据库中利用现状为林地，地貌类型为缓坡、坡向为半阳的地块，其方法是查询倒排文件并进行逻辑运算。

（四）传统数据库的数据模型

数据模型是数据库系统中关于数据和联系的逻辑组织的形式表示。每一个具体的数据库都是由一个相应的数据模型来定义。每一种数据模型都以不同的数据抽象与表示能力来反映客观事物，且有不同的处理数据联系的方式。数据模型的主要任务就是研究记录类型之间的联系。

目前，数据库领域采用的数据模型有层次模型、网络模型和关系模型，其中应用最广泛的是关系模型。

1. 层次模型

层次模型是数据处理中发展较早、技术比较成熟的一种数据模型，由处于不同层次的各个节点组成。除根节点外，其余各节点有且仅有一个上一层节点作为其“双亲”，而位于其下的较低一层的若干个节点作为其“子女”。结构中节点代表数据记录，连线描述位于不同节点数据间的从属关系（限定为一对多的关系）。层次模型反映了现实世界中实体间的层次关系。层次结构是众多空间对象的自然表形式，并在一定程度上支持数据的重构。

2. 网络模型

网络数据模型是数据模型的另一种重要结构，它反映着现实世界中实体间更为复杂的联系，其基本特征是节点数据间没有明确的从属关系，一个节点可与其他多个节点建立联系。网络模型用连接指令或指针来确定数据间的显式连接关系，是具有多对多类型的数据组织方式，网络模型将数据组织成有向图结构。结构中的节点代表数据记录，连线描述不同节点数据间的关系。

有向图（digraph）的形式化定义为 digraph=（vertex，{relation}），其中 vertex 为图中数据元素（顶点）的有限非空集合，relation 是两个顶点（vertex）之间的关系的集合。

有向图结构比层次结构具有更大的灵活性和更强的数据建模能力。网络模型的优点是可以描述现实生活中极为常见的多对多的关系，其数据存储效率高于层次模型，但其结构的复杂性限制了它在空间数据库中的应用。

网络模型在一定程度上支持数据的重构，具有一定的数据独立性和共享特性，并且运行效率较高。但它应用时存在以下问题：

第一，网络结构的复杂性增加了用户查询和定位的困难。它要求用户熟悉数据的逻辑结构，知道自身所处的位置。

第二，网络数据操作命令具有过程式性质。

第三，不直接支持对层次结构的表达。

3. 关系模型

在层次与网络模型中，实体间的联系主要是通过指针来实现的，即把有联系的实体用指针连接起来。而关系模型则采用完全不同的方法。

关系模型是根据数学概念建立的，它把数据的逻辑结构归结为满足一定条件的二维表格形式。此处，实体本身的信息以及实体之间的联系均表现为二维表格，这种表格就称为关系。一个实体由若干个关系组成，关系表的集合就构成了关系模型。

关系模型不是人为地设置指针，而是由数据本身自然地建立它们之间的联系，并且用关系代数和关系运算来操纵数据，这就是关系模型的本质。

在生活中表示实体间联系的最自然的途径就是二维表格。表格是同类实体的各种属性的集合，在数学上把这种二维表格叫作关系。二维表格的表头（表格的格式）是关系内容的框架，这种框架叫作模式，关系由许多同类的实体所组成，每个实体对应表中的一行，叫作一个元组。表中的每一列表示同一属性，叫作域。

关系数据模型是应用最广泛的一种数据模型，该模型具有以下优点：

第一，能够以简单、灵活的方式表达现实世界中各种实体及其相互间的关系，使用与维护也很方便。关系模型通过规范化的关系为用户提供一种简单的用户逻辑结构。所谓规范化，实质上就是使概念单一化，一个关系只描述一个概念，如果多于一个概念，就要将其分开。

第二，关系模型具有严密的数学基础和操作代数基础，如关系代数、关系演算等，可将关系分开，或将两个关系合并，使数据的操纵具有高度的灵活性。

第三，在关系数据模型中，数据间的关系具有对称性，因此关系之间的寻找在正反两个方向上难度是一样的，而在其他模型（如层次模型）中从根节点出发寻找叶节点的过程容易解决，相反的过程则很困难。

目前，绝大多数数据库系统采用关系模型，但它的应用存在着如下问题：

第一，实现效率不够高。由于概念模式和存储模式的相互独立性，按照给定的关系模式重新构造数据的操作相当费时。另外，实现关系之间的联系需要执行系统运行较大的连接操作。

第二，描述对象语义的能力较弱。现实世界中包含的数据种类和数量繁多，许多对象本身具有复杂的结构和含义，为了用规范化的关系描述这些对象，则需对对象进行不自然的分解，从而在存储模式、查询途径及其操作等方面均显得语义不甚合理。

第三，不直接支持层次结构。不直接支持对概括、分类和聚合的模拟，即不符合管理复杂对象的要求，不允许嵌套元组和嵌套关系存在。

第四，模型的可扩充性较差。新关系模式的定义与原有的关系模式相互独立，并未借助已有的模式支持系统的扩充。关系模型只支持元组的集合这一种数据结构，并要求元组的属性值为不可再分的简单数据（如整数、实数和字符串等），它不支持抽象数据类型，因而不具备管理多种类型数据对象的能力。

第五，模拟和操纵复杂对象的能力较弱。关系模型表示复杂关系时比其他数据模型困难，因为它无法用递归和嵌套的方式来描述复杂关系的层次和网状结构，只能借助关系的规范化分解来实现。而过多的不自然分解必然导致模拟和操纵的困难和复杂化。

四、任务实施

道路是分布在地表的空间构造物，在空间上可抽象描述为位于地面上的线状物，是空间实体，且与地理位置、地理环境密切相关，因此道路数据是具有描述空间位置、拓扑关系以及道路的技术等级和路面等级等专题特征的空间数据。以传统的数据库技术为基础的数据组织可以实现对属性数据的简单的统计分析，但是缺乏对路网空间分析的能力，很难实现图文一体化的直观效果，因此可以 MapInfo 为基础平台，实现对道路空间数据的组织，从而为路网规划、预测、决策等奠定基础。

（一）城市交通道路数据的特点

城市交通道路数据由空间数据和属性数据组成，空间数据反映路网的位置、分布情况及相关环境的拓扑关系，如几何特征、比例尺、大地坐标等；属性数据一部分描述了道路的技术指标，如路线概况、沿线设施等，另一部分描述了数据生产与管理方面的信息。从管理的角度看，每一条道路均按行政等级进行编码，同时，每一条道路可根据道路起止点、主要的道路交叉口等参照点划分为若干路段，这些参照点可以作为道路走向的控制点，在空间图层中予以标识。专题属性数据主要由道路统计、路线概况、桥涵、构造物沿线环境等组成，路网数据则抽象为点、线、面三类几何要素，按图层进行存储。

（二）城市交通道路数据的组织

1. 属性数据的组织

MapInfo 可以直接访问 Access 数据库，可以直接将其内置关系数据库另存为 Access 数据库，因此属性数据表的建立、存储均在 Access 中完成，通过 *.id 文件将 Access 表数据连接到对象。

公路、铁路及附属设施的属性数据是城市交通道路数据库的重要数据，在属性数据建库中，共设计以下数据表：道路交叉路口属性表、桥梁属性表、公路属性表、铁路属性表、河流属性表、行政区属性表以及湖泊属性表。对城市道路、路口（参考点）要素进行编码标识，编码由定位分区码和各要素实体代码两个主要码段组成，其中各要素实体代码在每个定位分区内保持唯一。

2. 空间数据的组织

MapInfo 以图形文件格式存储空间数据，以透明的图层来组织数据，这些透明的图层层层叠加，从打开数据表并在地图窗口中显示开始，每一张表都作为独立的图层显示。每个图层显示 tab 文件，与 *.dat、*.map、*.id 以及 *.ind 文件相关联。

（1）数据分层。在 MapInfo 中图层形成了地图的构筑块，不同的图层反映不同的主题，为描述城市公路交通线与空间其他要素之间的拓扑关系，如公路跨越的行政区、公路上的桥梁、桥梁所在的河流、铁路及村镇居民地等，本书将城市公路交通数据库以行政为单位，按照点、线、面分层进行存储管理。

点状图层：道路交叉路口层、桥梁层、居民点层、（市、县）公路管养单位、收费站、注记、公路沿线设施、点状居民地。

线状图层：高速公路层、省道层、县乡公路层、铁路层、河流层、等高线、行政区划（主要包括市、县界）。

面状图层：行政区层、湖泊层、面状居民地层。

（2）空间数据的录入。在空间录入之前，选择一定比例尺的地图较为关键。大比例尺地图描述的公路位置及形状精度高，但地理要素的表示又过于详细，从而加大了数据采集难度；当比例尺减小时，地图所表示的要素的详细程度降低，公路的位置与形状精度也会降低。

空间数据的录入，分层次、按专题提取要素；图形信息的输入以屏幕跟踪数字化为主，另有传统的手扶跟踪数字化和扫描数字化。在 MapInfo 中每一个图层对应一个表。

（三）空间数据与属性数据的关联

在 MapInfo 中每一张 tab 表都作为独立的图层显示。空间数据与属性数据可以通过与空间数据图层相关联的属性表的 ID 和属性数据的关键字（如要素编码）相关联。由于在数字化过程中无法确定属性表的分段，因此为了使空间数据不出现数据冗余，需应用动态分段技术实现图形与属性数据的双向查询和图文显示功能。

动态分段并不是将道路切断存储，而是在数据库中记录道路的每种属性的起止点到道路原点的距离。采用动态分段之后，一个路段是路网上两个交点间连线或者弧的一部分，具有唯一的标识码。

第三节　空间数据查询

作为与数据库交互的主要手段，查询语言是数据库管理系统的一个核心要素。SQL 是关系数据库管理系统的通用商业查询语言，它直观、通用又易使用。由于空间数据库管理系统既要处理空间数据，又要处理非空间数据，所以很自然地希望能够扩展 SQL 来支持空间数据。本章在简要介绍关系数据库查询语言 SQL 的基础上，主要介绍基于 SQL 扩展的空间查询语言以及空间查询处理与优化。

一、关系数据库结构化查询语言

20 世纪 70 年代，关系数据库之父埃德加・弗兰克・科德（Edgar Frank Codd）发表的 *A Relational Model of Data for Large Shared Databanks*（用于大型共享数据库的关系数据模型）奠定了关系数据库的核心理论基础。随着关系代数理论研究和软件系统研发的不断推进，关系数据库在 20 世纪 80 年代很快成为数据库市场的主流，数据库管理系统厂商基本都支持关系模型，数据库领域研究大多以关系模型为基础。目前，关系数据库产品占数据库市场的 90% 以上，主流的关系数据库有 Oracle、MySQl、SQL Server，DB2、Sybase 等。

关系数据库是建立在关系数据模型基础上的。关系（标准范式化的表）是关系模型的核心，是装载数据的基础，它是由汇集在表结构中的行和列组成的集合。表格结构是由一个或多个列（属性项）构成，表格中的数据则是按行（记录）的形式存放。每行记录存放一个唯一的数据实体，数据实体的构成单元则按照列的种类定义。

结构化查询语言（SQL）是一种关系数据库查询和程序设计语言，用于存储、更新、查询、删除数据以及管理关系数据库系统。SQL 是关系数据库用户和应用程序与关系数据库的标准化接口。

（一）SQL 的构成与特点

SQL 依据其执行的功能不同，主要包括以下四个部分：

1. 数据查询语言（DQL）

用于对数据的检索查询。SELECT 语句是数据查询的唯一语句，完成了各种条件约束的数据检索。

2. 数据定义语言（DDL）

DDL 用于创建、修改、删除数据库中的各种对象（如表、视图、存储过程等）。它主要包括 CREATE、ALTER、DROP 语句。

3. 数据操纵语言（DML）

DML 用于添加、更新、删除数据。它主要包括 INSERT、UPDATE、DELETE 语句。

4. 数据控制语言（DCL）

DCL 用于控制用户的对象访问权限和数据库访问方式。它主要包括 GRANT、DENY、REVOKE 语句。

除此之外，SQL 还包括一些附加语言要素，如事务控制语言（COMMIT 语句等）、程序化语言（主要包括 DECLARE 等实现存储过程的语句）等。

SQL 语句均有特定的语法格式。总体上讲，每条 SQL 语句都是从一个关键谓词（如 SELECTE、INSERT、DROP 等）开始，关键谓词表示该语句将要执行的操作，整个 SQL 语句由一个或多个子句构成，每个子句均由一个关键词开始（如 FROM、WHERE 等）。

作为结构化的查询语言，SQL 有以下主要特点：

第一，高度统一性。SQL 语言集各种用户类型、各种数据库操作任务于一体，无需多种操作语言。同时，所有关系数据库都支持 SQL 语句，用户编写的 SQL 程序具有很好的移植性。

第二，非过程化。SQL 语言不需要用户关注数据的存储路径和检索方法，只需要把重点放在想要得到的数据对象（可以是一条记录，也可以是一个记录集）上。

第三，简易性。SQL 语句的基本语法结构较为简单，用户可以在短时间内掌握 SQL 命令。

（二）表的基本概念

表（也称关系）是关系数据库数据存储和操作的基础。从逻辑结构上看，数据库就是表的集合。表由列（字段）和行（记录）组成。其中，列又称字段，表示同种类型的属性项，是由名称和类型定义的；行又称记录，是一条包含若干属性项的信息组合。表至少包含两个列。一般情况下，表应该有一个主字段（也称主关键字）作为每条记录的唯一标识。表由一条或多条记录构成，也可以没有记录（这种类型的表称为空表）。

字段是表的骨架，需要用某种数据类型定义。SQL 支持预定义数据类型和用户自定义数据类型。其中，SQL 预定义数据类型包括以下四种。

1. 字符型

字符型是关系数据库最常用的数据类型之一，分为定长和变长两种。定长字符变量的字符个数在表创建时确定，且数据库分配了相应长度的存储空间。变长字符型定义的变量是根据用户的输入动态分配存储空间。两者的区别在于数据库对定长字符变量的处理效率远高于变长字符变量；数据库不允许对变长字符变量创建索引。

（1）CHAR（*size*）。定长字符串，*size* 为其最大长度，不到 *size* 长度的存储空间用空格填充。CHAR 字段最多可以存储 2 000 字节的信息。

（2）NCHAR（*size*）。CHAR 类型的扩展，支持多字节和 UNICODE 格式数据。NCHAR 字段最多可以存储 2 000 字节的信息。

（3）VARCHAR2（*size*）。变长字符串，*size* 为其最大长度，不使用空格填充至最大长度。VARCHAR2 字段最多可以存储 4 000 字节的信息。

（4）NVARCHAR2（*size*）。VARCHAR2 类型的扩展，支持多字节和 UNICODE 格式数据。NVARCHAR2 字段最多可以存储 4000 字节的信息。

2. 数字型

数字型主要用于存储数字类数据。数字类型一般采用精度和范围描述。精度是指存储的有效数字的位数，范围则表示小数部分数字的位数。

（1）NUMBER（P，S）。它是 Oracle 数据库最常见的数字类型。P 表示精度，表示有效数字的位数，最多不能超过 38 个有效数字。S 表示范围，S 为正数时，表示从小数点到最低有效数字的位数；S 为负数时，表示从最大有效数字到小数点的位数。

（2）INTEGER。INTEGER 是 NUMBER 的子类型，它等同于 NUMBER（38，0），用来存储整数。

（3）FLOAT。FLOAT 也是 NUMBER 的子类型。FLOAT（n），n 指位的精度，即存储的值的数目。n 值的范围可以从 1 到 126。

（4）BINARY_FLOAT。32 位单精度浮点数字数据类型。可以支持至少 6

位精度，每个 BINARY_FLOAT 的值需要 5 个字节，包括长度字节。

（5）BINARY_DOUBLE。64 位双精度浮点数字数据类型。每个 BINARY_DOUBLE 的值需要 9 个字节，包括长度字节。

3. 日期型

日期型用于存储日期数据，关系数据库提供了多种日期类型。例如，Oracle 数据库有六种日期类型，常用的日期型有以下两种。

（1）DATE。一般占用 7 个字节的存储空间。存储内容包括世纪、年、月、日期、小时、分钟和秒。

（2）TIMESTAMP。占用 7 字节或 12 字节。TIMESTAMP 可以包含小数秒，带小数秒的 TIMESTAMP 在小数点右边最多可以保留 9 位。

4. 二进制型

二进制类型可以存储包括文本、图像、视频等在内的几乎任何类型数据。Oracle 数据库支持内置和外置两种二进制数据类型。内置的二进制类型为二进制大对象（BLOB）类型，它存储非结构化的二进制数据大对象。它可以被认为是没有字符集语义的比特流，一般是图像、声音、视频等文件。Oracle lag（偏移量函数）中 BLOB 最多存储 128 TiB 二进制数据。外置的二进制类型为 BFILE 类型，数据库内仅存储数据在操作系统中的位置信息，而数据的实体以外部文件的形式存在于操作系统的文件系统中。

（三）记录的插入、更新和删除

记录是关系数据库操作的重要对象。关系表就是由一条条的记录填充的。数据库的规模也主要由存储记录的量决定。关系数据库针对记录的操作包括插入、更新和删除三种。

1. 插入记录

（1）指定值插入。指定值插入是指用户在 SQL 语句中直接给出一条或多条记录的值，并通过 SQL 语句将数据插入数据库中。其语法结构如下：

insert into 表名 [（列名 [，列名]…）]

values（值 [，值]…）[,（值 [，值]…）…]

说明：语句中的列名是可选项，如果含有一个或多个列名，则表示该语句将向指定的列插入相应的数据；若没有指定列，则表示插入整行数据。标准 SQL 语句支持多条记录的插入。插入记录时必须注意：插入的数据值必须与相应列的数据类型一致；插入数据的值应在相应列的值域范围内；多值数据插入时，数据值的顺序必须与相应字段的顺序一致。

（2）查询值插入。查询值插入是指将条件查询语句的结果插入到关系表中。其语法结构如下：

insert into 表名 [（列名 [，列名]…）]

（子查询）

需要注意的是，列的数量和类型必须和后面子查询的个数和类型相对应。

（3）表数据的复制。insert into 语句向数据库插入数据的前提是关系表已经创建完成，该语句适合将多个数据值组合后插入数据库。如果将已有数据库的数据整体或者按条件筛选后形成一个新表，则可以用 select into 语句，具体语法结构如下：

select（列名 [，列名]…）

into 新表名

from 源表名

where 筛选条件

该语句会自动创建以新表名命名的关系表，然后将数据源表中满足筛选条件的相应列的数据复制到新表中。

2. 更新记录

更新记录语句实现的是对数据库中现有记录数据值的修改操作。更新记录语句是由 update 语句实现的。其语法结构如下：

update〈表名〉

sei〈列名〉=〈表达式＞ [，〈列名〉=〈表达式〉]…

[where〈条件＞]；

更新列名的设置使 update 语句可以更新单列数据也可以更新多列数据。通过 where 子句的设置可以更新多行数据。

3. 删除记录

删除记录的操作是由 delete 语句实现的。其语法结构如下：

delete from〈表名〉

[where〈条件〉]；

where 子句可以删除满足特点条件的记录，若没有修改子句则删除表中的所有数据。delete 语句将删除整行记录而不能只删除部分字段，同时 delete 语句只能删除关系表中的数据，而不能删除关系表本身。

（四）查询

查询语句是 SQL 语言的核心语句，SQL 语言对数据库的读（查询）操作都是由查询语句完成的。查询语句的关键谓词是 select，该语句由一系列子句灵活组成，这些子句的作用是设定筛选条件、设置结果形式等。其语法结构如下：

Select [all | distinct]〈列名〉[,〈列名〉]…

from〈表名〉[,〈表名〉]…

[where〈条件表达式〉]

[group by〈列名 1 > [having <条件表达式>]]

[order by〈列名 2 > [asc | desc]] ;

select 关键谓词后面可以使用 all 关键字查询满足条件的由所有字段构成的记录，而后面指定字段名则查询出满足条件的记录的特定属性字段，SQL 语句支持单列（单字段）查询和多列（多字段）查询。where 子句用于设定筛选条件，该子句是可选项，如果没有则表示返回所有记录。group up by 子句设定了查询结果的分组规则（其中 having 关键词为其他行选择标准）。order by 子句设定了查询结果的排序规则（其中 asc 表示按某一列数据值升序排列，desc 则表示降序），SQL 语句支持单列排序，也支持多列（复合字段）排序。需要注意的是，无论 select 语句由多少子句构成，order by 子句一定要放在最后。distinct 关键词表示删除查询结果中值相同的行。

select 查询语句最强大的功能体现在 where 子句上，where 子句可以设置各种查询筛选条件。

1.简单查询筛选条件

where 子句的简单筛选条件可以实现单值比较筛选和范围筛选。where 子句支持数值类型和字符串类型的多种单值比较运算。

where 子句的范围筛选是通过 between and 关键词组实现的。where 子句格式如下：

where 列名 between 字段值 1 and 字段值 2

此时，where 子句将返回查询结果值在字段值 1 和字段值 2 间（并包含字段值 1 和字段值 2）的记录。字段值可以是数据值类型，也可以是字符型。

2.复杂查询筛选条件

where 子句的复杂筛选条件包括组合条件（and 运算符、or 运算符）、in 运算符、not 运算符、like 运算符等。

（1）and 组合条件查询。

where〈条件表达式〉[and〈条件表达式〉][and〈条件表达式〉]…

and 运算符为与运算，表示返回多个条件表达式同时满足时筛选的结果。

（2）or 组合条件查询

where〈条件表达式〉[or〈条件表达式〉][or〈条件表达式〉]···

and 运算符为或运算，表示返回多个条件表达式只要一个满足时筛选的结果。

（3）and、or 组合使用

where〈条件表达式〉[and〈条件表达式〉][or〈条件表达式〉]···

子句中 and 运算符的优先级要高于 or 运算符，因此上式等价于：

where（[〈条件表达式〉and〈条件表达式〉]）or〈条件表达式〉

（4）in 运算符。in 运算符可以使用户获取到指定字段值里的记录。与 not 运算复合为 not in，则表示范围不在指定字段值里的所有记录。where 子句的语法结构如下：

where〈列名〉in（字段值 [，字段值]）

（5）not 运算符。not 运算符表示对筛选条件的值取反，表示返回除筛选条件外的其他记录。

（6）like 运算符和通配符。like 运算符是实现模糊查询的关键词。模糊查询是指依据部分字段值信息（如字符串中的部分字符），查找出按一定模式包含指定字段值的所有记录。

SQL 语句提供“%”“-”“[]”“*”四种通配符。其中，“*”一般放在 select 关键谓词后面，其作用与 select all 一致。其他三个通配符都可以和 like 运算符搭配，like 运算符单独使用相当于“=”运算符，与通配符配合便可实现模糊查询。

二、空间查询语言

数据查询是 GIS 的一个重要功能，一般定义为作用在 GIS 数据上的函数，它返回满足条件的内容。查询是用户与系统交流的途径，用户提出的很大一部分问题都可以通过查询的方式解决，查询的方法和范围在很大程度上决定了 GIS 的应用程度和应用水平。数据查询可以定位空间对象、提取对象信息，是地理信息系统进行高层次空间分析的基础。

空间查询是 GIS 和空间数据库的核心应用功能之一。从面向信息处理过程的角度看，GIS 是对地理信息进行采集、处理、存储、查询、分析和输出的计算机系统；但从用户的使用角度看，GIS 应该是空间信息的查询系统。空间数据的采集、处理、存储甚至包括空间分析等 GIS 的功能并非用户所能了解掌握的，更不是用户的直接需求，用户关注或想要知道的是“汶川大地震的震中在哪”“国家体育馆鸟巢在北京什么地方”“离测绘学院最近的移动营业厅在哪里”“测绘学院 1 km 范围内的医院有哪些”“长江有多长”“珠穆朗玛峰有多高”等空间问题。从专业的角度看，这些问题可以抽象概括成用户对其生活地理空间中空间目标、空间方位、空间度量的查询。因此，从用户的角度出发，GIS 的各种功能最终都将落实到空间查询上。

（一）空间查询对象

空间查询对象是空间查询语言的操作核心，空间查询语言区别于一般查询语言的关键就在于其操作的对象是具有时空特征的空间查询对象。在 GIS 中，地理空间的描述是通过地理实体、地理实体间的空间关系及时空过程进行的，因此，GIS 中的空间查询对象包括地理实体信息、空间关系和时空过程三大类。

1. 地理实体信息

地理实体信息包括地理实体的位置信息、高程信息、属性信息。

（1）位置信息。地理实体位置信息包括地理实体的绝对位置、相对位置和地址位置信息。

①绝对位置。它指地理实体的地理坐标和投影坐标等数值信息，通常使用经纬度以及投影坐标值表示。

②相对位置。通过与参照地理实体间的空间方位关系、空间拓扑关系等描述。例如，“郑州市博物馆在郑州市科技馆旁边”“郑州市在河南省内”等。

③地址位置。地址是一串字符信息，内含国家、省份、城市或乡村、街道、门牌号码、大厦等建筑物名称，或者再加楼层数目、房间编号等。使用地址来表示一个地理实体的位置信息属于地理实体空间位置信息的一种特殊表示方式。例如，“河南省博物院在河南省郑州市农业路 8 号”。

（2）高程信息。地理实体的高程信息分为绝对高程和相对高程。

①绝对高程。它指高出高程基准面的高度，通常用距离单位“m”表示，如“嵩山海拔 1491.7 m”。

②相对高程。它用与参照地理实体的高差表示，如“嵩山相对于郑州市区高 1381.7 m”（郑州市的平均海拔为 110 m）。

（3）属性信息。地理实体的属性信息查询主要是对存储在空间数据库中的属性信息的查询，是通过 SQL 语句查询数据表中相应字段来获取的。

2. 空间关系

早期研究认为空间关系分为拓扑关系、度量关系、顺序关系。其中，拓扑关系是指拓扑变换下的拓扑不变量，如空间目标的相邻和连通关系等。度量关系是用某种度量空间中的度量来描述空间目标的某些空间信息以及目标间的关系，如线状实体的长度、地理实体间的距离等。顺序关系描述目标在空间中的某种排序，如前后、上下、左右、南北西东等。随着对空间关系研究的不断深入，模糊空间关系、不确定性空间关系、时空拓扑关系等很多深层次复杂的空间关系被不断地提出和研究。

3. 时空过程

时空过程反映的是不同时刻下，空间对象间所具有的空间关联性。空间对象在不同的时刻不仅可能具有属性特征的变化，也可能存在几何特征的变化。地理空间中的时空过程体现为地理实体和空间关系的动态变化。地理实体的动态性从几何形态的角度表现为空间目标的演化、生成、分割、合并和消亡等；从属性的角度表现为地理实体属性随时间发生连续或间断的变化。空间关系的动态性表现在一个地理实体相对于另一个地理实体的位置随时间发生的变化。

因此，时空过程包括地理实体几何形态变化、地理实体属性变化、空间关系动态变化。例如，三峡水库随着蓄水或泄洪水位的变化而引起的库区淹没范围变化属于地理实体几何形态变化；地籍管理中的地块历史归属属于地理实体属性变化。

时空过程需要时空数据模型的支持。时空数据模型是在时间、空间和属性语义方面更加完整地模拟客观地理世界的数据模型，但时空数据模型的数据组织和处理方法与非空间的数据库模型有很大差别，因此对时空数据模型的研究存在很大的难度和挑战。

（二）基于 SQL 扩展的空间查询语言

SQL 是关系数据库的核心，对存储在关系数据库表格中的数据有着很强的查询能力。在空间查询中，GIS 可以通过 SQL 出色地完成空间数据库中地理实体的属性数据查询，同时还可以利用 SQL 语句支持的诸如 COUNT、SUM、AVERAGE 等内置函数完成对属性数据的集合查询，关系数据库中大对象（Large object，LOB）的出现，使得在关系表的字段中存储变长的空间数据成为可能。许多 GIS 软件和空间数据库产品都通过 LOB 实现了地理信息的空间数据和属性数据全关系数据库存储，如 Oracle Spatial。但通过 LOB 存储的空间数据本质上是一些不为 SQL 直接解译的“数据包”，要想解译出这些“数据包”中的空间信息就必须通过应用程序完成。应该说，用 LOB 进行空间数据的存储，实属使用关系数据库进行变长复杂空间数据存储查询的过渡和“无奈之举”。

由于 SQL 及其扩展的空间查询对应用者的要求很高，所以比较适合专业领域人员而不是普通用户。它是一种专业开发人员的查询语言，这种查询方式应该是在对空间信息系统和空间数据库进行开发时使用。

1. 基于 SQL 的空间数据类型和空间算子描述

ADT 是 SQL3 支持的类似于面向对象概念的数据类型。ADT 的定义可用三元组表示：（D，S，P）。其中，D（data）是数据对象，S（structures）是 D 上的关系集，P（operation）是对 D 的基本操作集。ADT 的格式定义如下：

ADT 抽象数据类型名 {

数据对象：〈数据对象的定义〉

数据关系：〈数据关系的定义〉

基本操作：〈基本操作的定义〉

}ADT 抽象数据类型名

其中，数据对象和数据关系的定义用形式化伪码描述。基本操作的定义格式为：

基本操作名（参数表）

初始条件：〈初始条件描述〉

操作结果：〈操作结果描述〉

ADT 将数据对象、数据关系和基本操作从形式上封装到了一起，利用 ADT 建模有以下几个优点：不用考虑具体的语言代码实现过程，有利于程序员专心解决数据模型的整体设计；面向对象，一个对象对应一个 ADT；包含数据组织部分和数据操作部分，数据和相应操作相关联，关系明确；ADT 过渡到编程级要求时，是一个逐步求精的过程，有利于提高代码的重用率。

OpenGIS 简单要素规范的目的是制定一个标准的基于 ODBC API 的 SQL 方案，使该方案能够支持简单地理要素集的存储、提取、查询、更新。OpenGIS 的简单地理空间要素集以具有几何类型字段的表的形式存储在关系数据库中，每个要素就是表中的一行，要素的非空间属性以标准 ODBG SQL92 类型定义，空间属性以附加定义的几何对象的类型来确定，可以实现地理空间要素的空间数据与属性信息的无缝存储。规范中描述的几何对象模型对几何元素进行定义。

2. 基于用户自定义类型的空间数据类型实现

用户自定义类型（UDT）是 SQL 提供的支持用户根据自身需求在关系数

据库里扩展自定义类型的方法。不同关系数据库产品提供 SQL 创建用户自定义类型的方法不同，Oracle 数据库采用 SQL 标准的 CREATE TYPE 语句实现用户自定义类型。该语句功能十分强大，相对应的语法十分复杂，其核心简化格式如下：

CREATE[OR REPLACE]TYPE type_name {AS OBJECT ｜ UNDER supertype_name}

（Attribute_name datatype[，attribute_name datatype]…

[MEMBER FUNCTION function_spec，]•••]

）[{FINAL ｜ NOT FINAL}][{INSTANTIABLE ｜ NOT INSTANTIABLE}]；

其中：OBJECT 关键字表示定义的类型是对象类型；UNDER 表明创建的对象类型为一个已经存在的对象类型的子类型；MEMBER FUNCTION 用于说明成员函数（方法）；FINAL ｜ NOT FINAL 声明该对象类型能否作为任何子类型的父类型从而被继承；INSTANTIABLE ｜ NOT INSTANTIABLE 表明该对象类型能否创建实例。

对象类型的重编译和删除使用 ALTER TYPE 和 DROP TYPE 语句实现。以 Oracle 数据库为例，通过 UDT 对 Geometry，Point、LineString、Polygon 四个典型的空间数据类型进行定义，说明对象类型的定义及聚合、继承、多态等面向对象性质的实现。

3. 基于用户自定义函数的空间算子实现

用户自定义函数（UDF）是 SQL 提供的扩展数据库功能的方法，这些函数添加到标准 SQL 之中，为 SQL 查询提供了丰富的数据操作和管理工具集。根据实现方式的不同，用户自定义函数分为有源函数和外部函数。使用 SQL 已有函数创建的函数称为有源函数；使用 C、C++ 或 Java 语言等高级语言实现，为外部调用访问的函数称为外部函数。由于直接操作对象的成员变量，空间数据类型的成员函数实现功能相对简单，可采用有源函数的方式使用 SQL 语句在 PLSQL 中实现。空间关系函数和空间分析函数由于算法复杂，适合使用外部函数的方式，调用高级语言编写的 DLL 实现，然后在关系数据库中进行注册调用。

创建函数的 SQL 语句 CREATE FUNCTION 语句的通用形式如下所示：

CREATE[OR REPIACE]FUNCTION function name

[（[arg{IN ｜ OUT}]datatype，…]

RETURN datatype {IS/AS）function_body_here

对象类型方法的定义方法与关系数据库中存储过程非常相似。可以制定创建或替换（CREATE OR REPLACE），可以命名函数，还可以指定若干参数，这些参数可以是输入（IN）参数，也可以是输出（OUT）参数。对方法而言，参数是可选的，但是必须指定返回（RETURN）类型。

以 Oracle 数据库为例，通过 UDF 对点类型的构造函数 point（ ）和线类型计算长度的函数 length（ ）进行说明。这两个函数均采用有源函数的方式在 PL\SQL 中实现。

（三）自然空间查询语言

自然空间查询语言是指利用人类自身使用自然语言（汉语）这种表达形式对各种空间查询进行描述的语言，即基于自然语言的空间查询语言。（Egenhofer）指出，支持自然语言描述空间信息查询请求是 GIS 与用户自然语言交互过程的重要内容，如“河南省图书馆在哪里”“测绘学院 1 km 范围内的医院有哪些”就是汉语自然语言空间查询语句。通过这些实例不难看出，自然语言的空间查询语句简单易懂，对用户所需空间操作的表达自然直接。与 SQL 及扩展 SQL 查询相比，自然语言的空间查询应该是普通用户使用的一种空间查询方式。

1. 自然空间查询语言的解译过程

自然空间查询语言的解译过程是一个自然语言处理的过程，就是研究如何利用计算机来理解和处理自然空间查询语言，即把计算机作为语言研究的工具，在计算机技术的支持下对自然空间查询语言进行定量化的研究。

用户通过查询界面输入查询要求和显示查询结果，输入的查询语句的处理流程如下：首先，用户在查询界面中输入自然空间查询语句（如“河南省图书馆在哪里”“陇海路有多长”“距测绘学院 1 km 内的医院有哪些”等），在解译器中通过空间知识库（空间词典、空间查询句型模板、句法规则、空间语义）对用户输入的空间查询语句进行空间分词、句法分析和语义分析，将自然空间查询语句解译成空间查询函数；其次，根据解译出的地理实体名称（测绘学院）或空间目标种类（医院），通过扩展 SQL 访问空间数据库，查询出对应的地理实体或地理实体集；再次，空间查询函数再对查询出的地理实体或地理实体集进行空间查询操作（空间定位、度量求算、距离求算、拓扑分析、路径分析等），以得到最终的查询结果集；最后，由解译器根据结果的表达需求，用图形或文字（文字方式还将使用空间知识库中的查询结果模板）将查询结果输出到用户查询界面显示。

（1）空间分词。空间分词就是根据空间知识库中的空间词典，根据一定的算法，把基于自然语言的空间查询语句切分成一个个汉语词语的过程。根据空间词典的构成成分，空间分词的过程包括在地理实体名称库中匹配出已有的地理实体名称（如河南省图书馆、陇海路等），在空间词汇库中匹配出空间词汇（如东、南、上、下、长度、高程、范围、交叉、路径等），在查询词汇中匹配构成自然空间查询语句的其他辅助成分。同时，空间分词要完成未登录词识别（数词处理、地名识别、译名识别、其他专名识别）的任务。空间分词的最终结果就是输出切分好的词语链表和对词语进行词性标注。

（2）句法分析。句法分析是指判断输入的单词序列（一般为句子）的构成是否合乎给定的句法，分析出合乎语法的句子的句法结构。句法结构一般用树状数据结构表示，通常称之为句法分析树（简称“分析树”）。句法分析的任务包括判断句子属于某种语言、消除句子中词法和结构歧义、分析句子的内部结构三项。通过句法分析要识别出查询语句的查询目标、查询条件、查询实体等，为语义分析和空间查询函数转换做好准备。

由于空间查询语言的句法结构相对固定、数量有限，基于自然语言的空间查询语言的句法分析重在通过句法分析得到句子的内部结构，匹配自然空间查询语言的句法规则，分析空间查询语句是否符合句法规则，得到空间查询语句的句子结构。

（3）语义分析。如何才能确定空间分词和句法分析后的各个句子成分所代表的空间语义呢？这就需要进行语义分析。从某种意义上讲，自然空间查询语言解译的最终目的就是在语义理解的基础上，根据用户的需求，对空间目标进行相应的空间操作，以得到查询的结果。由于词是能够独立运用的最小语言单位，句子中每个词的含义及其在特定语境下的相互作用和约束构成了整个句子的含义。基于自然语言学的这一基本观点，对自然空间查询语言语义分析的研究就可以落实在自然空间查询语句句子成分构成的语义框架的研究上。因此，分析、总结各种空间语义对应的语义框架是十分重要的，匹配语义框架成功的句子成分将根据其在语义框架的位置进行填充和语义标引，最终确定空间查询语句所要执行的空间查询函数。

（4）空间查询执行。空间查询函数在空间数据库中查询出对应的地理实体或地理实体集，然后对这些地理实体或地理实体集进行空间查询操作（由空间语义解释获得，如空间定位、度量求算、距离求算、拓扑分析、路径分析等），从而得到最终的查询结果集。

（5）查询结果的表示。解译器将空间查询函数得到的查询结果集根据用户的需求输出到用户查询界面上。空间信息在认知中有两种表达方式，即文字方式和图像（图形）方式。图形是空间信息系统独特的信息表达方式，空间信息可通过图形直观、清晰地显示出来。这种方式可用于对空间目标和空间关系查询的描述，尤其是可将文字难以描述或描述困难的复杂空间关系直观地表示出来。例如，“河南省图书馆在绿城广场哪个方向”这个空间查询语句的查询结果如果用文字描述为“河南省图书馆在绿城广场的西南方向”，显然这种描述还是比较模糊，用图形则能清晰、直观地表达出两者的关系。

用文字形式输出查询结果的过程是解译器将空间查询函数得到的查询结果根据语义框架对应的结果模板组织成自然语言的查询结果，并将结果输出到用户查询界面显示。文字形式多用于描述用户的空间目标和空间度量关系查询。例如，空间目标查询“河南省图书馆在哪”的查询结果使用查询结果模板“查询目标 +‘在’+‘北（南）纬’+ 纬度值 +‘东（西）经’+ 经度值”描述为“河南省图书馆在东经 113° 37′16.59″，北纬 34° 44′39.87″”（空间定位描述方式）或者使用“查询目标 +‘在’+ 相对目标 + 方位词”模板表示为“河南省图书馆在河南省工业大学北边”（空间关系描述方式）；空间度量关系查询“陇海路有多长”（其空间查询句型模板为“查询目标 +‘多长’”）的查询结果模板是“查询目标 + 数量（返回数值）+ 量词 +’长’”，查询结果为“陇海路长 10.6 km”。

由于文字和图形都是语言表达形式，两者可以取长补短，互相转换。尤其是对空间目标查询时，既可以发挥文字描述简单通用的特点，又可发挥图形表示直观形象的优势。

2. 自然空间查询语言的空间知识库

自然语言中地理空间的概念都是通过词、句法和语义表示的。词是指构成空间查询语句的各类分词单位，它是空间词典中的一个地名，代表实实在在的一个地理实体。句法是指空间查询模板和结果模板中的各种空间查询模板表示的句子结构。语义是指分词单位和句法所构成的自然空间查询语句中蕴含的空间语义。空间查询知识就是指上述自然空间查询语言中的词法、句法、语义等语法知识、语义知识和语用知识。

空间知识库就是通过把自然空间查询语言中词法、句法、语义等语法知识、语义知识甚至是语用知识用一定的计算机知识表示的方法建立起来的知识库。它依靠大量的语言学知识，并将这些知识形式化，从而得到自然空间查询语言解译过程中所需的各种知识。整个空间查询语言的解译过程都需要以上空间知识库的支持。

（1）空间查询词典知识。通过对空间查询语句的总结分析，自然空间查询语言的词汇包括三大类：地理实体名称类、空间词汇类和查询词汇类。地理实体名称类是指空间数据库中的地理实体的名称及查询知识；空间词汇类是用于表示地理实体位置、空间关系和时空过程的汉语词汇；查询词汇类是指除了地理实体名称和空间词汇以外的构成自然空间查询语句成分的词汇。

①地理实体名称（GEN）。用于描述空间查询语句中的地理实体名称，可以包含编码、地理实体名称、词频权重、实体种类等语义项。其中，地理实体名称与空间数据库中地理实体的名称一致，可以在空间数据入库的时候一同构建，也可以从已有的空间数据库中抽取；词频权重表示该地理实体被查询的频度，词频权重越高，则在智能输入、模糊查询、词义消歧时可优先选择；实体种类表示该地理实体在汉语认知空间的分类，地理实体的种类信息十分丰富，应尽可能地总结归纳，且在归纳总结的过程中一定要将汉语自然语言对地理实体的定义和说明突出考虑，以适应人们的日常习惯。地理实体名称词典中的词是从语言成分的角度对自然空间查询语句中地理实体的认识，这些词代表着地理空间中一个个实实在在的地理实体，因此地理实体名称词典中的词还有两个隐藏的知识，即地理实体的位置和属性。

②空间词汇（SW）。空间词汇是指具有空间语义的词汇，分为位置、方位、度量、拓扑、网络等类型，分别说明实体位置、空间方位关系、空间度量关系、空间拓扑关系、空间网络等语义。

③查询词汇（QW）。查询词汇表示构成自然空间查询语句查询成分的词汇。根据自然空间查询语言的特点以及空间知识库的空间领域知识，空间查询词汇一般分为 7 种：查询动词（QV）、查询条件词（QC）、查询助词（QA）、查询疑问词（QI）、数词（QU）、量词（QM）、逻辑词（QL）。

不难看出，以上词典知识代表着地理空间中地理实体的分类、位置及属性，表示地理实体间的关系以及时空过程，是非常典型的事实知识。除了根据系统应用范围对地理实体名称及相应的空间数据库进行组织外，其他词典知识则应该在词典构建时尽可能完整地收集用于表达这些知识的汉语词汇，包括对应的同义词、近义词等。

（2）空间查询模板知识。模板文法又可称为关键字匹配文法，是早期自然语言理解采用的研究方法。基于模板文法的自然语言理解系统存储了一系列的语言模板，在解译自然语言时，系统会将输入的自然语句逐个同已存储的语言模板匹配，如果匹配成功，则执行该模板的一个解释。这种方法的优缺点十分明显，优点是应用明确、处理简单、控制性强，因此在具体的受限领域中有着较好的应用；缺点是模板总是有限的，不可能穷尽自然语句的所有解译形式，解译系统对句子的分析能力完全取决于模板的数量，而模板过多会导致解译的效率低，模板间也存在着词法、句法或语义交叉的问题。

空间查询模板知识对于完成空间分词、词义消歧、未登录词获取、句法分析和语义分析都起到了重要的控制作用，是典型的控制知识。在空间分词时，通过空间查询模板首先可以确定自然空间查询语句分词的重要控制词汇，进而初步确定查询语句的句子结构，为空间分词做好预处理，这样不仅减少了空间分词的词汇数量，而且可以大大提高分词的速度及准确性；通过空间查询模板的控制，可以避免一定的分词歧义，减少词义消歧的工作量，同时还可以初步确认未登录词。在句法分析时，通过匹配空间查询模板就可以初步确认句子结构。空间查询模板一般包括地理实体查询模板、空间方位查询模板、空间度量查询模板和路径查询模板等类型。空间查询模板一般由问题模板和结果模板构成。

在自然空间查询语言解译系统实现时采用空间查询句型模板的另一种表现形式——程序方式体现。以上空间查询句型模板将对应一个模板函数，在模板匹配函数的控制下，调用空间查询句型模板进行空间分词预处理以及未登录词识别操作。

（3）空间查询句法知识。空间查询句法知识是自然空间查询语言文法进行分析后，依据自然空间查询语言的受限性，将自然空间查询语句的句法结构进行总结得到的知识。它是句法分析的基础。只有将自然空间查询语言的句法知识进行详细的总结，才能得到较为完善的空间查询句法结构。然后在对这些句法结构进行定义的基础上，构建句法规则库，为自然空间查询语言进行句法分析提供分析的依据，从而识别出空间查询语句的查询条件、查询目标和查询实体等构成成分。

语言是句子的集合，其中每个句子是该语言词汇表中一个或多个符号（词）的字符串。句法就是这个句子集合的有限的形式说明。由于自然空间查询语句句法简单且句子间无上下文相关，所以其属于上下文无关句法。自然空间查询语句的句法可分为两类：陈述句和疑问句。其中，陈述句所占比例最大。

（4）空间语义知识。从某种意义上讲，自然语言处理的最终目的是在语义理解的基础上实现相应的操作。一般来说，一个自然语言处理系统如果完全没有语义分析的参与通常不可能获得很好的系统性能。空间语义知识就是指自然空间查询语言中涉及的各种语义，是对自然空间查询语言进行语义分析的基础。通过语义分析就可以解译并执行自然空间查询语言表示的用户所需空间操作。在这些语义中，空间语义是核心，这是由于自然空间查询的主题就是地理实体、空间关系及时空过程，因此对空间语义的研究十分重要。除空间语义外，自然空间查询语言还包括查询语义，即体现自然空间查询语言查询语用的语义，包括条件关系语义和逻辑关系语义。空间语义一般分为内部空间语义、外部空间语义和空间查询语义三大类，也可以细分为地理实体语义、空间方位语义、空间拓扑语义、空间度量语义、空间网络语义、条件关系语义和逻辑关系语义等。

自然语言学中框架语义表示法是用于表示空间语义的一种使用方法。对构成空间语义的每个核心框架元素和非核心框架元素进行详细描述，便可很好地说明该空间语义所要执行的空间操作以及与其他空间语义的关系。

三、空间查询处理与优化

空间查询处理与优化是空间数据库用于提高空间查询效率的技术基础，是空间数据库技术的一个重要组成部分。空间数据查询的性能直接影响着空间信息系统的性能和效率。由于空间数据库依托或者采用关系数据库系统存储和管理空间数据，因此关系数据库相关查询处理和优化技术对空间查询处理与优化起到一定的作用。但空间数据的特性决定了空间数据查询处理与优化技术的特殊性，主要体现在空间数据库一般都需要建立空间索引来支持空间查询处理，还必须建立自己的代价模型进行查询优化。

根据查询约束条件的不同，空间数据库中的查询主要分为三类：基于属性特征的查询、基于空间特征的查询和基于空间关系与属性特征的联合查询。基于属性特征的查询主要实现对地理实体属性信息的查询，当筛选出满足属性要求的地理实体标识后，在空间数据库中检索对应的空间对象，再进一步进行空间对象的显示、分析等操作。基于属性特征的查询是在属性数据库中完成的。当前，在属性数据库中，地理实体属性信息大多采用关系数据库的关系表来存放，因此关系数据库查询技术可用来实现基于属性特征的查询，关系数据库查询处理优化技术也用于实现基于属性特征查询的处理和优化。基于空间特征的查询是根据给定的空间特征（如度量关系、方位关系、拓扑关系等）实现对地理实体的查询，该查询一般分两步完成：先借助空间索引和空间关系分析在空间数据库中检索出被选空间对象，再进一步进行空间对象的属性查询、显示、分析等操作。基于空间特征的查询是空间数据的特殊查询，因此其查询处理和优化技术是一个需要针对空间数据特征（满足特定空间约束条件）实施处理和优化的过程。

第七章　空间数据分析

第一节　缓冲区分析

缓冲区分析是 GIS 中重要的和基本的空间分析功能之一。缓冲区分析有着广泛的实际用途，如在一个城市中，要对某个地区做一些改变，就需要通知该地区及其周边地区一定范围（如 500 m）内的所有单位或居民；在林业方面，要求距河流两岸一定范围内规划出禁止砍伐树木的地带，以防止水土流失；在地震带，要按照断裂线的危险等级，绘出围绕每一断裂线的不同宽度的缓冲带，作为警戒线的标识；在街区改造中，要统计沿某条街两侧 200 m 以内三层楼以下的建筑物分布情况；等等。这些都要应用缓冲区的空间操作方法。

一、缓冲区分析的基本概念

缓冲区是地理空间目标的一种影响范围或服务范围，它是对一组或一类地图要素（点、线或面）按设定的距离条件，围绕这组要素形成具有一定范围的多边形实体，从而实现数据在二维空间扩展的信息分析方法。从数学的角度来看，缓冲区分析的思想是给定空间对象或对象集合，确定它们的邻域，邻域的大小由缓冲区的半径或缓冲区建立条件来决定。缓冲区主要有点缓冲区、线缓冲区和面缓冲区三种类型。

缓冲区分析是根据分析对象的点、线、面实体自动建立它们周围一定距离的带状区，用以识别这些实体对邻近对象的辐射范围或影响度，以便为某项分析或决策提供依据。

二、矢量数据缓冲区的生成

从理论上来讲，缓冲区的生成非常简单。点状地物缓冲区的建立是以点状地物为圆心，以缓冲区距离为半径绘圆。对多个点状地物同时创建缓冲区有两种情况，即相交的缓冲区融合在一起和相交的缓冲区未融合在一起。

线状目标缓冲区的建立是以线状目标为参考轴线，离开轴线两侧沿法线方向平移一定距离，并在线端点处以光滑曲线（如半圆弧）连接，所得到的点组成的封闭区域即为线状目标的缓冲区。

面状目标缓冲区边界生成算法的基本思路与线状目标缓冲区生成算法基本相同，不同的是面状目标缓冲区生成算法是单线问题，即仅对非岛多边形的外侧或内侧形成缓冲区，而对环状多边形的内外侧边界可以分别形成缓冲区。

线状目标和面状目标缓冲区的生成过程实质上是一个对线状目标和面状目标边界线上的坐标点逐点求缓冲点的过程，其关键算法是缓冲区边界点的生成和多个缓冲区的合并。缓冲区边界点的生成算法有很多种，代表性的有角平分线法和凸角圆弧法。

三、栅格数据缓冲区的生成

缓冲区分析在 GIS 中用得较多，但对矢量数据的缓冲区操作比较复杂，在栅格数据中可看作对空间实体向外进行一定距离的扩展，因而算法比较简单。

四、特殊情况下的缓冲区生成问题

（一）缓冲区发生重叠时的处理

对于形状简单的对象，其缓冲区是一个简单的多边形，但对形状比较复杂的对象或多个对象的集合，所建立的缓冲区之间往往会出现重叠，缓冲区之间可能会彼此相交。缓冲区的重叠包括多个对象缓冲区图形之间的重叠和同一对象缓冲区图形的自重叠。在实际应用中通常根据应用需求决定是否要将相交区域进行融合。对于多个对象缓冲区图形之间的重叠，可以在做参考线的平行线时考虑各种情况，自动打断彼此相交的弧段，通过拓扑分析的方法自动识别落在某个缓冲区内部的那些线段或弧段，然后删除这些线段或弧段，得到处理后的连通缓冲区。对于同一对象缓冲区图形的自重叠，通过逐条线段求交。如果有交点，且交点在该两条线段上，则记录该交点。至于该线段的第二个端点是否要保留，则看其是进入重叠区还是从重叠区出来。对于进入重叠区的点予以删除，否则记录之，便得到包括岛状图形的缓冲区。

（二）同类要素缓冲距不同时的处理

例如，根据不同的道路等级绘制不同半径的道路缓冲区，则通过建立道路属性表，根据不同属性确定其不同的缓冲区宽度。

（三）动态缓冲区生成问题

动态缓冲区生成是针对两类特殊情况提出的：一类是流域问题；另一类是污染问题。针对流域问题，除可以采用以上提到的同类要素缓冲距不同时的处理方法外，还可以基于线目标的缓冲区生成算法，采用分段处理的办法分别生成各流域分段的缓冲区，然后按某种规则将各分段缓冲区光滑连接；也可以基于点目标的缓冲区生成算法，采用逐点处理的办法分别生成沿线各点的缓冲圆，然后求出缓冲圆序列的两两外切线，将所有外切线相连即形成流域问题的动态缓冲区。

（四）复杂图形情况下的缓冲区与非缓冲区的标识处理

当原始图形比较复杂时，缓冲区分析后会产生许多封闭的多边形，在缓冲区内外的多边形区域中，为了标识区域是在缓冲带范围内还是在缓冲带范围外，应在这些多边形中加入特征属性。比如，在生成的多边形属性表中增加区域标记 INSIDE 栏。INSIDE 栏中属性为 1，表示该多边形在缓冲区外；INSIDE 栏中属性为 100，表示该多边形在缓冲区内。

第二节　空间叠加分析

一、空间叠加分析的概念

空间叠加分析是指在统一空间参照系统条件下，将同一地区两个地理对象的图层进行叠加，以产生空间区域的多重属性特征，或建立地理对象之间的空间对应关系。前者一般用于搜索同时具有几种地理属性的分布区域，或对叠加后产生的多重属性进行新的分类，称为空间合成叠加；后者一般用于提取某个区域范围内某些专题内容的数量特征，称为空间统计叠加。

二、视觉信息叠加分析

视觉信息的叠加分析是一种直观的叠加分析方法，它是将不同图层的信息内容叠加显示在屏幕或结果图件上，从而产生多层复合信息，以便判断各个图层信息的相互关系，获得更为丰富的目标之间的空间关系。

视觉信息的叠加分析通常包括以下几类：①点状图、线状图和面状图之间的叠置；②面状图区域边界之间或一个面状图和其他专题图边界之间的重叠；③遥感图与专题图的叠加；④专题图和数字高程模型叠加显示立体专题图；⑤遥感影像与数字高程模型叠置生成真三维地物景观；⑥遥感影像数据与GIS数据的叠置；⑦遥感影像与提取的影像特征（如道路）的叠置。

视觉信息叠加分析需要进行数据间的运算，不产生新的数据层面，只是将多层信息叠置，以利于直观上的观察与分析。

三、矢量数据叠加分析

（一）矢量数据叠加分析的内容

1.点与多边形的叠加

点与多边形的叠加是确定图中一个图层上的点落在另一个图层的哪个多边形中，这样就可给相应的点增加新的属性内容。

例如，一个图层表示水井的位置，另一个图层表示城市土地利用分区。两幅图叠加后就可以得出每个城市土地利用分区（如居住区）中有多少水井，也可以知道每个水井位于城市的哪个分区中。点与多边形叠加分析的算法能正确地判别所有的点在区域内、区域外或在区域边界上，可用射线法进行判断。

2.线与多边形的叠加

线与多边形的叠加是确定一个图层上的弧段落在另一个图层的哪个多边形内，以便为图层的每条弧段建立新的属性。

水系图与行政区划图叠加可得到每个行政区域中有哪些河流、每条河流的长度等。线与多边形叠加的算法就是线的多边形裁剪。算法的具体实现可以参照相关的计算机图形学的书籍。

3.多边形与多边形的叠加

多边形与多边形的叠加是指不同图层多边形要素之间的叠加，产生输出层的新多边形要素，用以解决地理变量的多准则分析、区域多重属性的模拟分析、地理特征的动态变化分析，以及图幅要素更新、相邻图幅拼接、区域信息提取等。

例如，土壤类型图层与城市土地利用分区图层叠加，可得出城市各功能分区的土壤类型的种类，进而计算出某种功能区内各种土壤类型的面积。

通常所说的矢量数据的叠加分析都是指多边形与多边形的叠加分析，虽然其数据存储量比较小，但运算过程比较复杂。设参与叠加的两个图层中被叠加的多边形为本底多边形，用来叠加的多边形称为上覆多边形，叠加后产生的具有多重属性的多边形称为新多边形。多边形与多边形叠加算法的核心是多边形对多边形的裁剪，多边形裁剪比较复杂，因为多边形裁剪后仍然是多边形，而且可能是多个多边形。多边形裁剪的基本思路是一条边一条边地裁剪。

（二）GIS 软件提供的多边形与多边形叠加分析的主要功能

多边形与多边形的叠加分析具有广泛的应用，它是空间叠加分析的主要类型，一般基础 GIS 软件都提供该类型的叠加分析功能。以 ArcGIS 为例，提供的多边形与多边形叠加分析功能包括以下六种。

1. Union

并的操作，输出图层为保留原来两个输入图层的所有多边形。如果是表示同一地区不同时期的地理形态的两个图层，通过 union 操作后可以得到这个地区的两个时期的所有形态。

2. Intersect

交的操作，输出图层为保留原来两个输入图层的公共多边形。上述两个图层叠加，通过 intersect 操作后可得到这个地区两个时期共有的形态，即均未发生改变的形态。

3. Identity

识别操作，进行多边形叠加，输出图层为保留以其中一个输入图层为控制边界之内的所有多边形。显然，这时两个图层叠加后，可以清晰地反映出该地区经过这两个时期动态变化的形态。

4. Erase

擦除操作，进行叠加后，输出图层为保留以其中一个输入图层为控制边界之外的所有多边形。显然，这时表示在将更新的特征加入之前，需将控制边界之内的内容删除。

5. Update

更新操作，输出图层为一个经删除处理后的图层与一个新的特征图层进行合并后的结果。

6. Clip

进行多边形叠加，输出图层为按一个图层的边界对另一个图层的内容要素进行截取后的结果。

四、栅格数据的叠加分析

（一）栅格数据叠加分析的概念

基于栅格数据的叠加分析可以通过像元之间的各种运算来实现。设 A、B、C 表示第一、第二、第三各层上同一坐标处的属性值，f 函数表示各层上属性与用户需要之间的关系，U 为叠加后属性输出层的属性值，则：

$$U=f(A, B, C) \tag{7-1}$$

叠加操作的输出结果如下：①各层属性数据的平均值（简单算术平均或加权平均等）；②各层属性数据的最大值或最小值；③算术运算结果；④逻辑条件组合。

（二）栅格数据叠加分析的作用

1. 类型叠加

类型叠加即通过叠加获取新的类型。比如，将土壤图与植被图叠加以分析土壤与植被的关系。

2. 数量统计

数量统计即计算某一区域内的类型和面积。比如，通过行政区划图和土壤类型图可计算出某一行政区划中的土壤类型数，以及各种类型土壤的面积。

3. 动态分析

动态分析即通过对同一地区、相同属性、不同时间的栅格数据的叠加，分析由时间引起的变化。

4. 益本分析

益本分析即通过对属性和空间的分析计算成本、价值等。

5. 几何提取

几何提取即通过与所需提取的范围的叠加运算，快速地进行范围内信息的提取。

第三节　网络分析

空间网络分析是 GIS 空间分析的重要组成部分。网络是一个由点、线的二元关系构成的系统，通常用来描述某种资源或物质在空间上的运动。城市的道路交通网、供水网、排水管网、水系网都可以用网络来表示。

网络分析的用途很广，如出租车行车路线或紧急救援行动路线的最短路径选择；当估计排水系统在暴雨期间是否溢流及泛滥时，需要进行网络流量分析或负荷估计；城市消防站分布和医疗保健机构的配置等，也可以看成利用网络和相关数据进行资源的最佳分配。这类问题在社会经济活动中不胜枚举，因此在 GIS 中此类问题的研究具有重要意义。

面向网络的数据通常用图的形式进行描述，任何一个能用二元关系描述的系统都可以用图提供数学模型，因此网络图论是网络分析的重要理论基础。

一、空间网络的基本要素

空间网络除具有一般网络的边和结点间抽象的拓扑特征外，还具有 GIS 空间数据的几何定位特征和地理属性特征。各类空间网络虽然形态各异，但是构成网络的基本要素主要包括以下几种。

（一）连通路线或链（Link）

网络的 Link 构成了网络模型的框架。Link 表示用于实现运输和交流的相互连接的线性实体。它可用于表示现实世界网络中运输网络的高速公路、铁路以及电网中的传输线和水文网络中的河流，其状态属性包括阻力和需求。

（二）结点（Node）

Node 是指 Link 的起止点。Link 总是在 Node 处相交。Node 可以用来表示道路网络中的道路交叉点、河流网中的河流交汇点。

（三）停靠点（Stop）

Stop 是指在某个流路上经过的位置。它代表现实世界中邮路系统中的邮件接收点或已知公路网中所经过的城市，其状态属性有资源需求，如产品数量。

（四）中心（Center）

Center 是指网络中一些离散位置，它们可提供资源。Center 代表现实世界中的资源分发中心、购物中心、学校、机场等。其状态属性包括资源容量，如总的资源量、阻力限额（如中心与链之间最大的距离或时间限制）。

（五）转弯（Turn）

Turn 代表了从一个 Link 到另一个 Link 的过渡。与其他的网络要素不同，Turn 在网络模型中并不用于模拟现实世界中的实体，而是代表 Link 与 Link 之间的过渡关系。其状态有阻力，如拐弯的时间和限制。

（六）障碍（Barrier）

空间网络要素的属性除了一般 GIS 所要求的名称、关联要素、方向、拓扑关系等空间属性之外，还有一些特殊的非空间属性。

1. 阻强

阻强指物流在网络中运移的阻力大小，如所花时间、费用等。阻强一般与弧的长度、弧的方向、弧的属性及节点类型等有关。转弯点的阻强描述物流方向在结点处发生改变的阻力大小，若有禁左控制，则表示物流在该结点往左运动的阻力为无穷大或为负值。为了网络分析需要，一般要求不同类型的阻强要统一量纲。

2. 资源需求量

资源需求量指网络系统中具体的线路、弧段、结点所能收集的或可以提供给某一中心的资源量，如供水管网中水管的供水量、城市交通网络中沿某条街的流动人口、货运站的货量等。

3. 资源容量

资源容量指网络中心为满足各弧段的要求所能提供或容纳的资源总量，也指从其他中心流向该中心或从该中心流向其他中心的资源总量，如水库的容量、货运总站的仓储能力等。

二、网络分析的基本方法

（一）路径分析

路径分析是 GIS 中最基本且非常重要的功能，其核心是最优路径的求解。

在交通网络中，救护车需要了解从医院到病人家里走哪条路最快；在运输网络中，有时需要找出运输费用最小的路径；在通信网络中，要找出两点间进行信息传递具有最大可靠性的路径等。路径分析还有两个非常著名的应用：边最优游历方案和点最优游历方案，即著名的中国邮递员问题和推销员问题。

路径分析中大量的最优化问题都可以转化为最短路径问题，因而人们讨论最多的就是最短路径的实现，其中最著名的最短路径搜索算法被公认为最好的算法之一。为了求出最短路径，需要先计算网络中任意两点间的距离（如果要计算最短路径，任意两点间的距离为实际距离；如果要计算最佳路径，则可设置为起点到终点的时间或费用），并形成阶距离矩阵或权阵。

（二）资源分配

资源分配用来模拟地理网络上资源的供应与需求关系，主要包括中心定位与资源分配两个方面。其中，定位问题是指已知需求源的分布，要确定最合适的供应点布设位置；分配问题是指已知供应点，要确定供应点的服务对象，或者说是确定需求源分别接受谁的服务。通常这是两个需要同时解决的问题，所以合称为定位与分配问题。

（三）连通分析

人们常常需要知道从某一结点或网线出发能够到达的全部结点或网线，这一问题称为连通分量求解。另一连通分析问题是最少费用连通方案的求解，即在耗费最小的情况下使全部结点相互连通。连通分析对应图的生成树求解，通常采用深度优先遍历或广度优先遍历生成相应的树；最少费用求解过程则是生成最优生成树的过程，一般采用 Prim 算法或 Kruskal 算法。

（四）流分析

所谓流，就是将资源由一个地点运送到另一个地点。流分析的问题主要是按照某种最优化标准（时间最少、费用最低、路程最短或运送量最大等）设计运送方案。为了实施流分析，就要根据最优化标准的不同扩充网络模型，把中心分为收货中心和发货中心，分别代表资源运送的起始点和目标点。这时发货中心的容量就代表待运送资源量，收货中心的容量代表它所需要的资源量。网线的相关数据也要扩充，如果最优化标准是运送量最大，就要设定网线的传输能力；如果目标是使费用最低，则要为网线设定传输费用（在该网线上运送一个单位的资源所需的费用）。

（五）选址

选址功能涉及在某一指定区域内选择服务性设施的位置，如市郊商店区、消防站、工厂、飞机场、仓库等的最佳位置的确定。在网络分析中，选址问题一般限定设施必须位于某个结点或位于某条网线上，或者限定在若干候选地点中选择位置。选址问题种类繁多，实现方法和技巧也多种多样，不同的GIS在这方面各有特色。造成这种多样性的原因主要在于对“最佳位置”的解释（用什么标准来衡量一个位置的优劣），以及要定位的是一个设施还是多个设施。

第四节　数字高程模型

一、地形的基本概念

人们生活在地球上，并与地球表层处处发生联系：工程师在地表设计、构筑楼房；地质学家研究地表结构；地貌学家想了解地表形态和地物形成的过程；测绘工作者则对地形起伏进行各种测量，并用线划图和正射影像等描述地形。尽管专业领域不同，研究的侧重点各异，但他们有着共同的希望：用一种既方便又准确的方法来表达实际的各种地形起伏。

简单地说，地形是指高低起伏的地球表面形状。根据百度，地形指的是地物形状和地貌的总称，具体指地表以上分布的固定性物体共同呈现出的高低起伏的各种状态。

（一）局部地形的特征

局部地形的几何特征包括点和线两大类。特征点是指那种比一般地表点包含更多或更重要信息的地表点，如山峰或山丘的顶点、洼地的底点、鞍部等。特征线是将特征点连接而成的线条，如山脊线与山谷线。山脊线上所有的点都是局部最高点，相反，山谷线上所有的点都是局部最低点。鞍部实际上是山脊线和山谷线的交汇，既是（山谷线上的）局部最高点，也是（山脊线上的）局部最低点。所以，特征点和特征线不仅包含自身的空间信息，还隐含地表达了其自身周围地形特征的某些信息。

另外，还有一类特征点是变坡点，在这些点上坡度变化较大。事实上，顶点和山谷都是变坡点。断裂线也可以认作一类特征线，主要指地形表面坡度变化非常剧烈之处的线性特征，如陡崖或沟壑边沿。

（二）大范围地形的分类

地球表面地形分为陆地地形和海底地形。海底地形通常划分为大陆架、大陆坡、海沟、海盆（海洋盆地）和大洋中脊等类型。这里主要讨论陆地地形。全国或者一个地区范围的地形在宏观形态上常常具有许多典型的特征。地球表面各种形态的总称又称地貌。

考虑地形特征和成因是因果关系的统一体，在宏观的地形划分原则上，国内外学者已形成形态和成因相结合的一致认识。根据外应力，地形通常划分为流水地貌、湖成地貌、干燥地貌、风成地貌、黄土地貌、喀斯特地貌、冰川地貌、冰缘地貌、海岸地貌、风化与坡地重力地貌等。根据内应力，通常划分为大地构造地貌、褶曲构造地貌、断层构造地貌、火山与熔岩流地貌等。

地貌形态类型指根据地表形态划分的地貌类型。根据海拔，我国的地形地势可粗略地分为三级阶梯。第一级阶梯平均海拔在 4 000 m 以上，号称“世界屋脊”。第二级阶梯海拔则下降到 1 000 ~ 2 000 m，有一系列宽广的高原和巨大的盆地。第一级阶梯和第二级阶梯的界线：西起昆仑山脉，经祁连山脉向东南到横断山脉东缘。第三级阶梯上分布着广阔的平原，间有丘陵和低山，海拔多在 500 m 以下。第二级阶梯和第三级阶梯的界线：由东北向西南依次是大兴安岭、太行山、巫山、雪峰山。

在划分指标的选择上，根据不同的侧重点，有的以单一指标划分，有的以双指标组合划分或双指标综合曲线划分。综合来看，我国陆地地貌习惯上划分为山地、平原、高原、丘陵和盆地五大基本形态类型。

二、地形的图形图像表达

千百年来，人们为了认识自然和改造自然，不断地尝试用各种方法来描述、表达自己周围熟悉的地形与地物。地形的图形图像表达即是将地球表面起伏不平的地形以抽象图形和视觉感知再现的图像形式表示在平面图（地形图）上。

（一）地形的写景（描景）表达

在古代，人们用写意的山脉图画表示山势，用闭合的山形线表示山脉的位置及延伸方向的西汉地图出现在公元前 2 世纪早期的马王堆汉墓中。因此，以绘画为主要形式的写景（描景）表达可以说是最古老的一种地形表示法。

直到18世纪前，用透视或写景法以尖锥形（三角形）或笔架形符号表示山势和山地所在的位置是地形图表达的主要方式。

虽然图画可以把人们看到的和接触到的各种地形景观生动地描绘出来，但这些信息仅能粗略地展示地形起伏的形态特征和地物的色彩特性，精确的定量描述能力则非常有限。

（二）地形的图形表达

地形的图形表达主要是指用线画或符号来表达，如晕渲法和等高线等。

晕渲图在早期西方地图中很常用。早在1749年，晕渲法就由帕克用在《东肯特地区自然地理图》中显示河谷地区的地表形态；德国人莱曼于1799年正式提出了具有统一标准的科学地貌晕渲法。晕渲法的表达方式是坡度线。线段的长度表示坡线长度，线段的方向表示坡线方向，线段粗细表示坡度陡缓。线段越粗，坡度越陡。这样的处理使地形图的显示效果中，坡度低平的地方颜色明亮，坡度陡峭的地方颜色阴暗。

等高线被认为是地图史上的一项重大发明。1791年，杜朋－特里尔最早用等高线显示了法国的地形。等高线将地形表面相同高度（或相同深度）的各点连线，按一定比例缩小投影在平面上呈现为平滑曲线。等高线也叫等值线、水平曲线。地形等高线的高度是以海平面的平均高度为基准起算，并以严密的大地测量和地形测量为基础绘制而成，它能把高低起伏的地形表示在地图上。可量测性使等高线表达在过去、现在及将来都很重要。

（三）地形的图像表达

广义上，图像就是所有具有视觉效果的画面，如晕渲图和深度图（景深图）。

1716年，德国人高曼最先采用晕渲法。晕渲法应用光照原理，以色调的明暗、冷暖对比来表现地形，又称阴影法，基本原理是“阳面亮、阴面暗”。它的最大特点是立体感强，在方法上有一定的艺术性。晕渲通常以毛笔及美术喷笔为工具，用水墨绘制，也可用水彩（或水粉）绘制成彩色晕渲。晕渲法对各种地貌进行立体造型，能得到地形立体显示的直观效果，便于计算机实现且具有良好的真实感，成为当今应用较多的一种地形表示法。

深度图是指包含从视点到场景中对象表面的距离的图像。深度图用亮度成比例地显示从摄像机（或焦平面）到物体的距离，越近的物体颜色越深。根据这种原理，假设视点无限高，用不同的灰度值来表达不同的高程的影像也是一种深度图。但越远的表面颜色越深。根据高低用颜色来表示叫分层设色法。

与各种线划图形相比，影像无疑具有自己独特的优点，如细节丰富、成像快速、直观逼真等，因此摄影术一出现就被广泛用于记录绚丽多彩的世界。从 1849 年开始，就出现了利用地面摄影相片进行地形图的编绘，航空摄影由于周期短、覆盖面广、现势性强而被广泛采用。仅利用单张相片虽然可以得到粗略的地面起伏信息，但难以得到高精度的地面点信息。要完全重建实际地面的三维形态，利用两张以上具有一定重叠度相片便能够重建逼真的立体模型，并可在此基础上进行精确的三维量测，这种技术被称为摄影测量。

（四）地形的图形图像结合表达

根据对各种地形表达效果的分析，同时代的晕渲法和等高线法与晕滃法相比，却具有众多的优点。因此，地形图形表达方式主要是等高线法、分层设色法和晕渲法。在实际应用时，可根据不同用途、不同目的选择不同的方法。或者结合使用，如等高线加分层设色、等高线加晕渲、分层设色加晕渲等。有些特殊地形及地形目标还需要用符号法加以补充，如等高线加分层设色、等高线加晕渲地形、具有晕渲效果的明暗等高线等。

三、地形的模型表达

模型是指用来表现事物的一个对象或概念，是按比例缩小并转变为我们能够理解的形式的事物本体。建立模型可以有许多特定的目的，如定量分析、可靠预测和精准控制等。在这种情况下，模型只需要具备足够重要的细节以满足需要即可。同时，模型可以被用来表现系统或现象的最初状态，或者用来表现某些假定或预测的情形等。一般说来，模型可以分为三种不同的类型，即概念模型、实物模型和数学模型。

（一）概念模型

概念模型是基于个人的经验与知识在大脑中形成的关于状况或对象的模型。概念模型往往形成了建模的初级阶段。然而，如果事物非常复杂而难于描述，则建模也许只能停留在概念的形式上。因此，地形的概念模型可以是实际地形按比例缩小的实物模型或者抽象的数学模型，以及全数字化的影像或点线面模型等。

（二）实物模型

实物模型通常是一个模拟的模型，如用橡胶、塑料或泥土制成的地形模型等。摄影测量中广泛使用的基于光学或机械投影原理的三维立体模型，以及全息影像都属于实物模型。地形的实物模型都是按照军事人员、规划人员、景观建筑师、土木工程师和地球科学的许多专家的要求去做的。过去，地形模型都是实物的，如在第二次世界大战中美国海军的许多模型都是用橡皮制作而成的。在 1982 年英国同阿根廷的马岛战争中，英军大量使用由沙和泥制作而成的地形实物模型来研究作战方案。今天，实物模型在博物馆和教学科研等场合同样常见。实物模型的尺寸通常要比实际的小很多。

（三）数学模型

数学模型一般是基于数字系统的定量模型。根据问题的确定性和随机性，数学模型又有函数模型和随机模型之分。采用数学模型具有以下明显的优点：

第一，理解现实世界和发现自然规律的工具。

第二，提供了考虑所有可能性、评价选择性和排除不可能性的机会。

第三，有助于将解决问题的结果推广并应用到其他领域。

第四，帮助明确思路，集中精力关注问题更重要的方面。

第五，使问题的主要成分能够被更好地观察，同时确保交流，减少模糊，增加对问题一致性看法的概率。

地形的数学建模一般仅把基本地形图中的地形要素，特别是高程信息作为地面模型的内容，因此地形数学模型是要素平面坐标（x，y）和其他性质的数据集合。这个数据集合从微分角度三维地描述了该区域地形地貌的空间分布。数字地形模型更通用的定义是描述地球表面形态多种信息空间分布的有序数值阵列。

四、地形的数字化表达：数字高程模型

（一）数字高程模型的起源和内涵

20 世纪 50 年代，摄影测量学被广泛应用到高速公路设计中，用来获取地形数据。罗伯茨（Roberts）第一次提出了将数字计算机应用到摄影测量中来获取高速公路规划和设计用的数据。1955—1960 年，美国麻省理工学院摄影测量实验室主任米勒（Miller）教授最先将计算机与摄影测量技术结合在一起，比较成功地解决了道路工程的计算机辅助设计问题。他在用立体测图仪建立的光学立体模型上，量取沿待选公路两侧规则分布的大量样点的三维空间直角坐

标，输入计算机中，由计算机取代人工执行土方估算、分析比较和选线等繁重的手工作业，大大缩减了工时和费用，取得了明显的经济效益。由于计算机只认识数字，唯有将直观描述地表形态的光学立体模型或地形图数字化，才能借助计算机解决道路工程的设计问题。

米勒和拉费雷姆（Laflamme）在解决计算机辅助道路设计这一特殊工程问题的同时，提出了一个一般性的概念和理论——数字地形模型，即使用采样数据来表达地形表面。其原始定义如下：数字地形模型是利用一个任意坐标场中大量选择的已知 X、Y、Z 的坐标点对连续地面的一个简单的统计表示，或者说 DTM 就是地形表面简单的数字表示。

与传统模拟的地形表示相比，DTM 作为地形表面的一种数字表达形式，具有如下四种特点。

1. 多种表达形式

用数字形式的 DTM 容易生成多种形式的地形表示，如地形图、纵横断面图、立体图，甚至三维动画等，且容易与其他数字地图或影像进行叠加分析。

2. 精度不会损失

常规地图随着时间的推移，图纸将会变形，损失原有的精度，而 DTM 采用数字媒介能保持精度不变。

3. 容易实现自动化与实时处理

数据更新与集成较之模拟形式具有更大的灵活性和便捷性，容易实现地形分析的定量化、自动化。

4. 易于多分辨率表达

1 m 分辨率的 DTM 自动涵盖更小分辨率（如 10 m 和 100 m）的 DTM 内容。

（二）数字高程模型的分类

数字高程模型可以根据不同的标准进行分类，如根据大小和覆盖范围可将其简单地分为如下三种。

1. 局部的 DEM

建立局部的模型往往源于这样的前提，即待建模的区域地形起伏特征非常复杂，需要局部精细化的表达才能满足工程设计、环境感知与空间决策等要求，如城市地区 0.5 ~ 5 m 分辨率的 DEM。

2. 全局的 DEM

全局性的模型一般包含大量的数据并覆盖一个很大的区域，如全球性的 30 ~ 90 m 分辨率的 SRTM 和 20 ~ 30 m 分辨率的 GDEM。

3. 地区的 DEM

地区的 DEM 介于局部和全局两种模型之间，如覆盖全国的 5 ~ 25 m 分辨率（1 ∶ 5 万）的 DEM，以及覆盖大部分省（区)5 ~ 10m 分辨率（1 ∶ 1 万）的 DEM。

根据覆盖范围，DEM 可分为全球、洲际、全国、省级等。也可以根据比例尺将 DEM 分为大比例尺、中比例尺及小比例尺。其实，按比例尺分类是地形图分类的模拟，因为很多 DEM 是由原来的等高线图采集、建模而得。

（三）数字高程模型的质量概念

数字高程模型作为一种专题模型，其质量评价可从建模的角度沿用 Bear 提出的 7 种一般模型标准。

1. 精确性

模型的输出是正确的或非常接近正确。

2. 描述的现实性

基于正确的假设。

3. 准确性

模型的预测是确定的数字、函数或几何图表等。

4. 可靠性

对输入数据中的错误具有相对免疫力。

5. 一般性

适用于大多数情况。

6. 成效性

结论有用，并可以启发或指导其他好的模型。

尽管实际情况比较复杂，但事实上并不需要一个复杂的模型，这一点也符合尽量俭省的原则。

7. 简单性

在模型中采用尽可能少的参数。

从模型数据的角度评价，数字高程模型质量指的是 DEM 数据在表达空间位置、高程和时间这三个基本要素时所能达到的准确性、一致性、完整性，以及它们三者之间统一性的程度。其中，时间要素强调的是现势性，如果这一 DEM 数据代表的是 10 年前的地形，尽管对那时的地形来说，它的表达很完美，但对现在用处不一定大。比如，我们用 10 年前的航片来采集 DEM 数据就可能出现这样的情况。空间位置和高程的准确性指的是DEM对地形表达的真实性。

（四）数字高程模型与其他数字地表模型的关系

从某种意义上说，数字地表模型被定义为地形表面起伏特征的数字化表示。自从提出DTM的概念以后，相继又出现了许多其他相近的术语，如在德国使用的DHM（digital height model）、英国使用的DGM（digital ground model）、美国USGS使用的DTEM（digital terrain elevation model）和DEM（digital elevation model），以及最近几年随着激光扫描技术和影像密集匹配技术发展起来的DSM（digital surface model）等。这些模型的主要差异在于描述地表对象的不同。

DEM是对纯粹的地球表面形态的描述，它所关心的是除包括森林、建筑等一切自然或人工地物之外的地球表面构造，即纯粹的地形形态。准确的地形形态信息是人类建设活动所必备的基础信息，大到生态环境综合治理，小到建坝修路具体工程，乃至对洪水、地震等自然灾害的预警预防，都必须以对地形地貌的充分分析为前提。正因为如此，高精度DEM的获取技术十分重要，但由于地表往往被不同的地物所覆盖，精确的纯地形信息获取难度很高。DEM往往直接指代DTM。同时，height和elevation本来就是同义词。

DSM则是对地球表面更广意义上的内容（包括河流、道路、村庄等各类地物）的综合描述，它关注的是地球表面土地利用的状况，即地物分布形态。DSM同样是环境或城市管理的重要依据，但侧重点和DTM不同。通过DSM的分析可以及时获取城市的扩张、退化及发展状况；在虚拟城市管理、城市环境控制及重大灾害灾情分析等方面，DSM都可以发挥重大作用。

通常DSM所包含的信息主要有如下三种。

第一，地貌信息，如高程、坡度、坡向、坡面形态，以及其他描述地表起伏情况的更为复杂的地貌因子。

第二，基本地物信息，如水系、道路、桥梁、建筑物等。

第三，主要的自然资源，如植被等。

（五）数字高程模型与相关学科之间的关系

构建DEM的过程称为数字地形模拟，这也是一个数学建模的过程。要分析其与相关学科之间的关系，先要考察在DEM整个生命周期中各个学科所扮演的角色。正如前面所讨论的，在DEM发展的早期，摄影测量人员与土木工程师是主角。后来，计算几何学和应用数学方面的科学家也加入建模算法的研究中，尤其是计算机技术方面的科学家对数据管理、可视化和系统开发做出了重要贡献。今天，更多涉地学科方面的专家对DEM的广泛应用起着举足轻重的作用。DEM涉及数据获取、计算与建模、数据管理和应用开发，不同学科之间相互依赖，关系错综复杂。例如，摄影测量是DEM数据获取的工具，而DEM又是摄影测量中航空与遥感影像正射纠正处理的基础。国际摄影测量与遥感学会一直将它作为一个重要的研究领域。

对于不同的数据源，可分别借助摄影测量与RS、GPS、机助地图制图的图形数字化输入和编辑以及野外数字测图等技术进行DEM原始数据的采集工作。特别是在摄影测量领域，DEM已经成为主要的产品形式和正射影像生产的基础。

DEM的理论基础是采样理论、数学建模、数值内插与地形分析。它吸取了统计学、应用数学、几何学及地形学的一些理论而形成了一个自成一体的科学分支。数值逼近、计算几何、图论和数学形态学等数学分支的有关理论和方法则奠定了数字高程模型的数学基础。地理学也对DEM的发展有极大的推进作用，基于DEM可以进行各种地学分析，如地形因子的提取、可视度分析、汇水面积的分析、地貌特性分析等。

进入20世纪90年代后，DEM被列为国家空间数据基础设施的一种标准产品。编码、数据压缩、数据结构和数据库技术等各种数字技术则是组织大范围海量DEM数据的基本技术支持。地形的三维可视化（仿真）技术一直是计算机图形学和虚拟现实与增强现实的重要研究内容，多分辨率DEM的高性能真实感可视化更是依托计算机图形学的发展。

DEM正逐步替代等高线成为地形描述与分析的重要数据源，并作为地球空间框架数据的基本内容和其他各种地理信息的载体，是各种地学分析的基础数据，特别是地球空间信息的三维可视化和虚拟地理环境离不开DEM。可以说，DEM跟所有涉地学科领域都有着密切的关系，并作为这些领域的一个有力工具正得到普遍应用。随着DEM数据在地理过程模拟和时空决策等领域的深化应用，新一代精细化的高保真DEM已经成为当前智慧地球建设的重要基础框架数据。今天，DEM不仅在土木、军事、交通等科学技术和工程领域得到普遍应用，还在计算机动画与游戏、虚拟现实和增强现实等与人们日常生活密切相关的领域得到了日益广泛的应用。

五、数字高程模型的实践

（一）数字高程模型的发展

数字高程模型的理论方法与技术由数据采集、数据处理与应用三部分组成，对它的研究经历了六个时期。20 世纪 50 年代末为初始阶段，米勒和拉弗雷姆（1958）除了将 DTM 引入土木工程和计算外，还用于监视地球表面的变化（如下沉、侵蚀和冰川等）、地球表面的分析（如发射台覆盖范围和功率分析等）或军事应用。他们还提出采用自动化方法和利用航空相片的立体像对全自动化扫描的方法获取数据。当时的设想和目标至今仍适用，有些问题还没有解决，至少没有完全解决。

在 20 世纪 60 年代，人们致力于发展地形高程的存储和插值方法舒茨（Schuts，1976）对内插方法做了全面回顾。大部分科技工作者通过研究数学插值方法来提高模型的精度。

20 世纪 70 年代初，人们渐渐认识到模型的精度并不能靠内插方法提高多少，采样时失去的精度可能永远得不到弥补。从此，优化采样成了主流，并延续到 20 世纪 90 年代初。其中，代表性成果有马卡洛夫（Makarovic，1973）提出的渐进采样及后来的混合采样。20 世纪 70 年代，主要研究利用离散点或断面线高程数据自动绘制等高线图。离散点高程数据主要由全站仪获取；沿断面线的高程数据采用航测内业的方法获取。

20 世纪 80 年代以来，对 DEM 的研究已涉及数字地形建模的各个环节，其中包括用 DEM 表示地形的精度、地形分类、数据采集、DEM 的粗差探测、质量控制、DEM 数据压缩、DEM 应用以及不规则三角网 TIN 的建立与应用等。

20 世纪 90 年代以来，随着 GIS 的发展，DEM 成为 GIS 的一个重要组成部分，是环境规划、工程建设、战场环境仿真等许多领域最为重要的基础数据之一。因此，系统地建立大区域高精度的数字高程模型成为重要的基础测绘任务之一。一些发达国家在机助地图制图的基础上，逐步建立起国家范围和区域范围的地理信息系统，DEM 作为标准的基础地理信息产品也开始被大规模地生产。例如，加拿大环境部的“加拿大地理信息系统”（CGIS）、美国地质调查局的“地理信息检索和分析系统”（GIRAS）。DEM 随之成为国家空间基础设施的一个重要组成部分。

21 世纪以来，随着“数字地球”和“智慧地球”的建设与发展，DEM 与地理信息系统、遥感等的一体化进程加快，DEM 相关技术得到了突飞猛进的发展，DEM 的应用不仅在传统专业化的土木工程领域为自动化、智能化的规划设计提供重要的基础支撑，为科学的洪涝灾害管理与应急响应决策等提供了可信的技术保障，而且通过互联网在大众化的导航服务领域为人们提供了喜闻乐见的新一代三维地形景观地图服务。例如，以 DEM 和 DOM 集成表示技术为核心的“天地图”在国家安全、政府公益性服务、产业发展和便民服务等方面发挥着越来越重要的作用。

（二）数字高程模型的应用范畴

DEM 作为新兴的一种数字产品，与传统的矢量数据相辅相成，在空间分析和决策方面发挥着越来越大的作用。借助电脑和地理信息系统软件，DEM 数据可以用于建立各种各样的模型以解决一些实际问题。DEM 的应用可遍及整个地学及相关领域。在基础地理信息系统建设中，地形数据，特别是高分辨率的地形数据至关重要。在测绘中，可用于绘制等高线、坡度、坡向图、立体透视图、立体景观图、制作正射影像图、立体匹配片、立体地形模型及地图的修测。在各种工程中，可用于土石方、表面积的计算，以及各种剖面图的绘制和线路的设计。在军事上，可用于导航（包括导弹及飞机的导航）、通信、作战任务的计划等。在遥感中，可作为图像分类的辅助数据。在环境与规划中，可用于土地现状的分析、各种规划及洪涝灾害分析与评估等。

（三）数字高程模型的生命周期

近年来，DEM 受到了普遍关注，其在许多与地学相关学科领域的应用得到迅速发展。DEM 数据流有六个不同的阶段，在每一个阶段又需要一项或多项工作用以推进其到另外一个阶段。实际上，一个专门的 DEM 项目也许并不需要所有这些工作流程。然而，从各种数据源获取原始数据和从原始数据建立 DEM 是必要的。

第五节　三维分析

三维分析就是以三维地理信息为基础进行的分析，这种分析的依据基于客观世界是三维的这样一种理念。不仅地理事物是三维的，地理事物之间的关系和作用也具有三维特征。通过三维分析可以了解、认识地理事物的三维空间关系。

一、三维关系

从三维世界来看，客观事物之间的关系、影响、作用更加广泛和复杂，如公路上车辆废气排放的污染区域是一个三维区域，其强度分布只有从三维角度才能准确描述。认识三维关系，才能更好地把握和掌握客观世界的作用和影响。

（一）三维分析特征

三维分析的主要内容是在三维条件下分析事物之间的关系和影响。对于三维事物，有时并不是以客观的三维体，而是以三维作用和影响范围作为分析对象。

1. 二维和三维分析区别

世界是三维的，二维只是一种简要抽象模式，把三维变为二维分析应用能够满足基本应用需要。但是由于客观世界的三维本质，只有三维分析，才能满足应用需要。以缓冲分析为例，在二维条件下，缓冲分析生成一个面，但是对于管线碰撞，需要三维分析，三维缓冲形成一个围绕目标的三维体；对于点，是个球体；对于线、体，是三维体。显然，若没有三维分析，很难实现这种操作。

三维可简要表示为 3D，3D 一般主要是三维显示，GIS 的 3D 除显示之外，还有一些特殊的功能，尤其在三维分析方面。GIS 的 3D 视图中的图层不只用来显示，也可用于描述表面。这意味着在 3D 视图中图层可以有不同的角色。另外，因为可以从倾斜角度看数据，所以 3D 视图范围不能描述为一个简单矩形（在 2D 中描述为一个简单矩形）。这意味着 3D 视图中的当前范围必须以不同于 2D 的方式来处理。最后，图层绘制优先级不再像内容列表中的顺序那样简单。

2. 三维数据特征

三维分析针对三维数据。对于矢量数据，三维数据有两种表达方式：一种是三维图形，其坐标为三维的；另一种是二维图加一个属性数字字段。

三维 GIS 数据的定义（x，y，z）中包含一个额外维度（z 值）。z 值作为测量单位，同传统 2DGIS 数据（x，y）相比，其可存储和显示更多的信息。虽然通常意义上的 z 值为地形高程值（如海拔高度或地理深度），但是从信息处理角度看，z 值可用于表示许多内容，如化学物质浓度、位置的适宜性，甚至完全用于表示等级的值等；从数据角度看，系统并不特别鉴别 N 值的内容，只是依据程序进行数据处理。对于非地形的数据，系统可以按照地形内容进行分析，如坡度分析、坡向分析等，但是对分析结果的了解和解释就是应用者自己的问题了。

3. 三维多面体

体可以视为由面构成的，因此把体称为多面体，也用面来表达体，如同用边界线表达多边形一样。三维多面体是一个三维矢量图层，利用三维面构造三维体。在 GIS 中，三维体作为一种要素类型，一般通过三维信息转换生成。

利用多面体可以进行三维分析，包括多面体的空间叠加识别以及多面体与三维线的叠加分析等。

4. 三维分析应用

三维分析具有很多实际用途，环境、林业和土木方面都可使用三维分析去了解和塑造地形，以便考虑雨水径流和洪水等事件；矿业公司、地理学家及研究人员可使用三维分析的各项功能深入了解地表以下的地质或矿藏实体，如斜井和地下岩层的 3D 交汇；地方政府、城乡规划者以及军事组织可利用三维分析询问有关人造结构的复杂 3D 问题。

（二）三维分析内容

三维具有体的形态和结构，因此三维分析就是针对不同类型三维之间的几何接触关系进行分析。另外，从分析角度看，三维体可以是一种认识构造，如突然发生的有毒有害气体泄漏的危险区范围，从平面考虑是一个多边形范围，从三维考虑是一个多面体。

1. 三维的空间关系

三维体占据一定的空间范围，不同类型三维体占据的空间范围可能发生重叠，通过三维体空间占据状况识别不同三维体之间的空间相互关系。另外，对有多个单元构成的三维体进行不同的分类，也需要分辨不同三维体之间的关系。三维关系本质是几何关系，几何关系包括相交、差、并、与等类型。

2. 邻近

对于多个三维体单元，在空间不重叠的情况下，邻近关系也是一种三维空间关系，如果从三维的空间重叠角度看，邻近性实质意味着把对象三维体按邻近尺度进行扩大，形成新的三维体，再考察与其他三维体的重叠关系。

应用中，邻近分析的方法就是设定搜索距离，然后确定输入要素中的每个要素与邻近要素中的最近要素之间的距离。

例如邻近城市道路的居民地受到道路车辆噪声影响，通过噪声强度确定影响范围，然后搜索在该影响范围内的住户，就可以用邻近方法分析。

3. 内部

内部关系是指多面体完全位于另外的多面体内部状况的判断，测试每个要素来判断是否落在多面体之内。如果落在多面体要素内，那么会在新表中写入一个条目，指明所落入的要素。

例如处于交通噪声内部的居民点是防噪需要重点考虑的部分。

4. 相交与差异

相交指多面体在空间完全重合的部分；差异指两个多面体空间相交，将原来的一个多面体去掉相交的部分。

基于逻辑关系运算，可以识别和提取三维叠加体的任意关系部分。

三维分析基于三维图形，三维图形有地形、多面体等类型。三维地形按数据结构性质上有不规则三角网（TIN）、栅格、terrain 等类型。类型不同，生成的方法也不同。

（三）三维表面积及其体积

在工程中经常面临表面积和体积的计算问题。表面积指起伏表面的面积，一般的面积值为水平面投影面积。利用地形数据，可以计算特定位置（高度）以上或以下范围的表面积和体积。低于计算高度一定范围内的表面积，可以分次计算，再运用减法运算。

1. 表面积计算原理

表面积指起伏表面的面积。一些工程应用需要计算曲面的表面积，如道路坡面保护工程需要计算地形面的面积，进行工程量和投资计算，这可作为工程施工安排的参照。

表面体积可计算某个表面相对于给定基本高度或参考平面的投影面积、表面面积和体积。该表面可以是栅格、TIN 或 terrain 数据集。结果将写入以逗号分隔的文本文件。

如果输入表面是 TIN 或 terrain 数据集，将对每个三角形检查以确定其对面积和体积的影响。这些部分的总和将用于输出。如果输入表面是栅格，其像元中心将连接到三角形中，然后使用与 TIN 三角形相同的方式处理这些数据。

输出文本文件是以逗号分隔的 ASCII 文本文件，结果将写入该文件中。如果该文件已存在，会将结果追加到其中。文件的第一行中包含字段标题。这些标题分别是“数据集”“平面高度”“参考”“Z 因子”“2D 面积”“3D 面积”等。

2. 体积计算

对于地形平整，需要计算填挖方量，这就属于三维面上的体积计算问题。在 GIS 中，基于栅格数据的体积计算依据栅格值和设计面值。

面的各边界与表面的内插区相交，可以确定两者之间的公共区域。然后，计算所有三角形及其落在相交面内的部分的体积。体积表示选中的表面部分与高程字段参数中所指定高度处水平面之间的立方体区域。如果选择 ABOVE，则会计算平面与表面下侧之间的体积。如果选择 BELOW，则会计算平面和表面上侧之间的体积。此外，还会计算同一表面部分的表面积。然后，体积和表面积将分别写入对应的体积和表面积参数中。

二、天际线相关分析

天际线是从观察点观察的地表地物与天空的分界线，城乡规划中有时需要绘制天际线。在 GIS 中，提供了天际线分析工具。天际线分析是一种三维分析。在 GIS 中，天际线分析分为天际线、天际线图、天际线障碍三个部分。

（一）天际线分析

天际线又称城市轮廓或全景，通俗地说，天际线就是站在城市中的一个地方向四周环顾，看到的天与地相交的那一条轮廓线。在城乡规划中，天际线亦被作为城市整体结构的色彩、规模和标志性建筑。一些经典的天际线有美国的自由女神像、中国的东方明珠塔、澳大利亚的悉尼歌剧院等。

1. 天际线

在 GIS 中生成天际线实际是 3D 折线，该折线所表示的线是从观察者位置的角度将天空与表面和 / 或与天空接触的要素划分开形成的折线。在天际线生成中，需要输入添加的内容包括观察点、表面函数或虚拟表面、方位角的范围（起始角度和终止角度），还可包括要素（通常表示建筑物）。

另外，天际线分析还可用来生成轮廓，反过来，天际线等轮廓可被天际线障碍物工具使用，以生成阴影体。如果未提供要素（观察点除外），那么天际线就称为水平线或山脊线。

如果在输入观察点要素中提供了多个观察点，则会为每个点创建单独的天际线。生成的每条线都具有一个属性值，用于指示与其关联的观察点的图形标识。

天际线的生成过程是通过从观察点投射出一条通视线来生成水平线，投射方向为起始方位角的方向，接着再做一次投射并使通视线扫向右侧，如此反复，直到到达结束方位角；每次增加方位角增量的大小后，都会对通视线进行检查。这些值的单位均为度。增量越小，则意味着采样次数就越多，从而可更精确地表示山脊线。生成的山脊线为3D线，其上各折点均为沿各条采样通视线分布的最远可见点。如果观察者在给定方向上可以全方位地看到表面的边，那么会在通视线与表面边的交点处生成折点。如果提供了最大可视半径（正值），那么折点将仍然处于通视线方向上，但是与观察点之间的距离不会大于指定的最大值。

输入要素可以是多面体、折线和面的任意组合。如果折线或面要素类显示在3D图层中且带有基本高度和拉伸信息，则会使用该信息将要素拉伸为虚拟多面体，再为天际线考虑这些要素。如果折线或面要素类显示在任何其他图层中，则会使用形状内各折点的 z 值将每条边（直边）添加到天际线中。如果折线或面要素不具有 z 值且不存在基本高度和拉伸信息，则要素将不会被添加到天际线中。

2. 天际线图

计算天空的可见性，并选择性地生成表和极线图。所生成的表和图用于表示从观察点到天际线上每个折点的水平角和垂直角。天际线图实际上是以一个天际线观察点为中心的天际线平面投影图。

3. 天际线障碍

天际线障碍生成一个表示天际线障碍物或阴影体的多面体要素类。此障碍物从某种意义上说是个表面，而且看起来类似从观察点到天际线的第一个折点画一条线，然后扫描通过天际线的所有折点的线所形成的三角扇。可选择添加裙面和底面来形成一个封闭的多面体，呈现出实体外观。也可将此封闭的多面体创建为阴影体。如果输入是轮廓（多面体要素类）而不是天际线（折线要素类），那么会将多面体拉伸为阴影体。

天际线障碍物工具可根据天际线生成高度控制面。这些面将定义在观测点和与这些点关联的天际线之间。障碍物非常适合用在城乡规划方案中，因为通过它们可判断出提议的建筑物是否会对天际线产生影响。还可用于测试要素与地平线的接近程度。

4.GIS 中天际线分析的意义

在GIS中，天际线生成可以考虑观测范围以及地球曲率影响。因此，在GIS中，天际线可以精确实现。不仅如此，还可以生成天际线障碍区，就是用观察点和天际线生成的不规则三维体。

在GIS中的实现扩展了天际线概念和用途。首先，天际线障碍区可以作为竖向以及空间区域限制的依据。对于要保持天际线的轮廓，则建设在天际线与视点区域内，建筑不能超过天际线障碍的平面范围，高度不能超过障碍体，即在障碍体内部。对于要保持天际线下的景观，则不能在障碍区进行城市建设。从天际线的 GIS 实现角度，深化了天际线的概念，并扩展了天际线的应用，使天际线成为规划的一个有机构成部分。

（二）天际线分析示例

利用 GIS 的 3D 天际线工具进行天际线分析，根据需要生成天际线、天际线障碍和天际线图，作为城市规划和景观设计以及城市建设管理的信息依据。

1. 生成天际线

设定观察点和观察方向，采用天际线工具生成天际线。在城市规划中，天际线的特殊应用意义是城市景观设计和保护。由于天际线的特征，在观察方向的建筑物会形成或改变天际线，对于良好的天际线景观，通过天际线分析确定建设对天际线的影响，作为城市建设的参考。

2. 生成天际线图

天际线图示一个以观察点为中心，以观察半径绘制圆，以观察方位为范围，绘制的天际线三维曲线的平面图，可以看到天际线的空间分布。在 GIS 中，在生成天际线的同时生成天际线图。

3. 生成天际线障碍

城市规划控规阶段需要对建筑高度进行控制引导，从城市整体天际线高度出发，同时出于对历史文化遗址的保护等方面，需要对局部建筑进行限高。GIS 计算可以提供对天际线的分析以及对建筑限高提出一定的参考。

在 GIS 中，先将二维图转为三维视图，再通过 GIS 软件提供的分析方法，对城市的天际线进行分析，也可以进一步对天际线障碍进行分析，从而对建筑高度进行控制。

在一定视角下对城市建筑物进行的天际线分析以及天际线障碍分析可以作为城市建筑的限高建设数据基础，同时天际线分析可以为城市设计的方案提供对比，用 GIS 技术可以直观地表达城市的天际线，并且可以从多角度观察，从而为方案的合理性提供科学的参考依据。

天际线障碍可作为天际线观察区建设竖向控制的依据，通过天际线障碍可以计算障碍区任意一点的高度，可以通过天际线障碍分析，确定保持这个景观的观察区域，作为景观保持禁建区。

三、可见性分析

可见性指在地表三维空间位置进行观察状态的分析。由于地形的起伏形成视线遮蔽，因此可以分出三维空间的可见状况和隐蔽状况。根据观察特征，可见性分为视域、视线和视通三个方面。可见性分析对景观和城市建设方面都有特殊的应用。

（一）视域分析

视域指从一点观察，依据地形起伏状况，确定观察对象的可见性。分析的结果是一个栅格数据层，分别表示可见区域与不可见区域。

1. 视域概念

视域可识别输入栅格中能够从一个或多个观测位置看到的像元。输出栅格中的每个像元都会获得一个用于指示可从每个位置看到的视点数的值。如果只有一个视点，则会将可看到该视点的每个像元的值指定为 1，将所有无法看到该视点的像元值指定为 0。视点要素类可包含点或线。线的结点和折点将用作观测点，从观察点向一个方向观察，地形起伏形成遮挡，分出可见（红色）区域与不可见（绿色）区域。

2. 视域分析原理

视线分析中，把可见部分与隐藏段用不同颜色表示，这里的隐藏和可见并不是指从观察点到目标观察可见和隐藏的范围，而是出于视线之上或之下的范围。出现一点遮挡，则其后的部分全部被遮挡，剖面图制作也是采用这样的原理。

3. 视域分析特征

根据视域分析结果创建一个栅格数据，以记录从输入视点或视点折线要素位置看到的每个区域的次数。该值记录在输出栅格表的 VALUE 项中。输入栅格上已指定 NoData 的所有像元位置在输出栅格上被指定为 NoData（无数据）。

当使用输入折线时，沿每条输入弧的各个结点和折点都会作为单独的观测点进行处理。输出栅格的 VALUE 项中的值给出了对每个像元可见的结点和折点数。如果输入视点要素表中不存在 SPOT 属性项，则会使用双线性插值确定每个观测点的高程。如果距某观测点或折点最近的栅格像元具有 NoData 值，则该工具将无法确定它的高程。在这种情况下，该观测点将从视域分析中排除。观测点与其他像元之间介入的 NoData 像元将被计为不可见，因此不会影响可见性。

4. 视域分析应用

视域分析直观上是分析视觉观察问题，但是其方法原理可以应用到其他方面，如在山区设置电视差转台，雷达观测站的点位选择，都可以通过视域分析来确定覆盖范围和盲区，作为优化布局的依据。

（二）视通和视线

通视线是两点之间的一条线，可显示沿着该条线从观察点的角度能够看到或不能够看到表面的那些部分。创建通视线可用于确定是否可以从另一个点看到给定点。如果地形隐藏了目标点，可以看到沿着通视线障碍物位于何处以及哪些对象能够看到或不能够被看到。可视线段显示为绿色，隐藏线段则显示为红色。线起点处的黑色点表示观察点位置。蓝色点表示观察点与目标之间的障碍点。线终点处的红色点表示目标位置。

1. 视通概念

视通分析指观测点之间的视线通达性，与视域分析不同，它是针对观测点的可见情况，对于起伏不定的地表上的物体，从观察点到目标点高程形成一条视线，实体分析确定视线的通达性。

从观测点向目标观察，由于地形会造成视线遮挡，所以形成了观察视线通道的障碍状况。对于具体分析，实际是以两点之间形成一条直线作为视线，以该视线与地形的交叉状况确定障碍性，地形高于视线为障碍段，低于为可见段。因为有一个障碍，可见段并不是从观察点就可以看见全部，因此这里指视线高于和低于地面的部分。

2. 示例

视线可以视为直线，确定两个点：一个作为观测点；另一个作为目标点。两点连接成为一条空间三维直线，这条直线可能会与地形、建筑体发生穿插，进而形成视觉遮挡情况。

视线是两点之间的一条线，可显示沿着该条线从观察点的角度能够看到或不能够看到表面的那些部分。构造视线可用于确定是否可以从另一个点看到给定点。如果地形遮挡使目标点不可视，沿着视线可以看到障碍物位于何处以及哪些对象能够看到或不能够被看到。可视线段显示为绿色，不可视线段则显示为红色。

3. 视通分析应用

视通分析可以解决如下问题：

第一，如果给定一组火警瞭望塔位置，则看到整个研究区域所需的最小塔数是多少？

第二，哪些栅格位置只能看到垃圾堆置场和输电塔？

第三，在确定房地产的价值、通信塔位置或军事力量的分布时，从某位置能看到什么非常重要。3D 模块可用于确定在表面上沿给定视线两点之间或在整个表面上的视域的可见性。

（三）视点分析

1. 视点分析问题

在很多应用中，常有关于在一个观察点对多个目标点的可见性问题，这种情况可采用视点分析方法解决。视点分析建立观察点与目标点之间的视线，在数据方面，是创建表示视线（从一个或多个视点到目标要素类的要素）的线要素。视线作为观察线。

2. 视点分析应用

视点分析有以下方面的应用：首先是分析可见性，确定对一组观察点要素可见的栅格表面位置，或识别从各栅格表面位置进行观察时可见的观察点；其次是视点分析，识别从各栅格表面位置进行观察时可见的观察点；最后是通视分析，确定穿过由表面和可选多面体数据集组成的障碍物的视线的可见性。

视点分析形成视线通道，因此也称为视通分析。视通分析确定视线穿过潜在障碍物的可见性。潜在障碍物可以是栅格、TIN、多面体和拉伸面或线的任意组合。

第八章　GIS 技术在地理国情监测中的应用

第一节　工作技术流程

一、地理国情监测的背景与意义

地理国情主要是指地表自然和人文地理要素的空间分布、特征及其相互关系，是基本国情的重要组成部分；是制定和实施国家发展战略与规划，优化国土空间开发格局的重要依据；是推进自然生态系统和环境保护，合理配置各类资源，实现绿色发展的重要支撑；是做好防灾减灾和应急保障服务，开展相关领域调查、普查的重要数据基础。

地理国情普查是一项重大的国情国力调查，是全面获取地理国情信息的重要手段，是掌握地表自然，生态以及人类活动基本情况的基础性工作。通过地理国情普查，能够掌握地表自然、人文地理、经济活动的各项基本情况，并且揭示资源、环境、人口、社会、经济等多种要素在地理空间上的相互影响、相互制约的内在关系，能够为未来的发展规划提供有效的数据支持。2013—2015 年，我国开展了第一次全国地理国情普查工作，获取了全覆盖、无缝隙、高精度的海量地理国情数据，并向社会发布了普查成果。2016 年，我国开始地理国情监测工作，即在地理国情普查的基础上，对地形、水系、交通、地表覆盖等要素进行动态和定量化、空间化的监测，并统计分析其变化量、变化频率、分布特征、地域差异，变化趋势等，形成了反映各类资源、环境、生态、经济要素的空间分布及其变化发展变化规律的监测数据、地图图形和研究报告，为政府、企业乃至社会提供了真实可靠和准确权威的地理国情信息。

普查和监测对象为我国陆地国土范围内地表基本的自然和人文地理要素，

包括地形地貌、植被覆盖、水域、荒漠与裸露地、交通网络、居民地与设施和地理单元等。其成果已在“多规合一”、城市规划实施监管、环境保护与治理、自然资源负债表编制等多个领域得到应用，在生态文明制度建设中发挥了重要作用。

地理国情监测是依法测绘的组成部分，2017 年 7 月 1 日起施行的《中华人民共和国测绘法》第二十六条要求“依法开展地理国情监测”“各级人民政府应当采取有效措施，发挥地理国情监测成果在政府决策、经济社会发展和社会公众服务中的作用”。地理国情监测进入常态化阶段，地理国情监测数据的可靠性对社会应用和政府决策起着举足轻重的作用，其质量关系到国计民生。

二、地理国情监测的类型

（一）按发展阶段分类

地理国情监测按发展阶段可分为两个阶段，即地理国情普查阶段和地理国情监测阶段。地理国情普查阶段是针对我国地理国情现状进行的调查，是通过各种数据采集、处理和分析等手段获取有效信息的基础性工作。2013—2015 年是普查阶段，获取的全国范围的地理国情数据是开展监测工作的基础数据。从 2016 年开始，进入地理国情监测阶段，综合利用全球卫星导航定位（GNSS）技术、航空航天遥感（RS）技术、地理信息系统（GIS）技术等现代测绘技术，综合各时期地理国情普查成果、测绘成果档案，对地形、水系、湿地、冰川、沙漠、地表形态、地表覆盖、道路、城镇等要素进行动态和定量化、空间化的监测，该阶段是常态化的。

（二）按监测的内容分类

地理国情监测按监测的内容可分为两类，即基础性地理国情监测和专题性地理国情监测。

基础性地理国情监测是采用与第一次全国地理国情普查相一致的内容体系，覆盖全国，面向通用目标、综合考虑多种需求而进行的常态化监测。它以地理国情普查数据为基础，每年对我国陆地范围内地表覆盖和地理国情要素的变化情况进行更新。国家负责统一制订实施方案及相关技术规范，统筹获取并提供遥感影像，开展整体质量控制和监督抽查，完成全国监测数据库建设、统计分析以及报告编制等工作。该项工作实现了全国范围内各种自然和人文地理要素动态变化的经常性、规律性监测。该项工作于 2016 年开始，每年进行年度监测。

专题性地理国情监测是充分利用地理国情普查与基础性地理国情监测成果，结合存档基础地理信息成果和航空航天遥感影像数据，开展精细化、抽样化、快速化的专题性监测。它针对政府和社会公众关注的重点、热点、难点问题，着力于监测成果综合分析和深入挖掘，如全国地级以上城市及典型城市群空间格局变化监测、长江经济带国家投资基础设施建设监测等。该项工作从 2013 年开始试点，2016 年进入常态化。专题性地理国情监测需要充分利用基础性地理国情监测的成果进行专题分析及深度挖掘，进而发现变化规律、变化趋势。

三、地理国情与基础测绘的关系

地理国情监测不是基础测绘，它使测绘由原来简单的地理要素和空间查询向智能化辅助决策型综合信息服务方向发展，两者既有联系又有区别。

基础测绘是支持地理国情监测活动的基础，地理国情监测是基础测绘的延伸和发展，有自身新的内涵。两者都是公益性测绘地理信息事业的重要组成部分且实施主体、经费来源相同，基础性地理国情监测与基础测绘在全面性（地域覆盖全面、基本要素全面）、标准性（技术标准化、成果标准化）、基础性（一图多用，且具有储备性质）、专业性（数据成果表现形式专业性较强）方面还存在相同点。

基础测绘与地理国情监测比较模式发生转变，由静态到动态，由数据服务到信息服务，针对性更强，服务领域更宽。基础测绘提供单一的、静态的自然地理数据获取、管理和利用，注重描述现状信息，提供直接数据服务。地理国情监测提供自然地理数据、社会经济数据和人文地理数据的综合分析利用和知识发现，注重描述动态变化信息，提供信息服务，是对基础地理数据的增值利用。

四、成果内容

基础性地理国情监测成果和普查成果两者内容体系大致相同，一般主要包含地表覆盖分类数据、地理国情要素数据、生产元数据、遥感影像解译样本数据等成果。由于时代的进步，需求也在逐年发生改变，基础性地理国情监测每年会在内容上进行修改与增加。对于专题性地理国情监测，由于其用途不同，成果内容可能有一定差异。

（一）区域分类

监测中为突出重点，将全国分为四类区域：一类区包括各省会城市城区和国家级新区 / 开发区等监测重点区域；二类区为各县级、地级城镇及其周边区域；三类区为以农林牧业为主的乡村区域；四类区为保护区等禁止开发地区以及人烟稀少地区。

一、二类区采用优于 1 m 分辨率的卫星遥感或航摄影像，三、四类区采用当年优于 2.5 m 遥感影像，四类区域伸缩型变化和新生型变化的采集指标有不同的要求。

（二）成果描述

地表覆盖分类数据、地理国情要素数据、生产元数据采用 2000 国家大地坐标系、地理坐标，经纬度值采用“度”为单位。成果按数据集和图层方式组织，采用 FileGeoDatabase 格式存储。地表覆盖分类数据、地理国情要素数据由不分区数据库文件（以省级任务区为单位）和分区数据库文件（以县级任务区为单位）组成，共 6 个数据集。

地表覆盖分类数据、地理国情要素数据命名采用四位字符：前三个字符是数据内容的缩写，第四个字符代表几何类型（*P* 表示点；*L* 表示线；*A* 表示面），地理单元类型中的行政区划与管理单元、社会经济区域单元的各三级类在四位字符数据层名的后面，缀上该类型对应的地理国情信息代码的第 4 位码，作为该类型对应的图层名称。监测数据包括本底数据和变化数据，本底数据各矢量数据层名称之前加上“V_”作为前缀；存储变化信息的数据层在本底数据层名前加前缀“U”，表示 update。监测数据的属性项与普查数据比较，增加了变化信息通用属性项。

以下对监测的四类成果分别进行描述。

1. 地表覆盖分类数据

地表覆盖分类信息反映地表自然营造物和人工、建造物的自然属性或状况，数据采用面表达。地表覆盖分类数据包括本底数据和变化数据（增量数据、版本数据），存放在分区数据库文件的地表覆盖数据集中。与普查数据比较，它增加了标识要素变化的类型项记录变化信息。

2. 地理国情要素数据

地理国情要素信息反映与社会经济生活密切相关，具有较为稳定的空间范围或边界，具有可以明确标识、独立监测和统计分析意义的重要地物及其属性，如城市、道路、设施和管理区域等人文要素实体，湖泊、河流、沼泽、沙漠等自然要素实体，以及高程带、平原、盆地等自然地理单元，数据采用点、线、面表达。

地理国情要素数据包括本底数据和变化数据（版本数据），分别存放在不分区数据库文件和分区数据库文件的交通网络数据集、水域网络数据集、构筑物要素数据集、地理单元数据集中，城市地区存放在城镇综合功能单元数据集中。其中，构筑物、地理单元、铁路要素在不分区数据库中，道路、水域要素在分区数据库中。与普查数据比较，它增加了标识要素变化的类型及更新字段说明项记录变化信息。

3. 生产元数据

生产元是关于数据的数据，即数据的标识、覆盖范围、质量等信息，包括成果数据基本信息、数据源、数据采集、外业调绘核查、数据整理编辑、质量检查、成果验收、负责单位以及成果总体精度共 9 个方面的情况。生产元数据不做接边处理，范围与不分区数据范围保持一致，数据用线、面表达。少量元数据中存在扩展元数据层，扩展元数据层的属性项与扩展前保持一致。

元数据集划分为 18 类图层，命名采用 7 位字符，第 1 ~ 3 个字符为 V_M，表示元数据，M 为 Metadata 的首字母，第 4 ~ 6 个字符为元数据内容名称的缩写，第 7 个字符表示图层的几何类型（A 表示面、L 表示线层）。

4. 遥感影像解译样本数据

遥感影像解译样本数据用于辅助遥感影像解译收集获取的地面实景照片和对照遥感影像等样本数据，包含地面照片、遥感影像实例数据、数据库文件。地面照片和遥感影像实例的图像数据采用文件方式保存，属性信息保存到数据库文件中。地面照片采用 JPG 格式；遥感影像实例文件采用非压缩的 TIFF+TFW 格式，利用 XML 格式投影信息文件记录影像的投影信息；数据库文件采用 MDB 格式，由记录地面照片属性及文件名的 PHOTO 数据表、记录遥感影像实例属性信息及文件名的 SMPIMG 数据表、反映地面照片和遥感影像实例对应关系的关系表 PHOTO_IMG 三个表格构成。

（三）关于属性项

地表覆盖分类数据与地理国情要素数据的属性项分为通用属性项和专有属性项两类。

1. 通用属性项

此项是指在数据分层组织时，各层数据一般都包含的属性项，包括以下几种：

（1）地表覆盖分类数据

①地理国情信息分类码（CC）；

②要素起始时间（ElemSTime）、要素终止时间（ElemETime）、分区代码（Area Code）、要素唯一标识码（FEATID）：建库阶段赋值；

③ ChangeType(标识图斑变化的类型)：标注变化信息，数字1表不伸缩，2表示新生，9表示纠错。

（2）地理国情要素数据

①地理国情信息分类码（CC）；

②基础地理信息分类码（GB）；

③要素起始时间（ElemSTime）、要素终止时间（EleraETime）、分区代码（Area Code），要素唯一标识码（FEATID）：建库阶段赋值；

④ ChangeType（标识要素变化的类型）及 ChangeAtt（更新字段说明）：标注变化信息，ChangeType 值中 1、2、9 表示与地表相同，-1 表示未变化但进行打断处理，0 表示更新了属性，3 表示删除；ChangeAtt 值说明修改的属性项，列出被修改属性项的字段名称。

2. 专有属性项

专有属性项是指每个数据层独立具有的、适宜本数据层要素特征的属性项。除通用属性项外，其余均为专有属性项，如公路的道路编号（RN）、车道数（LANE）、单双向（SDTF）、上下行方向（DRCT）、简称（NAMES）等。

属性项约束条件包括必选（M）、可选（O）和条件必选（C）三种类型。有值的填写，确定没有值的填写缺省值。

五、生产工艺流程

基础性地理国情监测采用内外业结合的方法开展，按照“内业为主、外业为辅”的原则，收集满足时相要求的高分辨率卫星影像，利用前期普查正射影像选取同名地物点或全国地理国情普查控制点影像数据库成果等作为纠正控制资料，开展整景数字正射影像生产。采用上一年度本底地表覆盖与地理国情要素数据和最新遥感影像叠加分析的方法，通过目视解译或辅助计算机人机交互的方式发现地物变化区域与变化要素，结合收集到的各类行业专题资料，对变化区域地表覆盖分类和地理国情要素数据（包括属性）进行内业判读与更新，对影像无法确认变化情况的图斑和要素开展必要的外业调查与核查工作，包括对发生变化或正在发生变化的要素和地表图斑调绘与属性核准，充分利用已经收集的解译样本数据辅助内业解译，通过内业编辑与整理、质量检查以及数据库建设等步骤形成本年度基础性地理国情监测数据库。

元数据与地理国情监测生产过程同步生产，采用空间数据挂接属性的方式记录，不同元数据图层按不同工序分别同步填写。

基础性地理国情监测生产总体上包括资料收集整合、正射影像制作、变化信息发现与提取、外业调查核查、内业编辑整理、汇交与整理等工序。

第二节　质量检验

一、质量检验内容与方法

监测成果实行“两级检查、一级验收”制度，提交检验的资料如下：

第一，数据资料，包括地表覆盖分类和地理国情要素数据、生产元数据、遥感影像解译样本数据、数字正射影像数据、外业核查数据。

第二，主要资料源，包括本底数据成果、基础资料和行业专题资料。

第三，文档资料，包括文档资料清单、测区专业技术设计书、检查报告、技术总结、技术问题处理等其他文档资料。

第四，其他辅助检查的资料，包括生产单元清单、任务分区和任务区界线数据等。

本节主要针对成果数据的特点，结合相关检验标准，对地表覆盖分类数据、地理国情要素数据、生产元数据、遥感影像解译样本数据四类成果探讨质量检验内容与方法。

（一）地表覆盖分类数据

检验内容包括空间参考系、时间精度、逻辑一致性、采集精度、分类精度、属性精度、表征质量。

基础性地理国情监测地表覆盖分类数据包括版本数据、本底数据和增量数据。其中，版本数据对以上七个质量元素均需要进行检查；本底数据仅对空间参考系、时间精度、逻辑一致性进行检查；增量数据对采集精度、分类精度、属性精度、表征质量进行检查。各质量元素检验内容及方法如下。

1. 空间参考系

检查数据采用的坐标系统、高程基准、地图投影各参数、精度容差是否符合要求。

坐标系统可通过与DOM影像、本底数据或提供的任务区资料等套合间接检查，并可利用程序自动检查或人机交互方式检查各项地图投影参数（包括地理坐标系名称、大地基准名称等）、精度容差设置是否正确，是否采用地理坐标。

2. 时间精度

核查监测成果数据、原始资料数据源是否符合时点要求，如使用的正射影像时相、分辨率是否符合设计要求，专题资料是否为监测期间内，本底数据是否为上一年度监测成果，等等。

3. 逻辑一致性

利用程序自动检查或人机交互方式检查属性项定义（如名称、类型、长度等）、数据集（层）定义、文件格式、文件名称是否符合要求，数据文件是否缺失，是否存在面缝隙、面重叠，是否存在属性相同的相邻图斑未合并现象。

4. 采集精度

利用人机交互方式，将地表图斑套合正射影像，检查图斑采集精度是否超限；利用程序自动检查或人机交互方式检查县级测区间图斑几何位置接边是否超限。

5. 分类精度

利用程序自动检查或人机交互方式，将地表图斑套合正射影像、外业核查数据、遥感影像解译样本数据，检查图斑分类的正确性、变化区域是否遗漏、是否存在非本层代码、分类代码值是否接边等。错误面积利用人工勾绘并用矢量文件进行存储后，再利用程序分别统计一级类错误和二、三级类错误。

6. 属性精度

利用程序自动检查或人机交互方式检查图斑属性值是否存在错漏或属性值不接边等。

7. 表征质量

利用程序自动检查或人机交互方式检查要素是否存在几何图形异常错误，如小的不合理面、面边界不合理等。

（二）地理国情要素数据

检验内容包括空间参考系、时间精度、逻辑一致性、位置精度、属性精度、完整性、表征质量。地理国情要素数据包括版本数据和本底数据。版本数据对以上7个质量元素均需要进行检查；本底数据仅对空间参考系、时间精度、逻辑一致性进行检查。各质量元素检验内容及检验方法如下。

1. 空间参考系

检查数据采用的坐标系统、高程基准、地图投影各参数、精度容差是否符合要求。

坐标系统可通过与 DOM 影像、本底数据或提供的任务区资料等套合间接检查，并可利用程序自动检查或人机交互方式检查各项地图投影参数（包括地理坐标系名称、大地基准名称等）、精度容差设置是否正确，是否采用地理坐标。

2. 时间精度

核查监测成果数据、原始资料数据源是否符合时点要求，如使用的监测影像时相、分辨率是否符合设计要求，专题资料是否为监测期间内，本底数据是否为上一年度监测成果，等等。

3. 逻辑一致性

利用程序自动检查或人机交互方式检查属性项定义（如名称、类型、长度等）、数据集（层）定义、文件格式、文件名称是否符合要求，数据文件是否缺失，是否存在要素不重合、重复、未相接（如错误的悬挂点）、不连续（如错误的伪节点）、未闭合、打断（如相交应打断而未打断）等，特定要素与对应图斑（图层间）是否存在约束关系错误（如地表水面是否包含在国情要素水面中、国情中道路中心线是否在地表的路面中），等等。

4. 位置精度

利用人机交互方式，将地理国情要素套合正射影像，检查要素采集精度是否超限；利用程序自动检查或人机交互方式检查地理国情要素与地表覆盖分类数据套合是否存在明显不合理，县级测区间要素几何位置接边是否超限。

5. 属性精度

利用程序自动检查或人机交互方式对照正射影像、外业核查数据、行业专题资料检查要素分类是否正确、属性值是否存在错漏，县级测区间要素属性值是否存在不接边，等等。

6. 完整性

利用程序自动检查或人机交互方式对照正射影像、外业核查数据、行业专题资料检查要素是否存在多余、遗漏等，是否存在非本层要素。

7. 表征质量

利用程序自动检查或人机交互方式检查要素几何类型点、线、面表达的正确性，是否存在几何图形异常（如极小的不合理面或极短的不合理线、回头线、自相交、抖动等），要素取舍、图形概括是否合理，国情要素间相关关系是否正确，要素方向是否正确，等等。

（三）生产元数据

1.空间参考系

检查数据采用的坐标系统、高程基准、地图投影各参数是否符合要求，是否采用地理坐标。

2.逻辑一致性

利用程序自动检查或人机交互方式检查属性项定义（如名称、类型、长度等）、数据集（层）定义、文件格式、文件名称是否符合要求，数据文件是否缺失，是否存在要素不重合、重复、相接（如错误的悬挂点），等等。

3.位置精度

利用程序自动检查或人机交互方式检查图形范围是否正确。

4.属性精度

利用程序自动检查或人机交互方式检查属性值是否正确。

5.完整性

利用程序自动检查或人机交互方式检查要素是否多余、遗漏，是否存在非本层要素。

（四）遥感影像解译样本数据

1.样本典型性

利用人机交互方式检查样本数量、样本分布是否符合要求。

2.数据及结构正确性

利用程序自动检查或人机交互方式检查文件命名、数据格式、数据组织的正确性，数据库、数据表及属性项定义的正确性。

3.地面照片

利用程序自动检查或人机交互方式对所属地表覆盖类型的代表性、拍摄姿态、距离及总像素数等影像质量情况是否符合要求进行检查。

4.遥感影像实例

利用程序自动检查或人机交互方式检查数学基础、裁切范围的符合性及影像上的地物与地面照片的一致性。

二、检验步骤

检验以内业为主、外业为辅，外业检验可在生产过程中采用过程质量监督抽查的方式进行，内业检验采用生产过程中过程质量监督抽查与最终成果检验相结合的方式。其中，内业检验主要包括数据与标准、设计的符合性，可利用程序对全部成果的重要技术指标进行检查，这是发现问题的重要手段。

（一）学习技术文件

通过学习技术设计书、经批准的技术问题处理等文件，掌握各项技术指标和要求，了解成果生产方式及生产所用数据和资料。同时，注意技术总结描述的技术设计执行及更改情况、技术问题处理等，分析设计更改和问题处理是否正确、合理，以发现成果可能存在的质量问题。

（二）程序自动检查

充分发挥程序自动检查的作用，对自动检查项进行概查，及时发现成果存在的普遍性和重大质量问题。

（三）人机交互检查

人机交互包括以下检查内容。

1. 确认程序检查的问题

对程序自动检查提出的疑似问题逐一排查，确认存在的问题。

2. 与正射影像套合检查

将要素与正射影像套合，检查要素采集精度是否超限，是否存在更新错误或遗漏更新，地表图斑分类码是否正确，等等。

3. 与外业核查数据及遥感解译样本数据的一致性检查

将成果数据与外业核查数据、遥感解译样本数据对照，检查要素分类代码、属性值的正确性。

4. 地理国情要素与行业专题资料的一致性检查

对照交通、民政、统计、发改委、教育、卫生、林业等部门提供的道路、行政区划、开发区、学校、医院、自然保护区等资料检查地理国情要素的正确性。

5. 对各层要素间相关关系进行检查

地理国情要素与地表覆盖分类数据相关关系检查，如地表水面未包含在国情要素面中，国情中道路中心线未在地表的路面中，国情中堤坝线未在地表堤坝面中，单位院落未包含在房屋建筑面中，等等。地理国情要素间的相关关系检查，如河流结构线未在河流面中，桥跨越双线河，立交桥点是否与道路重合，等等。

6. 生产元数据属性值的检查

影像数据源、分辨率、参考资料名称属性值填写是否正确，各层之间填写的完成时间是否矛盾，等等。

7. 遥感影像解译样本检查

打开照片，检查照片主体是否明确，照片是否清晰、完整，照片与遥感影像实例的一致性，等等。

三、质量检查与控制要点

（一）“符合 / 不符合”一票否决项的检查

坐标系统或投影参数、精度容差、属性项定义、数据格式、文件命名、面缝隙（地表）、面重叠（地表）等，以上若发现任一错误，则为严重错误，会直接导致成果不合格，一般利用程序进行自动检查。

（二）地表覆盖分类数据大图斑分类正确性检查

在对地表覆盖分类数据进行检验时常发现。由于生产人员的错误操作，更新时容易将大图斑合并到邻近的小图斑中，导致大图斑出现明显的分类代码错误。分类精度中一级类分类错误面积超过 0.1% 或二、三级类分类错误面积超过 0.4%，则成果质量为不合格。

检验时，建议此项做专项检查，一是对照正射影像检查一定面积以上的图斑是否进行了更新；二是将版本数据与本底数据进行叠加，将增量数据提取出来，按照面积进行排序，对一定面积以上的图斑逐个对照正射影像检查，看更新是否合理，是否将未变化图斑错误进行了更新，后者较易出现质量问题。

（三）对地理国情要素中重要因素检查

重要因素包括县级及县级以上行政境界，县级及县级以上等级公路及其桥梁、隧道，干线铁路及其桥梁、隧道，五级及五级以上的河流以及相通的湖泊、水库及其必填重要属性项。重要因素和一般因素分开进行质量评定，重要因素错误限差远低于一般因素，因此要求更为严格，是检查关注重点。

（四）地理国情要素与地表覆盖分类要素是否联动更新检查

检验中发现地理国情要素或地表覆盖分类要素进行更新后相关层未联动更新，这是经常出现的质量问题。比如，地表水面增大，国情要素水面未更新导致地表水面大于高水界范围；路面位置更新后，道路中心线位置未更新，导致道路中心线落入路面外。

（五）各类参考资料的使用原则是否符合设计要求

1. 正射影像

主要检查要素有无遗漏及位置的正确性。

2. 外业核查数据、遥感影像解译样本数据

检查经过外业核查的要素分类代码或属性值的正确性（外业核查数据建议在专业设计书中对图层名称及其填写进行统一规范要求，这样可利用程序自动检查的方式进行）。

3. 基础地理信息数据

基础地理信息数据（1∶5 万、1∶1 万数据，境界数据）主要为地理国情要素采集参考使用。

4. 行业专题资料

行业专题资料主要包括民政、国土、环保、建设、交通、水利、农业、统计、林业等最新版专题数据资料。

检验中应遵循资料的现势性和来源的权威性两大原则，合理利用资料。若发现参考资料之间存在矛盾的情况，需要对不同参考资料择优使用。分析专业资料来源与国情普查、上一年度监测使用的专业资料来源是否一致。来源一致时，参照专业资料对本底数据进行更新；来源不一致时，一般仅针对实体发生变化的要素进行更新。

（六）各类成果自身或相互之间的一致性检查

根据数据之间的逻辑、关系的分析，即数据之间的一致性检查，可以发现较多常见的质量问题。

地表覆盖分类数据、地理国情要素数据、生产元数据、遥感影像解译样本数据成果边界与县界（或任务区界）空间位置的一致性：边界是否完全重合，遥感影像实例是否落在县界范围内。

各种成果自身的一致性，主要包括以下的内容：①地表覆盖分类成果的一致性；②地理国情要素成果的一致性；③生产元数据属性值的一致性；④遥

感影像解译样本成果的一致性。

（七）接边检查（包括位置和属性接边）

监测与基础测绘按图幅接边有很大区别，图幅接边是规则图形接边，而监测是按行政区域（或任务区）接边，且行政区域（或任务区）边界是不规则图形，因此实现程序自动检查困难，但在后面介绍的平台中，GIS 软件领先实现了该功能，且准确率高。由于接边问题人眼不易发现且花费时间长，建议使用程序自动检查。

（八）元数据中填写的使用影像的符合性

主要关注以下两种情况：

第一，影像时相是否满足要求，如一般要求监测影像为当年二季度影像。

第二，影像分辨率是否满足要求，四类地区监测影像分辨率的要求各不相同，如一类地区要求使用优于 1 m 的监测影像。

第三节　系统设计及实现

基础性地理国情监测成果质量检验系统需要满足国情要素数据、地表覆盖分类数据、生产元数据以及遥感解译样本数据四类成果质量检验工作的需求，而不同的成果数据类型在数据访问、检验算子需求、数据可视化等方面都有不同的要求。鉴于此，设计检验系统需要充分考虑系统的灵活性与可扩展性，尽可能地降低系统功能之间的耦合度，才能更好地适用于基础性地理国情监测成果数据的质量检验工作。

一、系统结构

分层是软件系统的一种重要结构设计方式。在分层设计的系统结构中，层与层之间的功能相互独立，并且利用统一的接口进行通信，具体的通信方式有两种：第一，低级别的层负责定义接口并基于此接口实现相应的系统功能，高级别的层通过此实现系统功能的调用；第二，低级别的层负责定义接口并作为此层相关功能的参数类型，高级别的层基于此接口定义对象，并将此对象作为参数在调用系统功能时传递给相应的功能模块。在分层结构中，系统层之间以及系统层内的不同功能模块之同相互独立，利用消息机制进行通信，具有极低的功能耦合度与极高的可扩展性，易于层及功能模块的扩展。

基础性地理国情监测成果质量检验系统结构可被设计成由数据层、系统驱动层、系统管理层、系统应用层构成。数据层作为系统的最底层结构，为系统提供数据基础服务；系统驱动层构造在数据层之上，与数据层之间通过数据库驱动程序连接；系统管理层基于系统驱动层提供各种驱动功能模块构建，实现数据、算子、模型、方案等系统基本要素的管理；系统应用层构建在系统管理层之上，结合低层次的系统功能，针对不同数据类型的模块完成不同监测成果数据的质量检验。

（一）数据层

数据层是系统运行的数据基础，由系统数据库与监测成果数据构成。系统数据库用于存储检验模型、检验方案、检验规则、检验算子注册信息、检验数据信息、检验工程信息、检查意见等涉及成果检验的所有信息记录。监测成果数据是检验的直接对象，存储在用户指定的物理介质上，其信息通过数据驱动注册到系统数据库中。在执行检验时，检验算子通过调用数据驱动在系统数据中获取检验数据的物理路径，并在物理路径下读取数据实体进行检验。

（二）系统驱动层

系统驱动层由数据驱动、算子驱动及管理驱动功能模块构成。

1. 数据驱动

数据驱动包含系统数据库访问功能和地理信息数据访问功能。数据库访问功能主要是访问检验模型、检验方案、检验规则、检验算子注册信息、检查记录等。地理信息数据访问功能主要是提供针对基础性地理国情监测数据的访问接口，并提供统一的数据表达模型对监测数据进行程序化表达，以达到消除数据物理差异、统一读写模式的目的。

考虑到利用系统进行质量检验会涉及多种类型的数据的访问，因此在数据驱动组件中有必要根据涉及的数据类型设计相应的数据引擎模块。

（1）GIS 数据引擎。用于地理空间数据的读写操作，地理空间数据经 GIS 数据引擎读取后以要素集的形式表达，同时要素集利用 GIS 数据引擎写出到地理空间数据库中。

（2）Access 数据引擎。用于访问成果检验涉及的 Access Database 格式的行业专题数据。

（3）Office/ 开源数据引擎（微软提供的 Office 访问组件或开源的 Office

访问组件）。用于访问成果检验涉及的 Office 文档，主要用于访问 Excel 文档或者结构化的 Word 文档。

（4）文本引擎。以文本流的方式访问 ASCII 文本数据，特别是结构化的文本数据。

（5）图像引擎。利用支持影像数据访问的 GIS 引擎、专用的影像访问引擎或者开源的图像引擎访问影像数据。

系统数据库可以是任何开源或者商业的数据系统。针对不同的数据库系统应有相应的数据库引擎，在此不做详细阐释，可以参考数据库系统开发者提供的帮助文档。

2. 算子驱动

算子驱动负责算子接口定义、算子注册及算子的调用执行。算子接口规定了检查算子必须提供属性信息及执行入口，使系统能够以面向接口的方式对算子实现一致性管理与调用。算子注册是算子驱动通过调用数据库驱动将算子信息写入数据库中的算子信息记录表，以便用户进行算子管理及调用。算子调用执行功能是算子驱动的一项核心功能，用户只有通过算子驱动才能调用指定的算子执行数据检查。

算子驱动定义的算子接口至少应该包括如下信息。

（1）算子名称：算子功能的核心信息描述。

（2）算子 ID：算子对象的唯一标识符，用户通过此标识符实现算子的调用。

（3）算子描述：算子功能的完整描述。

（4）参数说明：算子执行所需参数的含义及填写规范。

3. 管理驱动

管理驱动是实现管理功能的基础功能支撑，负责为系统管理层提供基础管理功能，主要包括系统管理涉及的基本元素对象的定义，以及这些对象到数据库记录的转换接口定义与实现。基本对象元素定义是指对检验模型、检验方案、检验规则、检验数据信息、检验记录等系统管理所涉及的基本要素进行程序化定义。通俗地讲，即在这个模块里需要定义类型来形式化地描述这些基本对象及它们之间的关系。同时，定义的类型应包含一些标准的函数，将这些对象转换为一条数据记录的形式并写入数据库中，以便对象的复用及管理。

（三）系统管理层

系统管理层通过调用系统驱动层中的管理驱动模块实现对系统的一体化管理，主要是管理驻留在系统数据库中涉及系统运行的基本对象。具体地讲，系统管理层主要负责项目管理、算子管理、模型管理、方案管理、意见管理等信息管理功能，该层主要提供系统管理所必需的业务逻辑模块。

（四）系统应用层

在系统应用层之下的所有系统层都不依赖具体数据类型，属于基础性的功能层，而系统应用层是涉及数据加载、可视化、检验具体行为的功能层，需要充分考虑数据类型特征。

系统应用层须提供成果数据检查功能，包括自动检查功能及交互检查功能。自动检查功能的实现模式为用户以统一的方式触发检查功能，自动调用检查算子或交互添加检查意见，自动检查算子自适应检查数据，因此，检查功能可不依赖具体数据类型实现。交互检查功能主要针对检查意见进行操作，也可不依赖具体数据类型实现。

在可视化方面，考虑到基础性地理国情监测成果涉及国情要素、地表分类覆盖、元数据属于地理信息建库数据类型，而遥感解译样本主要涉及栅格数据类型。因此，地理信息建库数据类型和栅格数据类型需要设计不同的可视化界面。

1. 地理信息建库数据 UI 模块

基础性地理国情监测中的建库成果数据本质上是一种矢量数据，因此在系统应用层中需要实现一种矢量数据的可视化界面，可以分层、分类型（点、线、面）实现数据的显示、浏览及矢量数据量测的基本功能。

2. 遥感解译样本数据 UI 模块

遥感解译样本涉及样本数据库、地面照片以及样本影像数据，并且三者之间具有一致性与完整性的约束关系，因此在应用层中需要实现三种数据的同步浏览功能及对比分析查看功能。

二、系统功能实现

（一）数据访问模块

基础性地理国情监测成果涉及多种不同类型和数据格式的检验数据，包含国情要素数据、地表覆盖数据、解译样本数据、国情元数据、外业调绘数据及行业专题资料数据等，并且每个类型的数据都涉及多种数据格式。明确数据类型及数据格式是实现数据访问功能的基础，也是实现成果质量检验功能的第一步工作。

基础性地理国情监测成果主要涉及地理空间数据库数据、影像数据、文本数据、Excel 数据、文本数据等。基于系统基础设施的设计，每一种格式的成果数据都可以直接调用基础设施中的 IO 功能进行数据读取。但是为了实现对成果数据的一致性访问，需要设计一种数据结构对一个检验数据单元所涉及的所有数据进行封装，封装后的数据对象即实现检验功能的具体操作对象。

数据封装是基础性地理国情监测成果数据的静态定义，为实现数据的有效访问，还需要定义数据对象的动态初始化过程，将物理磁盘上的数据信息加载到数据对象中，具体过程如下：先读取检验数据路径（国情要素、地表覆盖、元数据或解译样本数据），然后依据规定的数据目录组织结构读取相关数据（专题数据、调绘数据等），再对所有数据的存在性、有效性进行校验，校验成功后构造数据对象，否则，提示用户数据存在的问题。在初始化完成之后，检查算子在调用不同格式数据的访问驱动读取数据，执行质量检查。

（二）系统管理模块

系统管理模块包括任务管理、模型管理、模板管理、质检方案管理、质检算子管理、检验意见管理等系统基础性管理功能模块。

1. 任务管理

检验任务是检查模型、检查方案、检查算子及检验数据的有机结合体，任务管理功能提供任务建立、修改、删除及查询功能，用户可以通过指定检验模型、检验方案（含义算子信息）及检验数据建立一个任务对象，并以任务对象为操作对象执行数据检查、数据浏览等功能。

2. 模型管理

检验模型是质量评定指标的程序化表达，蕴含基础性地理国情监测成果质量评定指标中的质量元素、子元素及检查项的计分方式、计分权值及三者之间的内在逻辑关系。模型管理功能实现了检验模型的建立、编辑、导入、导出及删除功能，其中检验模型的编辑功能包括模型结构编辑及算子挂载与卸载功能。

3. 模板管理

检验模板即检验数据模板，是对正确的检验数据空间参考、数据格式、数据结构进行定义的一种数据。模板管理功能包括模板上传、下载、更新及删除。基础性地理国情监测检验系统的检验模板包括坐标系统模板、国情要素数据模板、地表覆盖数据模板、元数据模板、解译样本数据库模板等，这些模板用于支撑空间参考、数据结构、属性值等检验算子执行检查功能，也可在算子参数编辑时提供数据过滤参数。

4. 质检方案管理

质检方案是在检验模型的基础上，对模型所挂载的每一个检验算子赋予检验参数，生成检验规则的结构化集合。给一个检验算子赋予不同的检验参数，将得到不同的检验规则。质检方案的管理功能实现了方案建立、检验规则建立、规则参数编辑、规则参数更新、规则的启用与禁用、规则删除等功能。质检方案的管理功能依赖以下基本原则：

第一，检验规则在检验算子的基础上派生，不能独立存在。

第二，检验算子依赖具体的检查项，不能独立存在。

第三，一条检验规则必然属于一个检查项。

5. 质检算子管理

质检算子是实现检验功能的基本组成单元，并且在物理上独立于具体的检验系统，但必须实现设定的接口规范。检验系统只有通过加载算子组件并注册到系统中，才能使用检验算子。质检算子管理功能提供了检验算子载入、算子注册、算子注销、算子更新等功能，实现了系统与检验算子库的灵活有效结合。

6. 检验意见管理

检验意见管理模块的功能主要包括问题的图形显示、问题信息及截图编辑与确认、回溯显示、导入导出等。问题显示将检查结果以列表形式显示，同时可以地图形式直观表达，具备错误记录的自动定位、错误样式设置、检查结果的加载、问题的分类查询与检索等。该模块还负责检查结果以格式化文本、纯文本、表格及空间数据库等格式输出，形成质量检查报告，提交给业务运行管理系统。

（三）质量检验模块

基础性地理国情监测的各类数据成果质量检验之间的主要区别在于不同的成果类型需要不同检验算子、不同的检验模型及检验方案，不同类型的质量检验功能采用统一的模式实现，即挂载检验算子到检验模型，配置参数构造检验方案，调用检验方案实现成果数据的质量检验。在一个质检系统中，对一种数据成果的质量检验功能的具体实现方式如下：

第一，依据质量评定指标调用模型管理功能模块建立质量检验模型。

第二，调用算子管理功能，注册需要的检验算子。

第三，依据质量检查要素，在质量检验模型上挂载相应的检验算子。

第四，调用方案管理模块，依据构建好的检验模型新建检验方案。

第五，依据质量评定具体要求，配置算子参数，为检验方案添加规则。

第六，调用数据驱动模块，加载检查数据。

第七，调用算子驱动模块，驱动检查算子对检验数据进行质量检验。

（四）数据可视化模块

测绘地理信息数据是一种空间信息数据，数据可视化是测绘地理信息软件系统提供直观、有效分析能力的一项重要功能模块。基础性地理国情监测检验系统的数据可视化模块提供了针对国情要素数据、地表覆盖分类数据、元数据及解译样本的数据的可视化功能模块，该功能模块包括图像数据漫游、缩放、视图切换及属性数据查看、解译样本影像与照片同步浏览等功能。鉴于国情要素数据、地表覆盖分类数据、国情元数据的数据格式都是地理信息建库数据格式，可以用统一的可视化模块进行数据可视化，主要包括图层的加载、是否可视控制、图层拖放等图层管理功能，以及地图的缩放、漫游等地图浏览功能。解译样本数据主要涉及栅格数据，需要实现不同的可视化模块，主要包括影像与照片的同步显示功能（同步缩放、平移等）。

第四节　系统展示及应用

国情要素数据、地表覆盖分类数据及生产元数据属于地理信息建库数据格式的国情监测成果，采用统一的系统实现方式。解译样本数据包含常规数据库、影像数据等，需要不同的数据 UI 模块实现。

一、国情要素数据、地表覆盖分类及生产元数据检验系统

（一）系统主界面

系统主要由数据管理视图区、数据可视化视图区、图层管理视图区、检验管理视图区、意见视图区、操作功能区及状态栏组成。

（二）模型管理

模型管理提供对模型的建立、删除、导入及导出、编辑与算子挂载等操作。

（三）方案管理

方案管理提供对方案的建立、删除、导入及导出、算子规则化等操作。

（四）算子注册

算子注册功能提供质量检验算子的注册、查询、删除、优先级编辑等功能。

（五）工程建立

工程建立采用引导式的操作，包括工程命名、检验数据指定、检验模型指定、检验方案指定四个部分。其中检验方案的指定依赖所指定的检验模型。

（六）质量检查功能

依据不同质量检查方案，生成支持国情要素分区数据、国情要素不分区数据、地表覆盖分类数据及国情元数据的质量检查功能界面。

（七）意见导出

提供将用户确认核实的检查意见导出为 Word、Personal Geodatabase、ASCII 文本等格式的数据。

二、解译样本数据检验系统

（一）系统主界面

解译样本检验系统提供了照片与解译样本影像的图像、属性同步查询功能，同时提供工程、数据、检验、意见编辑等主要功能。

（二）工程建立

与国情要素、地表覆盖等成果检验工程创建方式不同，解译样本检验工程创建采用向导的方式实现，由工程模板选择、工程命名、模型方案选择、数据选择四个步骤构成。

（三）检查功能

依据国情监测解译样本成果质量检查方案，动态生成支持解译样本质量自动检查与交互检查的功能界面。

三、应用实例

下面以四川省德阳市某县任务区 2017 年基础性地理网情监测成果质量检验为实例，介绍利用本节所构建的软件系统进行基础性地理国情监测成果质量检查的完整流程。

（一）任务区简介

以四川省某县级任务区为实例，该任务区面积约 2 063 km^2，辖 45 个乡镇、约 837 个村或社区。解译样本成果包含 119 个样本点，包含地面照片、解译样本影像、样本点数据库数据。该县任务区 2017 年监测成果包括国情要素数据、地表覆盖分类数据及元数据共约 377 607 个要素，国情要素不分区数据共 13 478 个要素；该县涉及 3 431 个图斑，国情要素分区数据共 21 628 个要素，地表覆盖分类数据共 352 548 个要素，国情监测元数据因数据量小而按照不分区数据进行检验。

（二）国情监测成果质量检查

鉴于基础性地理国情监测成果数据包括分区数据、不分区数据以及元数据三个 File Geodatabase 格式（GDB 格式）的数据文件，利用系统对这三类成果的质量检验方式除了需要选取不同的质量检查方案外，所有操作完全一致，故在此只对分区数据文件的检验操作进行介绍，其余两类数据成果只在选择检验模型与检验方案时进行区别介绍。

利用系统对国情监测分区成果数据进行质量检验的基本操作如下。

1. 建立工程

工程是检验数据信息、检查模型信息、检验方案信息的集合，工程的建立即完成了数据导入、检验模型及方案的设置，是进行质量检验的预备工作。在本实例中，指定检验数据为上文中提到的县级任务区的分区数据，该数据包含地表覆盖分类数据（UV_LRCA 要素集）及部分国情要素数据（UV_HYDL、UV_HYDA、UV_LRDL、UV_LVLL、UV_LCTL 要素集），指定的模型与方案为分区数据检验模型与检验方案，若检查数据为不分区数据或者元数据，则选择对应的检验模型与检验方案即可。

2. 自动检查

工程建立完成之后系统即完成对数据、检验方案的加载，在检查规则视图区启动自动检查。自动检查的内容包括坐标系统、数据集、要素集、属性项、拓扑关系、要素关系、位置与属性接边、专题资料比对等。执行完自动检查后，系统在意见视图区加载检查意见记录。

3. 交互检查

完成自动检查后，需要进行交互检查，包括核实自动检查结果是否正确与添加人工检查意见。

4. 导出意见

完成所有检查工作后即可导出检查意见，需要先设置检验参数、设置坐标格式、设置检验对象等，设置完成后即可导出检查意见为 Word 文档、txt 文本及 Person Geodatabase（MDB）格式。

（三）解译样本成果质量检验

国情监测解译样本成果质量检验是对国情监测解译样本影像文件、地面照片及样本数据库质量以及三者之间的一致性的检验，基本步骤与国情监测成果质量检验基本一致，具体如下。

1. 建立工程

设置检验方案、检验模型与检验数据，创建一个检验工程，要注意的是此处选择的数据只是样本数据库数据，一般情况下是一个 MDB 格式的数据文件。

2. 自动检查

启动自动化检查功能对数据进行自动化检查，主要检查内容包括属性基础、数据格式、文件命名、样本数据库、样本属性项、摄影点位置、角点坐标、文件完备性、文件一致性、样本数据库记录一致性、影响类型等。

3. 交互检查与意见导出

解译样本数据的交互检查与意见导出操作和国情监测成果数据相同，即进行自动化检查意见核查与人工检查意见的添加。需要注意的是，解译样本的交互检查需要逐一查看解译影像文件与对应的地面照片，检查两者是否一致。系统提供了数据索引与对比视图，方便进行核查工作。完成交互检查工作后，即可按照与国情监测成果检查相同的方式导出检查意见。

（四）准确率与效率分析

国情监测成果数据质量检查总体准确率在85%以上，大部分算子可以达到100%的准确率，接边检查、拓扑检查等不易明确界定错误模式的算子会出现一定的误报。完成一个县的检查总耗时大约1h，其中算子中接边检查、属性值约束检查、未变化要素一致性应为需要逐要素，甚至是全要素分析，因此耗时较长，大约占总检查时间的80%；剩余检查算子总体执行时间占20%，其中大部分算子可以在5s之内完成检查。解译样本由于数据量较小，且错误模式易定义，所以准确率和效率都较高，几乎不需要人工排查，整体执行时间大约3min。

此实例验证了本章讨论的国情监测成果数据质量检验系统的系统架构模式、算子设计与实现方式符合国情监测成果数据质量检验要求，能够准确高效地支撑国情监测成果数据质量检查与验收工作。

第九章　GIS 技术在数字校园模型构建中的应用

第一节　校园建模数据的采集和处理

数据采集和系统分析设计作为系统开发前的重要准备工作，可为后续系统的开发提供开发资源和开发材料。因为本系统是以现实世界中的校园实体作为开发对象，所以我们只有获得作为参照对象的现实校园的具体数据信息，才能保证模型以及系统与现实生活相吻合。精确的数据准备是确保系统效果的前提。

一、数据的分类介绍

在建模前期需要做很多的准备工作，而数据的分类采集是这些工作的重中之重，没有丰富的数据准备就不能准确建模，所以在建模之前必须收集客观世界中的有关数据，这些数据必须具有可量测性。建模需要的数据可以简单分三类，分别是属性数据、空间数据、纹理数据。下面对这三种数据做一些简单介绍。

（一）属性数据

属性数据库是对目标非空间特征的描述，可以包含文字属性、图片属性、声音属性、影像属性等。属性数据库的建立方式较为灵活，可以在模型建立前就根据采集的数据信息创建好属性数据库，也可以和其他数据库一同创建。属性数据可以采用键盘输入、扫描输入、音频视频采集输入等多种形式，然后根据关键字与模型库自动关联。三维数字校园系统如果只能进行简单的三维场景漫游，不能对场景内的地物进行基本信息查询、距离量算、场景分析等操作，那么该系统就没有多大的实际价值。在二维 GIS 数据中含有大量的属性信息，通过数据库的统一管理可将二维矢量图和三维场景图连接起来，达到二三维一体化的效果，实现在三维场景下查询信息的功能。

（二）空间数据

空间数据主要包括地形数据和地物数据，这些数据主要描述场景的轮廓。地形数据可以通过地形图、空间卫星视图、二维平面图、航拍视图等方式来获取。对于地形的高程数据信息，可通过等高线、高程点等信息可获取。本书的地形数据采用的是简单的二维平面图获取的方式。本系统的地物数据主要针对地表上的建筑物，对于地表上的道路、湖泊、河流等数据不做重点采集。针对建筑物采集的主要数据信息有以下几个方面：平面位置、结构数据、面积数据、高程数据等。

（三）纹理数据

纹理数据主要指建筑物以及地表平面的纹理信息。通过这些纹理数据可以使创建的三维模型更加真实、效果更加逼真，对现实世界的虚拟效果更好。其获取的主要方式有近景拍摄、航拍影像、二维平面视图、卫星照片等。地表地形纹理也称为地理纹，本系统的地表地形制作较为简单，对地表地形的空间数据和纹理数据采用同时获取的方式，节省了开发成本，降低了开发难度，具体采用二维平面图构建地表地形的方式实现纹理数据和空间数据的同时获取。对于形状不规则的建筑，其立面纹理可以分割成若干纹理要素，然后拼接粘贴模型纹理，建成三维立体校园。

二、系统开发平台选择

（一）三维建模平台

1. 三维建模软件对比

市面上主流的三维建模软件有 AutoCAD、3ds Max、Skyline、Multigen Creater、Revit 以及 Windows 原创的 SolidWorks 等。各软件所针对的建模特点有所不同，能够满足用户的多方面需求。通过对几种建模软件在模型制作能力、模型仿真度、模型工具创建和模型观察这几方面实际建模所得到的效果进行比较可以发现：AutoCAD 在二维平面绘制和编辑功能上强大；在模型精细程度上，3ds Max 的表现最好，它制作的三维模型更加真实、虚拟效果更好，在模型材质的真实感表现方面也更好，能够准确定义模型的大小信息；Skyline 在制作大型真实三维数字化场景方面尤为突出，对大场景的支持比较优秀，能够保证大数据量下系统的流畅运行，是现在制作大型场景的首要选择；Multigen Creater 在实时虚拟仿真上占优；Revit 是专业的建筑设计软件，在结构、设备设计等方面很强大；Solidworks 具有草图功能，使得建模能够更加方便简洁，并且其在实体和参数化设计方面表现比较出色。

在工作量方面，Multigen Creater 对大数据量的建模工作支持性较好，制作较为简单、快捷，操作方便，并且制作的大场景浏览以及显示效果都比较具有优势。而 3ds Max 建模过程较为复杂，需要手动处理建筑物的许多细节问题，因此用 3ds Max 进行大范围建模时，工作量较大，时间成本较高。在模型大小方面，Multigen Creator 也有显著的优势，一般的建筑物模型只有 50 KiB 左右，即便复杂的大型建筑物也很少会超过 1 MiB，比较适合大型区域的建模。对于 3ds Max 文件来说，一般的模型都要超过 100 KiB，稍微复杂一点的模型多达 10 MiB，因此 3ds Max 较适合对中小区域进行建模。本书中对校园的建模正是属于这种中小区域的建模。

如果对模型的精细度不做特殊要求，只需实现虚拟现实的简单效果，则上文中所有软件都能实现，但是优点各不相同。比如，AutoCAD 操作相对简单，容易学习，新手上手较快，其在二维平面绘制上表现较为突出。而 Multigen Creator 对校园环境的实时性表现和地形地貌信息的呈现上能力较优。如果系统对于环境、模型的精细度要求高，则使用 3ds Max 和 AutoCAD 都能满足该要求，它们都有对模型精细构建的能力，但 AutoCAD 在三维模型构建方面和 3ds Max 有较大差距。

模型的真实感在本系统的开发中十分重要，各软件建模的精细度以及对模型纹理的处理能力各不相同，这将直接影响模型的仿真度。通过分析对比，3ds Max 因其建模各方面功能都比较完善，所以其所建模型的精细度、仿真度、质感等方面都有一定的优势。而 AutoCAD 对色彩以及图形纹理上的表现较差。使用 Multigen Creator 软件创建的模型缺乏真实感、立体效果差，对空间的三维形态表现不够逼真，影响用户的直观体验；而 Revit 在建模后仍需使用其他软件（如 3ds Max）进行后期渲染。

2. 三维建模软件选择

通过以上的分析比较，本书选用的三维建模软件是 3ds Max。3ds Max 是由美国 Discreet 公司（被 Autodesk 公司合并）研制的基于 PC 系统的三维动画渲染和制作软件。其前身是基于 DOS 控制系统的 3D Studio 系列软件。3ds

Max 功能强大，在国内拥有大量的用户群，它广泛应用于影视制作、游戏开发、动画制作、工业制图、建筑设计、模拟分析以及现实世界可视化等领域。由于其有极高的性价比，加之入门简单、易上手、利于初学者的简单操作、大量的学习教程等优势，3ds Max 成为目前 PC 机上用户数最为庞大的三维模型制作软件。本书选用 3ds Max 作为建模软件主要有以下几个原因。

（1）建模精细度高，软件功能全面。3ds Max 的主要优势是功能强大，对插件支持度较好，插件种类多，弥补了其功能上的不足。但是很多插件都是第三方公司提供的，可能在兼容性方面不是特别有优势。另外，其在动画开发方面有非常好的表现，3ds Max 能开发具有逼真效果的动画模型，能实现动画的创建，对于三维场景中的一些动画场景制作非常便利。例如，场景中的三维风车、运动的机器等。其基础建模功能同样丰富，具有多种建模方式，如面片建模、NURBS 建模、多边形建模、曲面建模等。3ds Max 还能为创建的模型进行纹理贴图、颜色渲染，对场景进行灯光、摄像机等视觉效果的处理。其完备的功能以及强大的模型处理能力正好满足本系统的开发需求。本系统的开发以虚拟现实为出发点，侧重对建筑物以及校园环境的虚拟，并对重点建筑物模型进行精度较高的建模，使用 3ds Max 软件作为建模工具可以充分满足这些需求。

（2）和系统的 GIS 开发工具兼容性较好。因本书使用的 GIS 开发工具是超图公司的 SuperMap 平台工具（后面的小节会做具体介绍），通过对 3ds Max 和 SuperMap 的学习，可知 3ds Max 创建的模型和本书使用的 GIS 平台 SuperMap 有良好兼容性。另外，3ds Max 也是 SuperMap 软件推荐采用的三维模型开发工具，其创建的模型通过超图公司开发的第三方插件能轻松转换为适合 SuperMap 平台的模型格式，并提供了模型文件的批量导入导出以及模型的二次加载开发、模型的特殊渲染处理等功能。安装插件后其会自动整合进 3ds Max 的功能菜单栏上，使用起来极为方便、简单，为模型的制作和导入导出提供了极大的便利。使用 3ds Max 创建的模型可以导出为多种格式，如 .max、.3ds、.dwg 等，其最大的优势在于可以将其开发的模型导入其他软件中进行相关处理，其他软件开发的模型也可以便利地导入 3ds Max 中进行修改处理，使模型的创建更加灵活、合理。

（3）操作简便、资料多、入门快。3ds Max 的模型制作流程十分简洁高效，短时间内即可上手。不要被其复杂的界面所吓倒，只要你的操作思路清晰，上手是非常容易的。每次版本升级后对操作的优化都更有利于初学者学习。由于 3ds Max 是国内进行三维开发选择最为广泛的工具，学习者在开发中遇到问题便于找人交流，相关学习资料以及教程也特别多。中文学习论坛也是学习 3ds Max 很好的途径，因此对初学者来说，3ds Max 是最佳的学习三维建模软件。

（二）GIS 开发平台

随着 GIS 技术的不断进步，使用真三维技术解决实际问题的需求越来越迫切，人们希望通过真三维空间来全面反映现实世界。一些对 GIS 需求较高的行业，如矿物能源、地质勘探、建筑设计等，根据自身行业的特点率先研制出具有针对性的三维 GIS 软件，如加拿大 LYNX Geosystems 公司的 LYNX 软件，但由于它是以自身行业需求为出发点开发的软件，对其他行业的适用性较差，软件整体的功能性、通用性、系统性都表现较差。这是由当时 GIS 与计算机技术发展条件决定的。随着科技发展，多种功能的 GIS 开发软件逐渐增多，让我们在进行 GIS 开发时有了更多选择，国外的三维 GIS 软件主要有 ArcGIS 3D、Skyline、Map Xtreme 等，国内的三维 GIS 软件主要有 EV–Globe、超图 SuperMap GIS（超图）、IMAGIS（适普）、CityMaker（伟景行）、Angeo（高德）等。

北京超图软件股份有限公司的 SuperMap GIS 软件已经成为具有国际领先水平的 GIS 开发平台，其 GIS 软件种类齐全、功能完善并且已经形成自己的一整套体系架构，为 GIS 开发者提供了强有力的支持。其不仅在国内占有一定的市场份额，在国际上也积极开拓市场，已经成为亚洲最大的 GIS 平台服务提供商。

三、数据采集及数据库的设计

本系统需要使用的数据主要包括地表地形数据、建筑物数据、纹理数据、教师信息数据等。其中教师信息数据可以通过学校获取。下面主要针对地表地形数据的采集方式进行简单的介绍，并根据系统实际需求设计数据库。

（一）数据采集

地表地形信息作为数字校园系统的基础数据，应该作为首要采集目标。目前，对地表地形数据的采集主要采用以下几种方式。

1. 利用全站仪进行外业采集

利用全站仪进行外业采集时，地物的底部特征点数据采集十分容易，主要的难度在于地物高程数据的采集，该数据的获取直接影响着 DEM 的生产精度。在实际的数据采集处理过程中，外业采集时根据测区地貌的复杂程度和实际项目对高程精度的具体要求来决定地形模型采样点的分布方式和密集程度。对外业采集的数据使用内插的方式处理顶部特征点的密度和分布，获得分布均匀、密度合适的特征点信息，使最终的数据能准确反映测区的地形地貌信息。

2. 多比例尺地形图获取

随着时代的进步、科技的发展，各种比例尺的地形图在全球范围内已经普及，这些地形图不仅为三维建模提供了开发数据，也为三维模型的开发提供了丰富的数据信息。在这些原始地形图的基础之上快速获取地形地表数据是当前使二维地图数字化采取的普遍方式，该方法需要的原始数据易获取，且原始数据的处理简单、技术要求低、工作量不大、速度快，易进行大数据量的建模工作。由于现在存有大量的等高线地形图，所以地图数字化采集是获取三维地形数据使用最为广泛的一种方式。但由于其精度较低、工作流程比较烦琐、存在很多不足，因此随着各种技术的发展，这种信息采集方式会被其他方式所取代。

3. 数字摄影测量的方法

数字摄影测量技术虽说对采集高程信息数据十分有效，但是对底部特征点数据的采集还略显粗糙，而且采集时由于相机本身的误差、摄像角度的误差、影像误差等会造成采集精度较低，同时该方法的数据采集成本较高，会受各种自然因素的影响。

4. 通过 SAR 或 3D 激光扫描仪获取

该方法可以全天候作业，获取的数据精度较高，但是成本比较大。系统开发时对地形地表数据的采集和处理大都先进行实地测量，获取校园地形的基本数据信息，再把获取的数据信息导入地表地形成图软件，最后把制作的地形图导入 SuperMap 中进行处理。其具体步骤如下：

（1）实地测量。把多台 GPS 接收工具分布在测量目标地的不同位置，布置测控网，并采取静态定位方式进行准确定位。然后，利用电子全站仪进行角度测量和距离测量。测量的主要要素包括道路、湖泊、建筑物、台阶、运动场、花坛树木草坪（绿化设施）、公交站牌等公共设施。测量过程中要重点获取以下数据：建筑物高程信息（顶部和底部）、建筑物楼层数、台阶级数和级高、道路坡度和坡高等。

（2）平面图绘制。将采集的数据导入绘图软件中，根据数据信息进行地表地形平面图的绘制。由于人工操作以及软件操作错误等，绘制的平面图形会产生一些不可避免的误差，所以制作完成后，在使用之前应该根据实际情况进行相应的修改处理。

①剔除无效数据。由于 SuperMap Deskpro 软件的功能缺陷，其不支持不规则物体的创建，所以本系统在开发的过程中对地形地表上模的环境数据进行去除处理，比如地形地表上的花、草、树木等。因此，要删除上述地物的相关数据。

②分层整理各图层。可分为建筑物、台阶、道路系统、绿化地物、运动设施、校区边界、高程点等图层。

③闭合建筑物、道路、台阶、运动设施、花坛、绿地等线条。建筑物自身顶部或底部高程不一的要单独闭合。

（3）数据导入。将制作好的平面图形文件保存为 dxf 文件格式，然后将其导入 SuperMap.Net 6R 中，并以二维矢量数据集的方式进行存储。导入后观察制作的平面图的实际效果，看其是否满足现实需要。如果仍然存在一些问题，我们就需要对平面图再次编辑。

建筑物作为三维校园系统的重要部分，对其信息的采集必不可少，本系统采集的建筑物信息有几何数据、高程数据、纹理数据。根据数据类型的不同需要使用不同的采集方式，本系统按照实际需求选取最适合的方式进行相关数据的采集整理工作。

需要采集建筑物的几何数据包括建筑物建筑面积、整体的空间位置和空间坐标、各个角的空间位置和坐标。数据的主要获取方式有以下几种：

①采用已有的二三维地形数据库获取。目前，我国二维 GIS 地形数据库已相当完善，其中的建筑物数据可以直接用来进行建筑物的三维建模。该方法获取速度快且成本较低，适合小范围的建筑物建模。由于本系统具有建模范围较小、开发周期短、费用少的特点，该方法适用于本系统获取建筑物的几何数据。对于建筑物的空间坐标，采用 GoogleEarth 提供的数据作为参考。

②通过航拍影像或高分辨率影像矢量化获取。卫星航拍影片和高分辨率影像能够精确地获得建筑物的底部轮廓信息，顶部特征点数据、空间坐标数据、建筑物位置信息，是目前获取建筑物几何数据的重要方式。

③通过全站仪以及相机近景拍摄等方式获取。该方式获取的数据具有精度较高、数据详细、采集灵活性高等优势，但是采集难度大、人员需求多、时间长、成本高、工作量大，因此适用于小范围且需要精细数据的采集工作。

需要采集的建筑物高程信息有建筑物高度、建筑物楼层数。建筑物高度信息的获取主要通过以下几种方式：

第一，实地测量估算的方式。实地考察建筑物楼层数，通过获取的楼层数基本信息进行高度估算。第一层楼高按 4 m 估算，二层及以上按 3 m 估算，教学用楼则需要按每层都 4 m 进行估算，情况特殊的建筑物可按实际需要合理调整层高合理估算高度。该方法操作简单、获取方便，对模型精度要求不高时可采取该种方式，还可以大大降低采集成本。由于本系统对建筑物模型精度要求不是太高、技术难度不大，该方法正好满足本系统开发需求，所以在获取建筑物高程数据时可采用实地测量估算建筑物高度的方式。

第二，利用 3D 激光扫描仪获取。使用这种方式不仅能够同时获取建筑物的高程数据和纹理数据，而且采集的数据相对于其他方式更为精细，采集速度快，节省了采集工作时间，是目前采集高程数据的主流方式。其缺点是采集成本较高，数据的后期处理难度和工作量较大，对技术要求比较高。

第三，采用相关 GIS 软件处理遥感影像数据的方式获取。使用遥感影像进行三维建模作为当前三维建模的一种重要方式，已经得到了广泛的重视，对这方面的研究也是目前 GIS 建模领域的重点。但采用该方式创建模型还是存在一定的弊端，其建模效率不高，建模工作量大，并且建筑物的所有细节特征不能很好体现出来，如建筑物表面的特殊形状的物体。

需要采集的建筑物纹理数据有顶部纹理图像和立面纹理图像。纹理图像可以通过不同方式进行采集，采集获取的数据根据其特点使用的处理方式也多种多样。纹理数据主要通过以下方式来获取：

第一，通过数码相机实地拍摄获取。可以利用数码相机对建筑采取近景拍摄方式以获取建筑物的立面纹理图像，顶部纹理图像可以通过俯瞰拍摄的方式对建筑物的顶部进行拍摄而获取。它是目前简单三维建模采取的最主要方法。

第二，通过低空摄影测量的方法纹理。低空拍摄技术难度较高，对拍摄要求也有一定的难度，使用这种方式获取纹理数据时，需要采用更为精细的拍摄方式，使拍摄的图片能够有一定的重叠度。这种方法相对成本较高，因此使用较少。

第三，通过大比例尺航空相片或者高分辨率遥感影像获取。该方法获取的卫星影像分辨率较高，已成为当前获取建筑物纹理数据的重要手段之一。

当前，进行三维建模工作时获取顶部纹理数据主要通过航片或者高分辨率遥感影像，而立面纹理数据获取通常采取近景摄影以及低空拍摄测量的方式。由于影像畸变等误差的存在，采集的纹理数据需要经过处理，通过一定的影像校正之后才能使用。纹理图像作为建筑物建模中必不可少的属性数据，其数据质量的高低将直接影像到整个建模的效果，所以我们需要重视外业采集功能，根据实际情况选取最为合理的方式进行采集。

（二）系统分析

所有的系统开发都是以有某种需求作为前提的，所以系统开发的关键是以满足用户需求为根本出发点，本系统的主要用户分为校内校外两个部分，下面对于不同的用户群进行简单的需求分析。

1. 校内用户

主要包括全体教职工和全部在校学生，他们对校园信息的精度要求较高，比如校园内行政机构分布、校内信息通知、校园设施维护信息等；以及日常生活信息的需求，主要包括对师生衣食住行有影响的信息，如宿舍、食堂、教学楼、医院、运动场所、超市等位置信息和介绍。同时，校内用户还包括系统管理员，主要负责数据的更新和系统的维护。

2. 校外用户

主要包括对校园环境感兴趣的用户以及普通游客，这些用户十分关心学校的校园景观、人文氛围，以及学校建筑物分布、运动场所分布等相关信息。还包括参加高考的学生及其家长，他们希望能在高考填报志愿时对学校有更加直观的认识和了解。

因此本系统在开发过程中需要充分考虑到校内外不同用户的不同需求，使得系统的适用范围和适用人群更广，要以前瞻性的眼光进行开发，使得系统后期扩展性更强。为系统以后更好、更全面服务广大用户做充足的准备。

数据库是系统工作的血液，是一个系统的重要组成部分。首先可以把数据库分为这样的两大类型，它们分别是用户数据库和 GIS 数据库，而 GIS 数据库中又包括空间数据库、纹理数据库以及属性数据库，这三种类型数据库下面又包括不同类型的分库。

（三）用户数据库

1. 用户数据库分析

设计和制作任何的软件和系统都是为用户提供服务的，可以说用户是所用产品得以产生的前提，是系统赖以生存的保障，没有用户的需求就没有产品的存在价值，系统设计得不合理，满足不了用户使用要求，对用户群支持范围较窄等缺点都可能直接导致该系统在市场这一大海中翻船。因此在设计系统数据库之前我们需要对用户分类进行详细划分以便能设计出合理、高效、安全的数据库，使得数据库能够充分满足用户的大多需求，以便后续系统的开发能更有效、准确、适用性强。通过上文系统分析中的用户分析部分我们可以知道对于我们的系统而言主要有两大类用户：一是校外用户、另一个是校内用户（这个占主要部分），而校内用户中又可以细分为学生团体和教职工团体这两类。

根据系统的需求，用户数据库的属性数据主要内容如下：①校外游客的属性信息有：访问时间、离开时间、查询信息等。②学生属性数据：学号、姓名、性别、年龄、籍贯、出生日期、入学日期、所在院系、专业、联系方式、宿舍等。③教职工属性数据：工号、姓名、性别、年龄、籍贯、出生日期、入职日期、所在院系、联系方式、家庭住址等。

2. 用户数据库结构设计

根据对用户信息的分析我们可以对数据库表进行相关的结构设计，采取英文以及添加后缀等方式的命名规则，这样的命名规则简单、有效、合理、易于识别，对于以后数据库表格的维护提供了很大的便利。

（四）GIS 数据库

1. GIS 数据库分析

目前，GIS 数据库主要有以下几种类型：图形数据库、属性数据库、纹理数据库、模型数据库，下面分别对这四种类型的数据库做简单的分析。

（1）图形数据库

图形数据库包括地形地表平面图库、建筑物平面图库、地下管线分布图库等。除此之外也可根据校园实际情况建立适用的其他图库。图形数据的获取主要采取两种方式，一种是通过相关部门取得相应平面图，然后把平面图数字化；一种是采用实地测量方式采集，然后用 CASS 软件对数据进行处理。第一种方式获取简单快捷、技术难度小、且成本较低、但实时性较差，第二种方式能够准确反映目标当前现况，解决时效性差的问题，但是其技术要求高、采集信息比较麻烦、耗时长、成本较高。本系统采取第一种方式建立图形数据库。

（2）属性数据库

属性数据库是对目标非空间特征的描述，比如文字描述信息、影音信息、相关图片信息等。属性数据库可以在模型数据库建立之后创建也可以和模型数据库同时进行创建。属性数据可以利用外部设备输入以及信息导入的形式录入，然后采用关键字匹配的方式和模型库自动关联。

（3）纹理数据库

纹理数据库主要用来存储模型所需的纹理数据信息，是为了能够使得模型更加真实美观。纹理数据库的建立主要有两种方式：一是通过大比例尺航空相片或者高分辨率遥感影像获取分辨率较高的卫星照片、航测照片的正射影像。二是利用数码相机进行近景拍摄的方式获得。本系统纹理数据库通过拍摄的数码相片作为主要数据，具体的方式是先使用数码相机通过拍摄采集相关纹理数据，然后通过 Photoshop 软件对拍摄的图片进行处理。对于形状不规则的建筑，其立面纹理可以分割成若干纹理要素，然后拼接粘贴模型纹理。

（4）模型数据库

模型数据库主要用来存储模型的相关属性信息，包括基本信息以及空间信息，如建筑物的高度、层数、名称、编号、用途、类别、地理坐标等。本系统的模型数据库主要采取实地测量的方式建立。

2. GIS 数据库结构设计

根据上文对于 GIS 数据库的相关分析，由于本系统的开发尚处于初级阶段，人员有限再结合相关实际情况如：系统应用情况、工作量的大小、工作简便程度、开发难度、耗费时间、效率等方面综合考虑决定采取较为简单的 GIS 数据库结构模式。以后为了开发实际应用的系统时可以增加 GIS 数据库的复杂度以便能有更好的体验效果。四、用户数据库

第二节　校园 GIS 技术功能的实现

尽管当前 GIS 软件众多，但对它的研究应用主要有两种方式：一是使用 GIS 系统处理用户的数据；二是在 GIS 的基础上，利用它的开发函数库二次开发出用户专用的地理信息系统软件。

本节研究的数字化三维校园系统是基于 SuperMap GIS 平台开发的，利用 iClient for Realspace 客户端进行程序编写，通过 iServer Java 6R 发布真空间服务，实现三维数字校园的 Web 化。本系统主要实现了大连海事大学校园的三维场景漫游功能、对重要建筑物的信息查询以及自动寻路的功能。下面主要阐述实现这些功能的具体过程并对相关技术进行简单介绍。

一、校园三维系统总体设计

本系统采用 SuperMap 作为地理信息系统基础平台，是基于 SuperMap 中组件库使用 Java Script 进行二次开发所形成的。目前，本系统计划运行在校园的网络体系结构下，硬件结构包括作为主要服务的空间数据库服务器和 web

服务器。在建模过程中还采用3ds Max专业建模软件作为模型开发工具，在纹理处理中还用到了Photoshop 6.0图像处理软件。本系统基于B/S架构，服务端应用Java技术，数据库采用基于SQL Server 2000的SuperMap空间数据引擎SDX+技术，数据库设计采取具有数据交换和资源共享功能的学校信息系统开发标准。web服务器处理客户端请求，由数据库服务器发送数据反馈给客户端浏览器。数据库服务器负责数据存储和组织，在本系统中数据库服务和应用服务是采用同样方式处理的。先采集系统开发所需的数据信息，并应用相关软件处理获取的数据信息，使用3ds Max和SuperMap软件创建校园场景三维模型，并添加相关属性数据信息，形成整体的三维数字校园系统。

本书利用大连海事大学的平面地图，该平面图提供了校园内各建筑物的地理位置和基本轮廓，再加上对建筑物的实地考察得出其几何形状及大小，并对其高度进行大概估计，针对主要建筑物实行三维模型。建筑物模型建立的过程可以说是从概念上将建筑物搭建起来的过程，也是一个简化复杂建筑物结构的过程。本书对复杂的建筑物采用现有的空间建模工具3ds Max进行建模，然后通过导出文件进行格式转化的方式实现模型导入。

系统主要功能包括实现了基本的场景选择、平移、放缩功能，并提供校园场景的道路漫游、飞行漫游、室内场景漫游。另外，还能实现对校园建筑物信息查询以及自动寻路的功能。

二、三维场景漫游关键技术实现

（一）道路漫游

当三维数字校园系统打开时，需要首先实现三维场景控件的初始化，这样才能显示开发的三维场景。初始化后进行空间场景的加载，通过initCallback（）回调处理函数获取有RealSpace控件的场景，这里的控件和场景是一对一的捆绑关系。通过获取三维图层列表的对象实例，可在指定的服务器中得到场景的图层服务信息。

实现道路漫游必须获得漫游路线的三维数据，该数据可由三维图层文件获取，具体方式是通过kmz格式三维图层文件获取三维线数据，根据三维空间中线数据集设计漫游路线。在利用get_feature3Ds（）方法得到三维地理要素后，根据指定的查找方法在所有的三维要素中查询指定的要素对象，获取三维地理要素的几何类型。通过getPart（）方法获取三维几何线对象中子对象的三维点对象数组，从而得到漫游路线的起点和终点。

（二）飞行漫游

对一个三维场景来说，飞行漫游是必不可少的功能，真实的地理场景过于庞大，仅局限于地面的道路漫游，不能全面认知校园的整体地貌以及建筑物、道路的分布情况，本系统通过飞行漫游功能让用户对大连海事大学校园有一个更加直观的认识。飞行漫游实现的过程是通过 getElementById（）函数从页面获取用户定义的飞行信息：飞行起始点、飞行终止点、飞行时间、飞行高度、飞行模式。然后，新建相机对象和飞行操作器，把飞行参数传递给飞行操作器，通过飞行模拟操作器实现场景的飞行漫游。

（三）室内场景漫游

本系统在实现室外场景漫游的基础上，使用 3ds Max 软件对学校西山图书馆进行了室内场景建模，通过 SuperMap.Net 6R 设定室内场景漫游路线，导出漫游文件 FlyLibrary.fpf。本系统通过对每层设计漫游路线的方式，导出多个漫游文件，用户可通过多漫游路线的动态选择实现自主漫游。

三、信息查询和自动寻路功能

三维数字校园系统的主要功能是对校园信息的查询和检索，并能提供简单的寻路功能。本系统的查询功能仅支持对建筑物的简单查询，并以高亮形式进行显示。自动寻路功能支持在定义好的起始点和终止点间的寻路功能。

但是，可以通过输入建筑物名称和教师名称两种方式实现建筑物的定位功能。用户输入查询信息后，根据属性表的关联关系，自动寻找所需检索建筑物。

（一）信息查询功能

本系统通过建筑物信息表和教师信息表中的字段关联，输入教师姓名即可实现查询其所在建筑物的功能。用户输入建筑物名称或者教师名称后，系统根据属性表的关联关系检索获取所需查找的建筑物，并以高亮形式显示给用户。

（二）自动寻路功能

自动寻路功能所要解决的问题是如何设法寻找到一条从起点 A 到目标点 B 的通路。显然，从 A 点到达 B 点可以有很多条通路，我们的目的是要寻找到那条最优通路。在现实中，人们在通常情况下都会考虑选择距离最短的路径来当作最优路径，本系统中的最优路径也是以两点间路径最短作为考虑的条件，求最短路径的算法有 Dijkstra、Ford、Floyd 等。本系统采取的算法是比较成熟的 Dijkstra 最短路径算法。Dijkstra 算法是典型的最短路径算法，主要特点是采取以起始点为中心层层向外不断对路段网络中的路段节点标号的方法，直到标号到目标节点结束，在节点上标记的值是从起始节点到这个被标号节点的最短路径的距离值。

Dijkstra 算法的关键就是不断地从临时标记的节点中找出距离起始点最短估计距离最小的点，并加入永久标号的点集合中，同时更新临时标记的点集合中其余点到起始点的新的最短估计距离。最初的 Dijkstra 算法的设计原理是将网络中的一个点作为起始点，计算这个点到网络中其余各点的最短距离。用该算法计算实际路网中的最短路径时，路径的起点和终点都是已知的，在这种情况下，运用该算法从起点开始搜索，当搜索的过程到达给定的终点时，搜索停止，得出最短路径。

第十章　新时代地理信息系统应用展望

第一节　大数据时代带来的机遇和挑战

“大数据”最早在20世纪80年代由美国未来学家阿尔文·托夫勒在《第三次浪潮》一书中提出。美国一些知名的数据管理领域的专家、学者则从专业的研究角度出发，联合发布了一份白皮书，介绍了大数据的产生，分析了大数据的处理流程，并提出大数据所面临的若干挑战。我国在2007年、2009年各有一篇论文将大数据作为关键词，但还未形成大数据概念，也没有形成研究热潮。直到2012年，我国大数据研究才进入了初步期。

我国正大力推动大数据的发展和应用，2016年2月贵州获批国内首个大数据综合试验区。但大数据建设中的问题也不容忽视。

一方面，从数据开放和共享角度来看，一些部门和机构拥有大量数据却不愿与其他部门共享，导致信息不完整或重复投资。因此，解决大数据的开放和共享问题重要切入点是释放这些部门和机构掌握的大量数据资源。

各类大数据的基本内涵和基础建设都离不开地理信息。发展大数据的主要任务之一是“统筹规划大数据基础设施建设”，即加快完善自然资源和空间地理基础信息库等三类基础信息资源。地理信息大数据隶属于三类大数据基础信息资源之一。那么，如何提高其数据开放程度？部门之间开放共享的壁垒如何打破？怎样解决不愿意共享和无法共享的问题？数据质量和隐私问题如何保障？研究和建立行之有效的地理信息大数据开放共享机制是解决这些问题的根本之策，意义重大。

另一方面，随着大数据的蓬勃发展和广泛应用，其引发的安全问题日益引人注目。从技术层面可以通过大数据抽取和集成来实现用户隐私的获取，数据公开与隐私保护之间产生了新的挑战。另外，大数据本身的数据特色和技术流程决定了大数据在管理上就易造成隐私安全问题：从数据结构来看，其数据量巨大、类型多、处理速度快、数据回报大、查询分析较为复杂；从技术流程来看，大数据技术过程中的搜集、传输、储存以及处理四个环节都存在隐私安全问题。侵犯个体隐私、数据被滥用是大数据时代的挑战之一。数据共享开放，应当以维护国家安全和社会公共安全，保护数据权益人的合法权益为基础，国家层面至省市政府都要高度重视大数据的安全与隐私保护。对大数据安全隐私问题进行深入研究具有积极的现实意义。因此，有专家学者呼吁：国家大数据安全标准目前尚处于空白阶段，应聚焦标准化需求，及时研究和制定大数据安全标准。可见，对地理信息大数据安全和隐私保护中所表现出的形式以及特征进行深入分析，把地理信息大数据系统分成若干个模块，借助系统分析方法对目标进行分解，进行“自上而下”的综合分析，建立和完善其标准体系，进而延伸到研究解决安全和隐私保护问题的根源，提出相应的地理信息大数据安全与隐私保护对策建议，符合大数据标准化的科学研究发展趋势，有利于促进大数据的健康发展。

第二节　开放共享机制研究展望

一、数据开放共享研究现状

国际上最先推动数据开放共享的国家是美国。2009 年 1 月，美国总统奥巴马签署《透明和开放政府备忘录》。同年，美国数据门户网上线，数据开放共享迅速成为一种全球趋势。随着大数据概念的提出和发展，在美国的引领下，欧洲发达国家也纷纷推动实施了数据开放，印度、肯尼亚等若干发展中国家也加入其中。

2012 年，上海和北京的政府数据开放平台先后上线，是我国较早的数据开放共享平台。之后，深圳、武汉、贵阳、无锡、青岛、湛江等地陆续开始进行数据开放的探索。

综观现有的对大数据开放共享的研究和实践，主要集中在合作机制、数据保护、平台建设、评估方式四个方面。①在合作机制方面，认同、透明、参与和合作是开放政府的核心战略要素；要促进政府部门之间合作，政府和公民也要共同开发、设计；关键在于跨部门共享内部机制改进与外部环境优化。②在数据保护和安全隐私方面，要加快数据开放立法过程，要平衡政府数据开放和个人隐私保护。③在数据挖掘和平台建设方面，数据要关注民生，围绕公众的主要需求；空间数据是大数据的基础，是研究和发展大数据的重点；要大力推动平台建设，构建高效可靠的数据共享平台。④在开放共享程度的评估方面，依托“开放数据晴雨表”和“开放数据指数”，基于中国国情，从基础、数据、平台三层面构成评估框架并进行应用评价；要推动社会评议制度建设，加强对数据开放的绩效考核。

二、存在问题和发展趋势

总体而言，当前大数据开放共享存在法规支撑不足、操作标准缺乏、旧有观念束缚、数据范围偏窄、实际利用率低等问题。这些问题又都集中体现为不愿意共享、无法共享两大困境。不愿意共享往往是由部门利益导致，一些单位希望依靠自身所掌握垄断数据的优势形成一定的技术壁垒，从而有助于今后在争取项目方面获得超额利益，这导致大量数据和信息基本处于粗加工阶段，自己无力开发又不允许他人使用。无法共享是由于相关数据调查规范标准以及共享基础平台尚未建立或不统一，造成数据资源共享困难，如果数据调查方法各异，数据统计口径不一，数据共享也就无从谈起。要解决不愿意共享和无法共享的问题，不仅要从合作手段、技术操作或效果评估中的某一方面入手，更要进行综合研究。因此，建立系统性、完整性的开放共享机制，综合考虑生产部门、管理部门、使用者和技术标准，将成为解决大数据开放共享问题的发展趋势项。

三、应用与研究探讨

在机制建设过程中，层次结构和过程式结构是两种最常用的结构形式。地理信息大数据具有空间属性，必须在统一的标准基础上进行获取、开发、统计和分析。一方面，从管理学、社会学、统计学的角度出发，探索一个更好的跨部门开放共享组织协调机制，为政府的相关决策提供参考，以促进数据资源共享，减少重复建设；另一方面，从系统工程学的角度出发，建立一个地理信息大数据的标准系统，以保障跨部门之间数据接口的统一、更新的现势性、质量控制的有效性，满足社会公众和企业用户对地理信息的开放共享需求。下面从“人本—逻辑—物理”视角进行详细的探讨。

（一）人本视角

包括管理者、提供者、使用者。应用国际上具备代表性的管理“巧匠”理论进行跨部门合作研究，包括构建高效运作体系，获取资源，创建指导过程和程序，发展互信和共同解决问题的文化，管理好以梯级平台为特征的动态发展过程。

（二）逻辑视角

从研究对象的具体内涵着手，包含土地、水利、矿产等在内的自然资源数据，以及包含 DLG、DOM、DEM 等在内的空间地理基础数据，考虑其开放共享建设的逻辑一致性、更新现势性等问题。

（三）物理视角

从物理架构的视角出发，研究地理信息大数据的应用服务及其接口标准。

因此，运用系统科学的方法，从“人本—逻辑—物理”的综合视角出发，分析国内外相关的建设经验，针对研究区域的具体情况，建立大数据开放共享机制，以建立良性运行机制和发挥最佳效益为目标，提出具有科学性、适用性的建议和办法，对推动政府治理创新，促进大数据的合理、规范、高效率利用，促进部门之间数据共享，实现企业、投资者、创新者的共同参与，都具有一定的理论意义和现实意义。具体可包含以下几个方面的内容。

1. 建立大数据基础设施开放共享管理体制

这是开放共享机制创建和维护的组织基础。包括跨部门合作组织机构的设置，开放共享中各个环节的有机配合，协调、灵活、高效运转的运行维护机制。

2. 建立地理信息库数据更新机制

构建相应的质量控制和隐私保障体系，这是开放共享机制创建和维护的落脚点。

（1）数据更新机制的建立。在对发达国家相关经验分析总结的基础上，研究地理信息变化机理，确定更新源和更新方式。

（2）质量控制和隐私保障体系的构建。建立地理信息数据抽样指标体系和方法，以及完善有效的隐私保障制度。

第三节　安全与隐私保护研究展望

一、国内外研究现状及分析

如何对发布和使用大数据的用户及数据本身进行隐私保护？怎样进行大数据内容的可信验证？该遵循何种构建模式建立安全与隐私保护机制？如何平衡数据开放共享与安全隐私保护的关系？上述问题均为当前大数据安全与隐私保护领域整体研究的要点。对此，国内外学者从不同角度进行了深入探讨，主要集中在三个方面。

（一）大数据安全隐私关键技术研究

国内外学者主要从信息安全技术的应用角度研究了数据安全与隐私保护中应用的关键技术，包括数据发布匿名保护技术、社交网络匿名保护技术、数据溯源技术、角色挖掘、数据水印技术、风险自适应的访问控制、密文计算、密文访问控制和密文数据聚合等。维克多（Viktor）认为，搜索引擎能够记住所有的搜索信息，大数据记住了那些被人们遗忘的信息。“删除”与“取舍”就是要将有意义的信息留下，把无意义的去掉。总的来说，大数据安全隐私关键技术研究的核心在于研究新型的数据发布技术，尝试在尽可能减少数据信息损失的同时最大化地隐藏用户隐私。

（二）安全与隐私保护伦理分析与立法探索

国内外学者从大数据时代伦理和道德面对的困境角度进行研究，并相应地提出了方案和立法建议。基于信息不平等及道德认同，应设计完善的方案来保护个人数据。研究技术与隐私有内在冲突时，需完善法律和科技手段。当前伦理困境的表现主要为“数据挖掘”“数据预测”与“全面的监控”三方面，需要相关法律法规、技术等方面的支持才能得到有效的控制。消费者的收益必须大于分享数据付出的代价，数据在使用过程中必须保持高透明。只有通过技术手段与相关政策法规等相结合，才能更好地解决大数据安全与隐私保护问题。因此，要推广网络实名制，制订网络信息安全基本法，积极建立行业自律组织，并制订行业自律规范。总的来说，其共性在于不仅要看到技术手段的可行性，还要分析人性，并从法律角度试图找到解决安全与隐私保护问题的突破点。

（三）大数据标准化的研究和应用正在兴起，亟待全面推进

大数据安全不仅是技术问题，还是管理问题。著名标准化学者李春田呼吁，“标准化领域事关国家兴衰”。随着大数据时代的来临，数据安全标准建设有助于规范数据信息的使用和建设，对促进诸多大数据业务的融合和应用发展具有重要的意义。标准化是完善管理职能、提高管理效率的好方法，包括规划设计、信息资源管理、质量控制、安全保密等模块在内的地理信息标准化系统，能够综合技术手段和管理职能，有利于保障数据的质量安全。美国国家标准与技术研究院（NIST）多年来一直参与分析联邦政府和私营部门的海量数据管理。2013 年 1 月，NIST 建立了包括安全和隐私等六个子工作组在内的大数据工作组，在大数安全和隐私、参考架构、技术路线等方面展开讨论和研究，以实现支持大数据安全有效利用的目的。

尽管 NIST 已经开始了相关研究，但总的来说，在大数据的国际化进程中，全球范围内大数据的标准化工作还处于研究起始阶段，这也是我国引领国际大数据标准化的良好契机。因此，我国应当加快标准化研究和制订，规范大数据行业，推进行业发展，为我国的大数据战略顶层设计做参考，提升在国际标准制订中的话语权。

综上所述，关于大数据与隐私的研究成果比较丰富，研究角度也较为多元化。不过前两类都是侧重单个方面，如数据安全技术或者管理手段，而标准化能够很好地结合技术标准和管理制度。首先，制订包含技术路线在内数据安全的相关标准条例，避免各类安全事件的发生。其次，制订安全管理相关标准，明确数据产生、存储和使用过程中的相关权利和责任，可以帮助完善数据管理体系和制度，从而杜绝数据安全管理漏洞。因此，当前时代发展和行业特色、大数据科学研究趋势均呼吁标准化在大数据安全和隐私保护中得到研究和应用。鉴于此，在一定程度上建立地理信息大数据的安全与隐私模块标准体系，旨在为大数据的安全与隐私保护研究添砖加瓦。

二、研究目标和研究方案

按照“地理信息大数据的基本标准架构研究→安全与隐私保护标准模块框架的建立→制订安全与隐私保护机制”的顺序，安全与隐私保护包括建立地理信息大数据标准体系的“数据—接口—管理”模块架构，由于大数据结构具备高度复杂性，属于复杂产品系统，难以制订通常的产品标准对它进行规范。作

为现代标准化前沿的模块化和综合标准化已经在诸多领域里大行其道，它们将担当起复杂产品系统标准化的重任。首先，详细分析地理信息大数据的组成内容、构建方式及其本质特征；其次，根据地理信息大数据的分类体系，采用模块化和综合标准化的方法，建立一个“数据—接口—管理”标准模块架构，研究各模块内部的构建内涵和维度组合，提出基于模块化和综合标准化的地理信息大数据标准体系构建内容和机制。

建立地理信息大数据安全与隐私保护工作流模型。地理信息大数据安全与隐私保护工作流模型是指通过对涉及数据安全和隐私的各个流程进行任务划分，动态地组织各个阶段的任务分别在数据存储、数据传输、数据使用（分析与挖掘）的工作流模型中进行分析和标准制订，进而实现数据信息本身及数据使用者的安全与隐私保护。

因此，要建立集技术、管理为一体的地理信息大数据安全与隐私保护机制，首先面向地理信息大数据安全标准中技术管理密不可分的特点，其次整合上文提出的“数据—接口—管理”模块架构及安全与隐私保护工作流模型，最后构建安全与隐私保护机制。

（一）从系统学角度建立地理信息大数据标准系统基本架构

从系统学的角度看，地理信息标准系统是在多重反馈回路作用下的复杂巨系统。深入理解地理信息大数据的本质，进行高度抽象概括，对信息技术和标准方面的通用标准制定、地理信息技术领域 / 行业的技术状况和标准状况、地理信息专业技术和专业标准协调机制进行综合分析，然后根据这三类机制的协调运行，拟从标准化的高级形式，即模块化与综合标准化的角度，研究数据资源、服务接口和管理三大模块。

（二）基于工作流模式建立地理信息大数据安全与隐私保护标准模块

在大数据安全和隐私方面，NIST 提出了对大数据应用提供商与数据提供者、数据消费者三个不同接口。根据接口的关键位置和隐私考虑因素，大数据安全和隐私标准包括对外提供大数据服务时，对数据存储安全、数据传输安全、数据分析挖掘安全等方面的标准化。

拟采用工作流模型，通过工作流建模工具，将上述地理信息大数据标准架构中与安全隐私保护有关的内容集成到一个标准模块中，完成地理信息大数据的存储、传输、挖掘，分析个人信息保护管理需求，并建立参考模型结构，结合地理信息大数据的具体实际，针对不同任务制订流程和标准，包括规划设计、资源管理和质量控制。

（三）基于有序原理制定地理信息大数据安全与隐私保护机制

基于有序原理制定地理信息大数据安全与隐私保护机制涉及三个模块、三大视角和一个机制，即数据模块、技术模块、管理模块，人本视角、逻辑视角、物理视角以及地理信息大数据安全与隐私保护机制。

先拟基于有序原理进行研究。地理信息大数据标准系统只有及时淘汰落后的、无用的要素，即减少系统的熵，或补充对系统进化有激发力的新要素，才能使系统从较低有序状态向较高有序状态转化。因此，机制的制订需要有地方和区域特色的安全与隐私保护标准，既要满足大数据的实际需要，又要充分满足未来发展需求，适时地不断修订标准系统，剔除过时的、无序的内容，加入新的、成熟的标准要素，确保安全与隐私保护机制具备科学性、先进性和实用性。

相应地，研究内容包括以下几方面：

1. 基于模块化和综合标准化的地理信息大数据标准体系

（1）地理信息大数据标准化系统环境因素分析。分析影响地理信息标准化系统环境的政治要素、经济要素、社会文化要素、技术环境要素。

（2）地理信息大数据结构优化管理。分析实现地理信息标准系统结构优化的途径；建立地理信息标准体系通用基础标准、专用基础标准和应用专业标准的层次结构。

（3）模块化和综合标准化。建立“数据—接口—管理”模块，对地理信息标准系统生产模块化、地理信息标准化工作系统组织模块化进行研究。

2. 工作流模型下的地理信息大数据安全与隐私保护模块

（1）研究地理信息标准化工作系统协同工作流管理的三个需求：组织结构管理需求、运行维护机制管理需求、管理制度建设需求。

（2）基于工作流分析安全与隐私保护模块。以数据为中心，针对大数据存储、使用的不同过程，结合管理功能需求，优化管理体系结构，制订数据质量控制和反馈方案。

3. 面向数据、技术和管理的地理信息大数据安全与隐私保护机制

在标准体系构建与安全隐私模块建立的基础上，以地理信息大数据涉及的模型和视角为分析对象，规范运行和建设管理过程中责、权、利的分配和相互关系及实现机制，制订标准化工作系统组织结构，界定大数据运维管理、信

息资源管理、系统安全管理、应用系统运行管理及维护和用户管理，最终形成地理信息大数据安全与隐私保护机制。

三、应用与研究探讨

综上所述，本研究需要解决的关键问题包括地理信息大数据标准体系及安全与隐私保护模块的建立。这是地理信息大数据安全与隐私保护机制得以构建的基础和关键，也是需要先取得突破的技术要点和难点之一。基于“人本—逻辑—物理”视角，建立安全与隐私保护机制，如何合理地将地理信息大数据涉及的模块和视角综合分析并动态聚合，以完成不同群体对不同模块的安全与隐私保护需求，将是本研究中需要着力解决的另一个关键问题。

安全与隐私保护是大数据领域的热点问题，对我国三大基础大数据中的地理信息大数据安全与隐私保护进行研究具有重要的理论意义和实际应用价值。

首先，可促进地理信息标准体系的完善。基于标准化的高级形式——模块化和综合标准化，对地理信息大数据涉及安全与隐私保护的模块进行分析和定义，打破传统标准化只是单纯地建立标准，难以解决复杂问题的局限。在分析地理信息各相关要素之间的定性和定量关系的基础上，解决安全与隐私保护中涉及的复杂事宜，极大地改进传统的地理信息数据标准体系，同时还将促进大数据时代地理信息的合理与高效使用。

其次，完善大数据安全与隐私保护理论体系。在建立和改进地理信息标准体系的基础上，重点对大数据安全与隐私保护体系进行分析，从技术安全性和管理制度安全性并重的角度研究并建立起相应的安全与隐私保护标准，相应的成果能应用于健全大数据市场发展机制、大数据安全保障体系、大数据安全评估体系、大数据安全支撑体系、大数据安全与隐私保护立法等，对完善大数据安全与隐私保护的理论体系有积极作用。

最后，促进大数据开放共享以及地理信息大数据智能化研究，有助于促进大数据健康发展。针对地理信息大数据的应用特色和基础内涵，对其技术上的标准和管理上的机制进行研究，建立完善的标准体系和安全隐私保护机制，最终目标是大数据的合理利用，对实现大数据的开放共享，促进地理信息大数据的进一步智能化研究和健康发展具有一定的作用。

参考文献

[1] 谭玉敏 . 地理信息系统基本理论和实践 [M]. 北京：北京航空航天大学出版社，2020.

[2] 韩志芳 . 地理信息系统 [M]. 哈尔滨：哈尔滨地图出版社，2020.

[3] 吴信才 . 地理信息系统应用与实践 [M]. 北京：电子工业出版社，2020.

[4] 潘燕芳 . 地理信息系统技术 [M]. 北京：中国水利水电出版社，2020.

[5] 刘耀林 . 地理信息系统 [M]. 北京：中国农业出版社，2020.

[6] 胡维华 . 地理信息系统实验教程 [M]. 广州：中山大学出版社，2020.

[7] 李建辉 . 地理信息系统技术应用 [M]. 武汉：武汉大学出版社，2020.

[8] 钟耳顺，汤国安 . 大数据地理信息系统原理技术与应用 [M]. 北京：清华大学出版社，2020.

[9] 郑江华 . 地理信息系统设计开发教程 [M]. 北京：电子工业出版社，2020.

[10] 王毅 . 地球信息科学与技术专业实验教程 [M]. 武汉：中国地质大学出版社，2020.

[11] 贺三维 . 地理信息系统城市空间分析应用教程 [M]. 武汉：武汉大学出版社，2019.

[12] 陈瑞波 . 地理信息标准化系统管理和标准模块化研究 [M]. 武汉：武汉大学出版社，2019.

[13] 杨长保 . 地理信息系统原理与应用 [M]. 长春：吉林大学出版社，2019.

[14] 龚健雅 . 地理信息系统基础 [M]. 2 版北京：科学出版社，2019.

[15] 张海荣 . 地理信息系统原理实验教程 [M]. 徐州：中国矿业大学出版社，2019.

[16] 林琳，杜芳芳 . 地理信息系统基础及应用 [M]. 徐州：中国矿业大学出版社，2018.

[17] 杨金玲，孙彩敏 . 地理信息系统实验教程 [M]. 哈尔滨：哈尔滨工程大学出版社，2018.

[18] 李进强．地理信息系统开发与编程实验教程[M]．武汉：武汉大学出版社，2018.
[19] 卫红春，张留美．信息系统分析与设计[M]．4版．西安：西安电子科技大学出版社，2018.
[20] 崔铁军．地理信息系统概论[M]．北京：科学出版社，2018.
[21] 胡涛．地理信息系统技术及应用研究[M]．北京：中国水利水电出版社，2018.
[22] 田永中，张佳会．地理信息系统实验教程[M]．北京：科学出版社，2018.
[23] 晁怡，郑贵洲．GIS地理信息系统分析与应用[M]．北京：电子工业出版社，2018.
[24] 翟涌光，张东华．遥感地学应用与地理信息系统研究[M]．长春：吉林大学出版社，2018.
[25] 田晓程，孙健．城市地理信息系统综合应用[M]．延吉：延边大学出版社，2018.
[26] 靖常峰，杜明义．地理信息系统原理与应用[M]．2版．北京：科学出版社，2018.
[27] 刘纪平，罗安．网络地理信息获取融合与分析挖掘[M]．北京：测绘出版社，2018.
[28] 全斌，刘沛林．地理信息系统软件与应用[M]．徐州：中国矿业大学出版社，2017.
[29] 田宜平，张志庭．三维可视地理信息系统平台与实践[M]．武汉：中国地质大学出版社，2017.
[30] 李进强．基于地理信息系统开发技术与实践[M]．武汉：武汉大学出版社，2017.
[31] 毛晓利，张敏忠．地理信息系统原理与应用[M]．长春：吉林大学出版社，2017.
[32] 张新长，何广静．地理信息系统概论[M]．北京：高等教育出版社，2017.
[33] 高松峰，苗东利．地理信息系统原理及应用[M]．北京：科学出版社，2017.
[34] 邱春霞，熊永柱．地理信息系统的空间分析与实践规划[M]．北京：地质出版社，2017.